천재들의 놀이터
숲의 인문학

박중환 지음

한길사

The Humanities of Forest
The Playground of Geniuses
by Park Joong Hwan

Published by Hangilsa Publishing Co., Ltd., Korea, 2023

숲이 우리에게 준 선물

• 글을 시작하며

이 책은 숲과 천재 그리고 인류문명에 관한 알려지지 않은 이야기입니다. 숲과 천재 그리고 인류문명은 그다지 어울리지 않는 것 같지요. 그렇지 않습니다. 세상을 바꾼 천재들은 대부분 숲과 정원에서 잠재된 재능을 드러냈기 때문입니다.

침팬지와 인간은 외모도 재능도 생태도 딴판이지만, 인간의 유전자 DNA는 오늘날에도 숲에서 사는 공통조상 침팬지와 98.6퍼센트가 같습니다. 침팬지가 우리 현생인류에게 남긴 98.6퍼센트의 유전자에 새겨진 '원초적 녹색 본능'은 지금도 우리 몸에서 살아 움직이며 문명의 원동력인 천재성을 자극합니다. 그 덕분에 우리는 숲에 들어서면 이내 몸이 가뿐하고 기분이 좋아지며 인지능력이 높아지고, 때로는 뇌에 잠재된 재능을 일깨워 세상을 바꾼 천재가 탄생합니다. 천재가 있었기에 인류문명이 꽃을 피웠으니, 숲과 천재와 인류문명을 따로 떼놓을 수 없습니다.

1부는 숲과 천재들의 신통방통한 이야기입니다.
세상을 바꾼 천재 15명의 생애를 통해 숲이 인간의 뇌를 어떻게 바꾸는지를 추적했습니다. 이들 가운데 레오나르도 다빈치, 아이작 뉴턴, 찰스 다윈, 장 자크 루소, 이마누엘 칸트, 루트비히 판 베토벤, 존 스튜어트 밀, 요한 볼프강 폰 괴테, 윈스턴 스펜서 처칠, 폴 세잔, 안토니 가우디, 월트 디즈니, 알베르트 아인슈타인까지 13명은 어린 시절을 혼자 숲에서 빈둥빈둥 보냈거나 평생 숲길 산책을 즐기고 노년에 정원을 가꾸면서 잠재된 재능을 드러낸 천재들입니다. 이 밖에 현대인의 생활양식을 혁신한 천재 토머스 에디슨과 스티브 잡스의 생애도 살펴봤는데, 뜻밖에 둘은 숲과 정원을 멀리하고 오로지 성공신화를 쓰는 데 평생을 보냈습니다. 그런 탓에 둘은 명성과 부를 얻었지만 천재성을 의심받았고 그다지 행복하지도 않았습니다.

1부를 읽고 나면 세상이 달리 보일 겁니다. 자녀를 애지중지하며 키우는 게 얼마나 어리석고 헛된 일인지 깨닫게 될 것입니다. 대한민국의 학교와 교육제도가 우리 아이들을 어떡하다 '똑똑한 바보'로 키우는지도 알게 될 성싶습니다. 이뿐 아닙니다. 오늘날 우리가 처해 있는 결혼 기피 현상과 그로 인한 저출산, 심각한 빈부격차와 부의 대물림, 급격한 도시화와 주택난 그리고 수도권 인구 집중 등 당면한 사회문제의 근본 원인도 교육제도와 무관치 않음을 깨닫게 될 것입니다. 그래서 대한민국 모든 아이들이 저마다 타고난 재능을 찾아내 자신의 미래를 만들 수 있는 학교의 혁신적 대안을 뒷부분에 제시했습니다.

2부는 숲과 인류의 엇갈린 진화와 문명 이야기입니다.

인류의 공통조상과 지금도 아프리카 열대우림에 사는 침팬지는 어떻게 해서 전혀 딴판으로 진화했을까요? 인류의 뇌는 어떻게 진화해 문명을 꽃피웠을까요? 현생인류는 과연 무엇을 찾아 오대양 육대주를 헤매다 오늘날 지구촌을 이루었을까요? 그 해답은 숲입니다. 숲은 인류의 공통조상인 침팬지의 지상낙원이었고, 우리 유전자 깊숙이 박힌 '원초적 녹색 본능'의 근원이기 때문입니다.

2부를 읽고 나면 한숨이 저절로 날 것입니다. 숲을 찾아 수십만 년에 걸쳐 고된 대장정을 감수한 인류가 정착 후에 벌인 숲 파괴 때문입니다. 울창한 숲과 너른 초원이 있는 곳이면 남김없이 도시를 건설하고 문명을 일으키면서, 주변 숲은 속절없이 무너지고 초원은 황폐했습니다. 화려했던 문명은 결국 몰락했고, 그 자리는 대부분 사막이나 사막화 지역으로 남았습니다. 그 연면적이 지구 육지의 근 절반을 차지할 지경에 이르자 발생하게 된 기후변화와 기상이변은, 지구촌을 위협하고 해마다 수많은 인명과 재산을 빼앗습니다. 기후변화의 주범은 지구 북극권 영구동토대에서 유출되는 '지구온난화의 핵폭탄'이라 불리는 메탄가스이며, 유출의 범인은 영구동토대와 접한 거대한 지구 북반부 사막 벨트의 열기입니다. 오늘날 인류는 사라진 숲이 아쉬웠는지 공원을 조성하며 도시녹화에 열을 올리지만 정작 사막녹화는 뒷전입니다.

끝부분에는 탈화석연료 광풍을 촉발한 유엔의 탄소중립 정책이 품은 '불편한 진실'을 밝히고, 영구동토대의 해빙을 막을 방안으로 사막녹화 계획을 제시했습니다.

3부는 도시에 생명력을 불어넣는 공원 이야기입니다.

공원은 회색 도시에 녹색 생명력을 불어넣는 마법사이자, 도시민의 뇌에 잠재된 '원초적 녹색 본능'을 일깨우는 촉매제이기도 합니다. 파리가 아름다운 예술도시인 것도, 런던이 넉넉한 역사도시인 것도, 뉴욕이 번잡해도 멋진 현대도시인 것도 곳곳에 이런 공원과 도시 숲이 있어서입니다. 지난 30년 사이에 대한민국 수도 서울의 곳곳에도 공원이 조성되면서 제법 여유로운 도시로 탈바꿈했습니다. 그러나 정작 도시민이 쉽게 찾고 편히 쉴 곳은 많지 않습니다. 여가 공간이어야 할 공원을 조경정원이나 식물원처럼 꾸미다 보니 그렇게 된 것 같습니다.

3부를 읽고 나면, 연신 고개를 꺄우뚱할 법합니다. 공원은 많을수록 좋을까요? 아닙니다. 도심 맨땅에 인위로 조성한 대형 공원은 유지와 관리가 어려워 막대한 돈을 집어삼킵니다. 도시공원의 모델처럼 여겨지는 뉴욕 맨해튼 센트럴파크와 이곳을 모델로 조성한 서울숲공원이 그렇습니다. 또 있습니다. 도시녹화가 지나치면 야생동물을 불러들여 인수공통감염병의 팬데믹을 피할 수 없습니다.

국민의 78퍼센트가 마당 없는 공동주택에서 사는 대한민국 도시민을 위해, 일상생활에서 '원초적 녹색 본능'을 일깨우고 뇌에 잠재된 재능의 발현을 돕는 나름의 방안을 제시했습니다. 대형 아파트 단지 안에 유리온실을 의무적으로 설치하고 소형 공동주택의 빈터와 옥상에 상자형 텃밭을 조성하는 것입니다. 공원에서 쉬며 걷는 것보다 직접 식물을 키우는 일이 '원초적 녹색 본능'을 일깨우는 데 더 효과적이기 때문입니다.

이 책은 침팬지에게 물려받은 '원초적 녹색 본능'이 어떻게 진화해서 우리 유전자 깊숙이 박혔고 '농부 본능'으로 승화했는지, 인류문명을 일으킨 인간의 천재성이 발현되었는지를 살펴보는 담론입니다.

따라서 이 책을 완독하면 여러분과 자녀의 뇌에도 천부적 재능이 숨겨져 있다는 사실을 깨닫고, 천부적 재능을 찾아내 세상을 바꿀 방법을 알게 될 것입니다. 그리고 찬란했던 문명은 왜 어김없이 몰락했는지, 기후변화와 팬데믹이 어쩌다 오늘날 인류의 미래를 위협하게 되었는지도 알게 될 것입니다.

감사합니다.

2023년 가을
경기 일산 산천재에서
박중환

천재들의 놀이터
숲의 인문학

숲

천재들의 놀이터,
신통방통한 숲 이야기

녹색 공간이
뇌를 일깨우다

숲은 참으로 신통방통합니다. 도심을 걷다 쌈지공원 작은 숲이라도 들어서면 이내 기분이 상쾌해집니다. 점심 식사 후 졸음이 쏟아질 시간인데도 나무 그늘 아래 벤치에서 책을 읽으면 책장이 술술 넘어갑니다. 울창한 숲길을 걸으면 제법 먼 길도 아주 가깝게 느껴집니다. 웬일일까요?

이뿐 아닙니다. 숲이 울창한 학교에 다니는 학생일수록 인지능력[지능]이 높고, 잎이 무성한 나무를 보는 것만으로도 뇌가 활성화되어 행복해지며 인내심도 높아진다고 합니다. 또 있습니다. 말기 암환자가 숲속 산촌생활을 하자 암세포 증식이 멈추고, 만성질환자의 고혈압과 고혈당이 낮아졌다는 임상사례도 흔합니다. 마치 눈속임 마술 같지만 과학적으로 검증된 사실입니다. 관련 연구사례는 다음과 같습니다.

숲과 자연을 접하면 인지능력이 향상됩니다

1. 2015년 세계적인 학술지 『미국국립과학원회보』에 「녹지가 인지능력에 미치는 영향」이란 제목의 논문이 발표되었습니다. 스페인

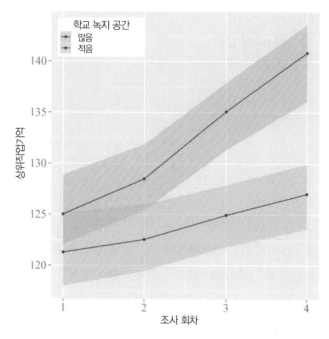

녹지가 많은 학교 재학생(녹색)이, 적은 학교 재학생(노란색)에 비해
상위작업기억이 월등히 높음을 보여주는 미국국립과학원회보 게재 그래프.

바르셀로나 환경전염병학연구소와 미국 캘리포니아대학교 공공보
건과학부는 2012년 바르셀로나에 사는 7~10세 초등학생 2,593명
을 대상으로 녹지가 인지능력에 미치는 영향을 조사했습니다. 3개월
단위로 네 차례에 걸쳐 조사한 결과, 교정과 등하굣길에 녹지가 많
은 학교에 다니는 학생들의 지적 능력이 현저히 높은 것을 확인했습
니다.

　도표에서 위쪽 녹색 부분은 녹지가 많은 학교에 다니는 학생의 경
우이며, 아래 노란색 부분은 녹지가 적은 학교의 학생에 해당합니다.

두 그룹을 비교하면, 상위작업기억Superior Working Memory에서 전자가 후자보다 월등히 높은 인지능력을 보였습니다. 상위작업기억은 추론과 의사결정 그리고 행동에 중요한 역할을 하는 고도의 인지능력입니다. 연구진은 "숲과 같은 자연은 성장기 어린이의 두뇌 발달에 결정적인 영향을 미치며, 어린이는 숲에서 적극적이고 활동적인 태도를 기르고 자제력과 창의력을 얻는다"고 덧붙였습니다. 학생이 평소 숲을 의식하든 않든 자주 보고 접촉하는 것만으로도 이런 효과가 있다니 놀라울 따름이지요.

2. 유니버시티 칼리지 런던과 임페리얼 칼리지 런던의 연구진은 2014년부터 2019년까지 5년간 위성 데이터를 활용해, 영국 런던 소재 31개 학교 재학생(9~15세) 3,568명을 대상으로 녹지공간과 인지발달 그리고 정신건강의 연관성을 조사했습니다. 먼저 위성을 통해 학생들의 거주지와 학교 주변 자연공간을 50미터, 100미터, 250미터, 500미터 거리로 구분해 1일 노출률을 측정한 뒤, 영상 속의 자연환경을 녹색 공간[숲, 초원, 공원, 잔디밭]과 청색 공간[강, 호수, 바다]으로 나누고 다시 녹색 공간을 숲과 초원으로 세분해 분석했습니다.

조사대상 개개인의 노출률을 분석한 결과, 자연이 어린이와 청소년의 인지발달과 정신건강에 미치는 영향은 녹색 공간이 청색 공간에 비해 현저히 높았으며, 초원이나 잔디밭보다 숲이 있는 환경에서 활동하는 어린이와 청소년의 인지능력이 높았습니다. 특히 수목 밀도가 높은 삼림지대가 낮은 밀도의 삼림지대에 비해 인지발달에서 긍정적인 영향을 약 6.83퍼센트 더 많이 미쳤습니다. 또한 2년 후 정서 및 행동 문제를 겪을 위험은 약 16퍼센트 낮게 나타났습니다.

특이하게도 주거지나 학교에서 250미터 이상 떨어진 녹색 공간에서 인지능력의 긍정적 효과가 더 강한 것으로 나타났습니다.

3. 벨기에 하셀트대학 연구팀은 2020년 과학전문지 『공공과학도서관-의학』에 「녹지공간이 특히 도시 어린이의 지능지수IQ 및 행동 발달에 미치는 영향」이란 주제의 논문을 발표했습니다. 연구팀이 7~15세 아동 620명을 대상으로 조사한 결과, 녹지가 많은 지역에서 자란 아이들의 IQ는 모두 80점 이상이었습니다. 반면, 녹지가 적은 지역에서 자란 아이 중에는 80점 미만이 약 4.2퍼센트 존재했습니다. 그리고 두 집단의 평균 IQ는 녹지가 많은 공간에서 자란 아이들이 2.6점 높았습니다. 이 연구에 참여한 환경역학 전문가 팀 나우로트Tim Nawrot 교수는 "녹지가 기억력이나 주의력 같은 인지능력과 연관성이 있다는 연구는 많지만, 이번 연구는 IQ라는 수치를 근거로 확실한 임상 척도를 제시한 것"이라고 강조했습니다.

4. 2020년 2월 국제학술지 『프론티어 인 사이콜로지』에 「어린이와 자연과 연결성: 지속가능한 행동과 행복감의 충격」이란 제목의 논문이 게재되었습니다. 멕시코 소로나과학기술대학 연구팀은 멕시코시티에 사는 9~12세 어린이 296명과 이들의 가족 그리고 교사 등을 대상으로 설문조사를 했습니다. 설문 주제는 첫째 평소 자연[동식물, 숲, 산과 들 등]과 얼마나 자주 접촉하며 유대감과 친밀감을 느끼는지, 둘째 얼마나 환경친화적이고 검소하고 이타적이며 공평하게 행동하는지 그리고 얼마나 지속가능하게 행동하는지, 셋째 이런 행동을 통해 행복을 얼마나 느끼는지입니다. 이 연구를 주도한 로라 에르난데스Laura Hernández 교수는 "자연과 깊은 유대감을 갖고 있는 아이들에게서 '놀라운 수준의 행복감'을 확인했다"는 연구 결과

를 발표했습니다.

다시 말해 평소 자연과 많이 접촉하는 아이들이 그렇지 않은 아이들보다 자연과 더 깊은 유대감을 갖기 때문에, 이타심이나 공정성, 검소함 등의 긍정적인 생각뿐만 아니라 지속가능한 생태보호에도 적극적이었다는 뜻입니다. 자연과 유대감이 없으면 자연결핍장애Nature Deficit Disorder에 노출되기 쉽기 때문에 성장기에 숲을 체험해야 한다는 것이지요. 자연결핍장애는 나무와 풀이 자라는 산과 들 같은 자연과 교감하지 못하고 삭막한 도시와 실내에서 장기간 생활할때 생기는 증후군을 일컫습니다. 이 장애를 앓는 사람은 감각이 둔해지고 주의력과 집중력이 떨어져 일상생활에 불편을 겪고, 점차 타인과 교감하거나 감응하지 못하며 심하면 갑자기 격한 감정을 터뜨려자신은 물론 주위 사람들을 힘들게 합니다.

다양한 경험을 통해 지적 능력이 발달합니다

5. 네덜란드 라드바우드대학 연구팀이 무려 20년간 추적 조사한 연구결과가 2018년 6월 『사이언스데일리』에 발표되었습니다. 이 연구는 성장기 불우한 환경이 아이들의 뇌 발달에 미치는 영향을 밝힌 결과입니다.

연구팀은 1998년에 출생한 아기 129명과 이들 부모를 대상으로 이후 20년간 아이가 겪은 스트레스가 이들 뇌에 어떤 영향을 미치는지 조사했는데, 예상 밖의 결과를 얻었습니다. 유아기(0~5세)에 다양한 사회적 환경에서 스트레스를 받으면 청소년으로 성장했을 때 전전두피질[기억력·사고력 관장]과 편도체[위험 감지] 그리고 해마[정보 저장]가 더 빠르게 성숙했습니다. 반면 청소년기(14~17세)

때 학업이나 친구 사이에 심한 스트레스를 받았을 경우에는 뇌 성숙이 오히려 더딘 것으로 밝혀졌습니다. 연구팀은 "다소 부정적인 사건이더라도 어릴 때 받은 다양한 스트레스는 뇌 성숙에 도움이 되었다"며 "뇌는 신경망[뉴런]이 가지[시냅스]를 많이 뻗을수록 발달하는데, 특히 어릴 때 다양한 일을 경험하면 뇌 신경망이 가지를 더 많이 치기 때문으로 보인다"고 밝혔습니다.

숲은 건강의 보배이자 창의력의 샘

대한민국 산림청 산하 국립산림치유원이 산림치유와 관련해 연구한 내용들을 보면, 숲은 건강의 보배이자 인지능력 특히 창의성을 솟아나게 하는 샘과 같습니다. 이 가운데 주요 연구결과를 요약하면 다음과 같습니다.

6. 도심거리와 숲길을 각각 2킬로미터씩 30분간 걸었을 때 느끼는 부정적인 감정[긴장, 우울, 분노, 피로, 혼란]과 인지능력을 조사했더니 부정적 기분(단위: POMS)은 도심거리 9.0에서 숲길 2.8로 크게 감소한 반면, 인지능력(단위: MoCA)은 도심거리 27.3에서 숲길 28.2로 상승했습니다. 단위 POMSProfile of Mood States는 기분상태를 판단하는 척도이며, MoCAMontreal Cognitive Assessment는 인지장애를 평가하는 신경심리검사도구의 일부입니다.

7. 도시풍경과 숲 경관을 바라볼 때 뇌 반응의 차이를 다각도로 살펴본 후, 다음과 같은 흥미로운 결과를 얻었습니다. 뇌파검사 결과 알파파는 도시풍경을 볼 때 22.4퍼센트였으나 숲 경관을 볼 때는 24.6퍼센트로 상승했고, 회복환경을 인지하는 심리검사에서는 도시풍경의 경우 81.9점이었으나 숲 경관은 183.0점으로 크게 높았습

숲에 들어서는 순간 우리 몸과 뇌는 원초적 녹색본능에
반응한다. 신진대사는 물론 뇌세포도 활성화되어 기분이 좋아지고
몸이 가벼워지며, 인지능력도 향상된다.

니다. 긍정적 정서 및 부정적 정서를 측정하는 PANAS Positive Affect and
Negative Affect Schedule 심리검사에서는 긍정적 정서의 경우 도시풍경
19.4점과 숲 경관 24.7점, 부정적 정서의 경우는 도시풍경 21.1점
과 숲 경관 12.4점으로 확연한 치유효과를 보였습니다.

8. 유방암 수술 후 회복기 환자가 숲에서 2주간 생활한 결과, 면역
세포 수가 319개에서 445개로 크게 증가한 것으로 나타났습니다.

9. 경증 우울증 환자에게 주 1회 총 5회에 걸쳐 산림치유 프로그램
을 실시했더니 우울감은 18.3점에서 13.0점으로, 삶의 질(SF-36)은

62.3점에서 67.4점으로, 스트레스 호르몬 코르티솔(단위: mg/dL)은 0.113에서 0.031로 크게 감소했습니다. SF-36 Short Form 36 Health Survey는 환자의 건강을 측정하는 설문 양식입니다.

10. 학교폭력 피해 청소년의 자존감 회복을 목적으로 한 4박 5일간 산림치유 프로그램 결과, 학생들의 자존감은 24.6점에서 27.5점으로 상승한 반면 우울감은 20.1점에서 15.9점으로 그리고 불안감은 33.6점에서 30.4점으로 각각 감소했습니다.

11. 의사소통 능력과 지적 수준이 낮은 정신지체 학생을 대상으로 매주 21시간씩 모두 8개월간 숲 체험활동을 실시한 결과, 다음과 같은 좋은 성과를 얻었습니다. 부적응성 문제행동은 0.3점에서 0.1점으로, 충동성은 4.1점에서 3.0점으로, 과잉행동은 2.5점에서 1.4점으로 각각 감소했습니다. 이러한 연구결과에 관한 자세한 정보는 국립산림치유원 홈페이지 '그린닥터, 산림치유'에서 확인할 수 있습니다.

이쯤이면 숲의 신통방통함에 공감할 것 같습니다. 숲의 무엇이 이런 영험한 효과를 일으킬까요? 국립산림과학원 산림치유 프로그램에서는 숲에는 크게 나누어 다섯 가지 치유인자가 있고, 이런 치유인자가 숲의 영험으로 작용한다고 합니다. 자연경관, 음이온, 소리, 햇빛, 피톤치드 순으로 하나하나 살펴보면 이렇습니다.

1) 자연경관: 자연이 만든 안약이라는 숲의 녹색 효과는 눈의 피로를 풀어주며, 숲속 풍부한 산소는 몸의 신진대사를 활발하게 만들어 결과적으로 주의력 집중을 돕는다고 합니다.

2) 음이온: 울창한 숲속 나무와 풀과 흙 그리고 계곡과 호소湖沼에

서 증·발산한 수분에 풍부한 음전하陰電荷를 말합니다. 음이온은 스트레스에 찌든 현대인의 체내 세포에 충만한 양이온을 대체해 신진대사를 촉진합니다.

3) 소리: 숲에서만 들을 수 있는 자연의 화음을 말합니다. 바람에 일렁이는 나무와 풀잎이 서로 비비며 내는 '쏴' 하는 소리, 여기저기서 지저귀는 새와 짐승들의 울음 그리고 계곡과 폭포에서 거침없이 쏟아내는 물소리 등 이런 소리는 비교적 음폭이 넓은 백색소음으로 마음을 편안하게 하며 특히 집중력을 향상시킵니다. 숲속의 자연음향은 계절마다 특성이 다른데, 특히 봄철 소리가 안정적이라고 합니다.

4) 햇빛: 숲속 나무 틈새로 쏟아지는 햇빛이라면 한낮에도 유해한 자외선 걱정을 하지 않아도 된다고 합니다. 녹음 사이 한낮 햇볕은 오히려 기분을 좋게 하는 세로토닌 분비를 촉진시켜 우울증을 예방하고 창의력을 높입니다.

5) 피톤치드: 식물이 해충과 초식동물 같은 포식자로부터 자신을 지키기 위해 만들어 발산하는 생화학 물질입니다. 피톤치드는 '식물'을 뜻하는 피톤Phyton과 '죽인다'는 의미의 사이드Cide를 합친 합성어인 것을 감안하면 대충 이 물질의 쓰임새를 짐작할 법하지만, 인간에게는 아주 뜻밖의 효능을 선물하지요. 냄새를 맡으면 마음이 편안해지고 쾌적해지며 관찰력과 상상력을 향상시킵니다. 또한 먹으면 독특한 향신료 맛이 나고 적당하게 먹으면 건강을 이롭게 하지요.

이상을 요약하면 숲의 다섯 가지 치유인자가 우리 몸의 오감을 통해 전달되어 뇌를 일깨워 마음이 편안해지고 집중력이 높아져 인지능력이 향상되는 셈입니다. 달리 말하면 숲은 번잡하고 소란스러운

미국 캘리포니아대학교 버클리 캠퍼스는 숲으로
둘러싸여 있다. 주립대학이지만 세계 명문대학으로 꼽히며,
보수적인 아이비리그[동부 8개 사립대학]와 달리 진취적이다.

도시에서는 기대할 수 없는 경이로운 효능을 체득할 수 있는 공간입
니다.

왜 숲은 우리에게 경이로운 영험을 선물할까요?

하버드의과대학 정신의학과 존 레이티John Ratey 교수는 "우리 몸
은 과거 수렵과 채집으로 연명했던 시절과 다르지 않기 때문"이라
고 말합니다. 현대 인류는 첨단과학시대에 살지만 우리 몸은 여전히
숲에서 살던 침팬지와 다르지 않다는 뜻입니다. 유인원인 침팬지와
인간의 유전자 DNA가 98.6퍼센트 같다는 점만 봐도 고개를 끄덕

영국 케임브리지대학교 캠퍼스는 넓은 잔디밭이
캠퍼스를 둘러싸고 있다. 이런 녹색 공간은 뇌를 일깨워
인지능력과 창의력을 높인다.

일 성싶습니다. 인류가 숲에서 살던 침팬지에서 진화하기까지 무려
700만 년이 걸린 데 비해 인류가 도시에 산 시간은 불과 300년입니
다. 대한민국의 경우 1970년대에 도시인구 집중이 시작된 것을 감
안하면 불과 반세기에 그칩니다.

다시 말해 숲에서 살다 진화한 인류의 유전자에는 숲을 갈망할 수
밖에 없는 원초적 본능, 바이오필리아Biophilia가 깊숙이 박혀 있는 셈
이지요. 사회생물학의 창시자인 하버드대학교 에드워드 윌슨Edward
Wilson 석좌교수는 "생명bio에 끌리고 좋아하는philia 것은 인간의 본
능"이라며, 그 본능을 바이오필리아라고 불렀습니다. 숲은 지구상 모

©Daniel L.Lu

세계적인 건축가 노먼 포스터가 설계한 애플 본사. 인재들의 녹색 본능을
일깨워 창의력을 높이기 위해 실내에서 고개만 돌려도 녹색 정원과 숲이
보이도록 원형 건물에 외벽을 유리창으로 마감했다.

든 생명이 상생·공존하는 바이오필리아의 보금자리입니다.

　괴짜 뇌과학자로 알려진 일본 도쿄공업대학원의 모기 겐이치로
Mogi Kenichiro 교수는 저서 『브레인 콘서트』와 NHK-TV 강좌에서 자
주 이런 질문을 했습니다.

　"노벨상 수상자를 많이 배출한 대학교를 방문하면 공통점이 있습
니다. 이들 캠퍼스는 울창한 숲으로 둘러싸여 있고 넓은 잔디밭 사이
에 고풍스럽고 독특한 건물이 즐비합니다. 울창한 숲과 넓은 잔디밭
이 있는 캠퍼스와 노벨상 수상자 배출과는 과연 어떤 인과관계가 있
는 걸까요?"

겐이치로 교수가 예시한 대학 캠퍼스는 영국 옥스퍼드대학교와 케임브리지대학교, 미국 매사추세츠 공과대학과 캘리포니아대학교 버클리 캠퍼스입니다. 이밖에도 대부분의 명문 대학과 저명 연구소는 울창한 숲에 둘러싸였고 일부는 강과 호수를 끼고 있습니다. 이런 대학들이 캠퍼스 미관만을 위해 숲을 조성한 것은 아닙니다. 바로 숲과 잔디밭의 녹색 공간이 뇌를 일깨워 인지능력과 창의력을 높이기 때문이지요.

또 있습니다. 창의성 경쟁의 최전선에 있는 글로벌 IT기업인 애플, 아마존, 페이스북의 본사 건물들을 보면 입이 딱 벌어지지요. 모두 독특한 사옥을 짓고 안팎에 멋진 정원과 울창한 숲을 조성했습니다. 인재들의 녹색 본능을 일깨워 혁신적인 기술과 제품을 개발하기 위해 투자를 아끼지 않는 경영전략 중 하나입니다.

세상을 바꾼 천재들은 과연 어떤 환경에서 성장했는지를 보면, 숲이 창의성과 천재성을 어떻게 발현하는지를 알 수 있겠지요. 다음 장에서 천재들의 녹색 놀이터, 숲을 추적합니다.

다빈치
뉴턴
다윈

숲을 보는 것만으로 우리의 몸과 뇌가 달라집니다. 마음은 편안해지고, 집중력이 높아지고 인지능력과 창의력도 고양됩니다. 인지능력과 창의력은 특히 천재에게서 뚜렷이 나타나는 능력입니다. 인류 역사를 바꾼 천재들의 인지능력과 창의력은 어떻게 생겨났을까요?

천재들의 재능은 어디서 나올까요?

부모에게 물려받은 걸까요? 아닙니다. 천재 중의 천재라는 레오나르도 다빈치, 아이작 뉴턴, 알베르트 아인슈타인의 부계와 모계 어디에도 탁월한 업적을 남긴 선조가 없었습니다. 이들 말고 역사에 이름을 남긴 천재들도 대부분 마찬가지입니다.

그럼 조기교육 효과일까요? 이 또한 아닙니다. 조기교육으로 학업 능력을 끌어올릴 수 있겠지만 결코 천재를 양성할 수는 없습니다. 일부 영재교육학자는 부친 슬하에서 일찍이 훈육되었던 루트비히 판 베토벤과 존 스튜어트 밀의 예를 들며 조기교육의 효과를 주장합니다. 두 천재의 경우 부친의 극성스러운 조기교육 덕에 기초 지식과 기량을 일찍 습득한 것은 사실입니다. 하지만 그것만으로 천재적 재능이 발현되었다고 볼 근거는 없으며 오히려 성장기에 정신적 장애를 겪는 부작용을 낳았습니다.

그렇다면 유복한 가정환경과 부모의 관심이 천재성을 일깨울까요? 이것은 더욱 아닌 성싶습니다. 놀랍게도, 대부분의 천재는 결손 가정에서 성장했거나 아니면 가족의 무관심과 심지어 방치된 환경에서 자랐습니다. 유복한 가정에서 부모의 사랑을 듬뿍 받고 성장할수록 천재는커녕 타고난 재능을 발휘하지 못하고 평범한 사람으로 살게 될 가능성이 높다는 연구결과도 있습니다.

긍정심리학의 대가인 미국 시카고대학교의 미하이 칙센트미하이Mihaly Csikszentmihalyi 교수가 창의적인 성과를 낸 유명인사 100명을 인터뷰했는데, 이들 중 20명이 일찍이 부모를 잃은 고아 출신이었다고 합니다. 칙센트미하이 교수는 우리가 위기에 처하면 벗어나기 위해 뇌를 최대한 가동하듯이, 고아들은 불우한 환경에서 벗어나기 위해 잠재된 재능을 최대한 일깨운 결과 그들 특유의 창의적인 성과를 낸 셈이라고 설명합니다.

어쨌든 천재들의 재능이 부모에게 물려받은 것도, 조기교육을 통해 얻은 것도, 유복한 가정환경과 부모의 사랑 때문도 아니라면 과연 언제 어디서 어떻게 발현된 걸까요?

다행히 2000년대 들어 뇌과학의 눈부신 발전 덕에 인간의 뇌를 들여다볼 수 있게 되어, 인지-사고-창의력이 어떻게 작동하는지 밝혀졌습니다. 이런 기능을 주로 담당하는 뇌는 우리 머리의 이마 부분에 있는 전두엽입니다. 전두엽은 취학 전 5~6세부터 급격히 발달하다 사춘기에는 좀 느려지지만 여전히 점진적으로 발달하며, 20세 무렵부터 발달을 거의 멈춘 듯하지만 25세까지도 약간씩 발달한다고 합니다. 그러나 인간의 뇌는 그리 단순하게 작동되는 구조가 아닙니다. 지금도 계속되고 있는 아인슈타인의 뇌를 둘러싼 '천재의 뇌' 논쟁을 보면 특히 그렇습니다.

아인슈타인은 1955년 4월 18일 미국 뉴저지주 프린스턴대학병원에서 사망했습니다. 당시 부검의사가 천재의 뇌는 어떻게 다른지 너무 궁금해서, 아인슈타인의 시신에서 뇌를 훔쳐 숨겨두었기 때문에 오늘날 그의 뇌가 평범한 사람들의 뇌와 어떻게 다른지를 알 수 있게 되었습니다. 1985년 이후 발표된 관련 논문을 종합하면 다음과 같습니다.

1) 아인슈타인의 뇌 무게는 1,220그램으로, 일반인의 평균 뇌 무게 1,360그램보다 가볍고 크기도 작았습니다.

2) 반면에 전두엽의 앞부분을 덮고 있는 전전두엽피질의 신경세포가 유난히 많았고, 머리 윗부분인 두정엽과 머리 뒷부분인 후두엽의 대뇌피질에는 주름이 많고 굴곡이 복잡했으며, 특히 두정엽은 평범한 사람의 평균치에 비해 15퍼센트나 컸다고 합니다. 전전두엽피질은 정보조직화·집중유지·작업기억 등을 관장하며, 두정엽은 수학 추론과 공간 상상력에 관여합니다. 아울러 뇌 뒷부분 후두엽에 위치한 시각피질 안쪽 면에 유독 많은 주름과 굴곡도 이런 능력을 발휘하는 데 기여하는 것으로 판단됩니다. 이들 세 부위의 특별함이 아인슈타인의 '사고 실험'Thought Experiments을 가능케 한 것으로 보입니다. 아인슈타인은 한 줄기 빛을 타고 여행하거나 우주로 상승하는 엘리베이터를 타고 가는 상상을 하며 실험했다고 하지요. 그게 '사고 실험'입니다.

3) 아인슈타인의 뇌량腦梁[좌우뇌를 연결하는 신경세포의 집합체]은 사망 시기(74세)와 비슷한 노인 집단의 것에 비해 두께와 길이 등 비교 항목 10개 중 9개의 항목에서 큰 것으로 나타났고 아인슈타인의 최대 업적인 '4대 논문'을 발표했던 나이(26세)와 같은 젊은 집단과 비교해서도 6개 항목에서 큰 것으로 각각 나타났습니다. 이런 특징은 그의 천재성, 즉 뛰어난 지능뿐만 아니라 특별한 시공간 추론능력과 수학적인 재능을 뒷받침하는 것으로 추정됩니다.

천재는 과연 어떤 사람일까요?

천재는 남다른 재능으로 세상에 없는 새로운 규칙을 찾아낸 사람을 가리킵니다. 현대과학은 뇌를 들여다볼 수 있고 천재의 뇌가 어떻게 다른지도 알지만, 천재성이 왜 특정인에게 특정 시기에 폭발하듯 발현하는 경향을 보이는지는 여전히 오리무중입니다. 그래서 세상을 바꾼 천재들의 생애와 성장환경 그리고 업적을 비교해 특정 시기에 무슨 일이 있었는지를 찾아보기로 했습니다. 예방의학에서 만성 질환자의 발병원인을 생활습관을 추적해 조사할 때 흔히 사용하는 방법이지요.

먼저 조사대상인 천재의 기준과 선정 범위를 설정하고, 이들의 전기 등을 통해 천재성이 발현한 전후의 성장환경과 유의미한 동기를 살펴보기로 했습니다. 천재의 기준은 최소한 2개 이상의 분야에서 역사적인 업적을 남겼거나 인류의 삶을 획기적으로 변화시킨 인재로, 조사대상의 범위는 생애 전반의 기록이 사실史實로 정립되어 전기傳記 열람과 인터넷 검색이 가능한 천재로 한정했습니다. 이 범위에 속할 만한 천재를 미국 천체물리학자이자 작가인 마이클 하트Michael Hart의 저서『세계를 움직인 100인』과 김지원·김상엽이 쓴 같은 제목의 책 등을 참조해 모두 13명을 선정했고, 이밖에 우리와 동시대에 살며 천재라는 찬사를 받은 2명을 추가했습니다.

선정한 15명의 천재는 레오나르도 다빈치, 아이작 뉴턴, 찰스 다윈, 장 자크 루소, 이마누엘 칸트, 루트비히 판 베토벤, 존 스튜어트 밀, 요한 볼프강 폰 괴테, 윈스턴 스펜서 처칠, 폴 세잔, 안토니 가우디, 월트 디즈니, 알베르트 아인슈타인, 토머스 에디슨, 스티브 잡스입니다.

탁월한 재능을 가진 사람을 흔히 천재라 부르지만 재능의 수준과 양태가 각양각색이라 헷갈리기 쉬워, 이들의 호칭을 네 가지로 구분했습니다. 첫째, 남다른 재능으로 세상에 없는 새로운 규칙을 찾아내고 세상을 바꾼 사람을 천재라고 정의하겠습니다. 둘째, 세상을 바꾸기는 했지만 새로운 규칙을 찾아내진 못한 사람은 수재秀才라고 부르겠습니다. 셋째, 10대에 특출한 재능을 보인 사람을 영재英材라고 부르고 넷째, 10세 미만에 세상을 깜짝 놀라게 한 재능을 보인 아이는 신동神童으로 정의하겠습니다. 영재와 신동은 나이로 구별하기 쉽지만 천재와 수재는 그렇지 않습니다. 위 15명의 천재 중 2명은 천재라기보다 수재에 가깝습니다. 2명이 누구인지는 1부를 완독하기 전에 드러나겠지만, 미리 헤아려보는 것도 재미있을 겁니다.

이 장에서는 레오나르도 다빈치, 아이작 뉴턴, 찰스 다윈 3인의 천재성이 몇 살 때, 어떤 환경에서, 어떤 업적으로 발현되었는지를 살펴보겠습니다.

천재 1: 레오나르도 다빈치

레오나르도 다빈치Leonardo da Vinci, 1452-1519는 국제학술지『네이처』등 유수한 매체가 공인한 인류역사상 최고의 천재입니다. 그는 무려 16개 분야에서 선구적 재능을 보인 전형적인 르네상스형 천재로, 회화·조각·기계설계·건축학·해부학·식물학·도시건설·천문학·지리학·음악 등에서 뚜렷한 족적을 남겼지요.

다빈치는 이탈리아 토스카나주 아펜니노산맥에 걸쳐진 산골마을 빈치에서 사생아로 태어났습니다. 그의 이름은 빈치에서 태어난 레오나르도라는 뜻입니다. 빈치는 전형적인 중부 이탈리아 산골마을로 주변은 포도나무와 올리브나무로 둘러싸였고, 뒷산은 제법 울창한 숲으로 덮였으며 그 사이로 아르노강 지류의 상류 계곡물이 흘러내렸습니다.

부친은 지주 집안의 유복한 청년이었지만 모친은 이웃에 사는 가난한 농부의 딸이었습니다. 부친은 혼전 임신한 모친과 결혼하려 했으나 신분과 빈부 차이로 집안의 반대에 부딪히자, 당시 관습대로 따로 사는 혼외부인으로 삼았습니다. 부친은 다빈치가 태어난 지 8개월 만에 16세밖에 안 된 여자와 정식으로 결혼했습니다. 다빈치는 결국 외가에서 사생아로 태어나 자랐습니다.

모친은 남편에게 버림받았다는 배신감 때문인지 아들 다빈치에게 애정이 없었고, 몇 년 뒤 다른 남자와 결혼해 마을을 떠났습니다. 다빈치는 외조부에게 맡겨졌습니다. 다빈치가 7세 때, 부친이 본부인에게서 자식을 얻지 못하자 그를 본가로 데려갔습니다. 그러나 부친은 얼마 후 공증인 자격을 취득해 빈치에서 25킬로미터 떨어진 주도州都

레오나르도 다빈치의 자화상.
다빈치는 뇌가 폭발적으로 발달하는
어린 시절을 숲에서 보낸
천재의 전형이다.
그가 남긴 탁월한 회화 작품과
기발한 발명품 소묘에는 어린 시절
숲에서 관찰하고 탐색한 것들이
고스란히 녹아 있다.

피렌체에 사무실을 연 뒤 그곳으로 떠났고 주말에 가끔 들렀습니다.

이즈음 부친은 본부인이 사망하자 곧바로 재혼했는데, 그녀는 12명의 자식을 줄줄이 낳고 키우느라 다빈치는 안중에 없었습니다. 사생아 다빈치는 집에서 푸대접이었고, 학교에서는 놀림거리였습니다. 유년 시절 다빈치는 한마디로 막장드라마에서나 볼 수 있는 불우소년의 극치였습니다.

어린 다빈치에게는 특별한 구석이 있었습니다

어린 다빈치는 천대와 놀림에 휘둘리지 않고 오롯이 자신만의 세계를 찾아내 그곳에서 비상한 지적 능력을 키웁니다. 그곳은 마을 뒷산 숲이었습니다. 작은 산골 마을에서 외톨이 다빈치가 놀 곳은 뒷산

다빈치의 고향 빈치의 오늘날 모습. 다빈치가 살던 당시 고향 빈치는
울창한 숲에 둘러싸인 작은 산골마을이었다.

숲속 외에는 없었고, 그곳에 들어서면 누구 눈치도 보지 않고 멋대로
놀 수 있었습니다. 숲속 자연의 모든 것이 신기하고 신비로워 시간
가는 줄 모르고 놀다 어두워질 즈음 집에 돌아왔습니다. 다빈치는 학
교에서 빈둥대다 파하면 숲으로 달려가 어두워서야 집에 돌아왔지
만 꾸짖는 이도 없었습니다. 다빈치는 숲에서 홀로 나무와 풀 그리고
새와 짐승을 관찰하고 그림을 그렸습니다.

　그는 학교에 다녔지만 공부에 관심이 없어, 당시 공직 시험의 필수과
목인 라틴어와 그리스어는 읽지도 쓰지도 못했고 이탈리아어만 겨우
읽고 쓸 수 있었습니다. 더욱이 왼손잡이인 데다 글씨를 거꾸로 쓰는
바람에 다른 사람은 거울로 비춰봐야 간신히 읽을 수 있었습니다. 그
러나 그의 그림 솜씨는 웬만한 화가와 견줄 만했습니다. 어느 날 피렌

체에서 귀가한 부친이 다빈치가 그린 그림과 글씨를 보고 놀랍니다. 어린아이가 그렸다고는 믿을 수 없는 사실화에 감탄해 놀란 데 이어, 도무지 알 수 없는 글씨를 보고 놀란 것입니다. 부친은 다빈치가 사생 아이기에 공직에 나갈 수 없다는 것을 알고 공부보다 그림에 재능이 있는 게 다행이라 여겨, 집에 올 때마다 그림 도구를 사주었습니다.

다빈치가 그린 사실화는 새로운 화법의 그림이었습니다. 당시 화 가들은 성당 제단화祭壇畵나 귀족 저택을 장식하는 초상화를 주로 그 렸는데, 그는 나뭇잎과 풀 그리고 새와 동물을 살아 있는 듯 그렸으 니 부친이 놀랄 만했겠지요. 그의 그림은 남다른 호기심과 관찰력이 더해진 실사소묘實寫素描였습니다.

다빈치가 14세 때 부친은 빈치에 남아 있던 가족을 모두 피렌체 로 데려왔는데, 도시에 적응하지 못하는 다빈치를 보고 화가로 성장 할 수 있도록 공방에 보냅니다. 그곳은 당대 최고의 조각가이자 화가 였던 안드레아 델 베로키오의 공방이었습니다. 베로키오는 다빈치 가 그린 소묘를 보고 재능이 있다고 판단해 도제수업을 받도록 했습 니다. 당시 이 화방에는 훗날 르네상스 대표 화가로 성장하는 산드로 보티첼리가 도제수업을 받고 있었는데 둘은 친구로 지냈답니다.

스승 베로키오가 다빈치의 탁월한 재능을 인정한 시기는, 있는 그 대로 따라 그렸던 실사소묘에 생동감과 명암 그리고 원근감을 더한 독특한 실사화 화풍의 솜씨를 보인 23세 즈음입니다. 이때 베로키오 는 당시 한 교회에 납품할 채색화「그리스도의 세례」를 그리던 중이 었는데, 천사 부분을 다빈치에게 대신 그리게 했습니다. 베로키오는 다빈치가 그린 천사 부분이 자신이 그린 그리스도와 세례 요한 부분 보다 돋보이는 것을 보고 다시는 그림을 그리지 않고 조각에 전념했다고 합니다. 본래 조각가였던 베로키오는 이때부터 웬만한 그림은 다빈치에게 맡겼습니다.

도제수업을 마칠 당시 이미 화가로서 명성을 얻은 다빈치는 30세 즈음 피렌체 화가조합 회원이 된 뒤 독립했으나, 빈치 숲속에서 자라난 그의 영혼은 공방에 박혀 화가로 살기에는 너무 자유로웠나 봅니다. 다빈치는 이후 피렌체를 떠나 밀라노, 로마, 파리를 오가며 향년 67세로 죽을 때까지 「동굴의 성모」 「흰 족제비를 안은 여인」 「모나리자」 「최후의 만찬」 등 불후의 명작 채색화를 여럿 남겼습니다.

그러나 그의 천부적 재능이 담긴 역작은, 어릴 적 빈치 뒷산 숲에서 그렸던 소묘의 완성판인 코덱스Codex입니다. 흔히 '다빈치 코덱스'라고 불리는 이 필사筆寫 고문서는, 다빈치가 30대 이후 순간순간 떠오르는 영감과 구상을 종이나 양피지에 직접 그리고 쓴 3만 장가량의 소묘입니다. 이 소묘는 아쉽게도 6,000여 장만 소장가에 의해 23권의 책으로 묶여 오늘날에 전해지고 있지요.

다빈치 코덱스가 세간에 큰 관심을 끈 것은, 1994년 빌 게이츠가 크리스티 경매에서 『코덱스 레스터』Codex Leicester를 3,080만 달러(약 350억 원)에 구입한 뒤 공개하면서입니다. 이 코덱스는 모두 72장에 360개의 지질학·식물학·수리역학 등과 관련한 그림과 설명이 수록되어 있습니다. 나뭇잎과 풀잎 그리고 꽃송이, 물의 흐름과 소용돌이, 하늘을 나는 새와 움직이는 동물 등을 소묘 형식으로 그리고 그 옆에 설명을 덧붙인 코덱스를 보면 어릴 적 다빈치가 빈치 뒷산 숲에서도 이런 그림을 그렸으리라 짐작됩니다. 특히 아쉬운 것은 다빈치가 어릴 적 고향 빈치 뒷산 숲에서 그린 소묘는 남겨진 게 없어, 오늘날 볼 수 없다는 점입니다.

안드레아 델 베로키오, 「그리스도의 세례」
베로키오는 왼쪽의 두 천사 부분을 다빈치에게 대신 그리게 했다.

다빈치의 천재성은 과연 언제 어디서 어떻게 나왔을까요?

다빈치는 성장기 가정에서도 학교에서도 교육이라곤 제대로 받은
게 없습니다. 성장 후 베로키오 공방에서 도제수업을 받았지만 그림
솜씨가 스승을 앞섰던 것을 보면 배웠다기보다 스스로 깨쳤다는 게
더 옳을 법합니다. 그렇다고 부모에게서 천재성을 물려받은 것도 아

레오나르도 다빈치, 「동굴의 성모」, 파리 루브르 박물관 소장본.
원근법과 함께 윤곽선을 흐릿하게 그려 배경과 일체감을
돋보이게 하는 스푸마토 기법을 가장 잘 사용한 작품으로 평가된다.

레오나르도 다빈치, 「모나리자」
다빈치는 이 그림을 죽을 때에도 곁에 두었다. 그 이유는 울창한 숲으로 채워진
배경 그림에 있는 듯하다. '모나'는 이탈리아어로 '마담', '리자'는 모델의 이름이다.

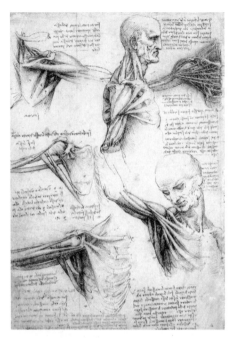

레오나르도 다빈치,
『코덱스 레스터』
다빈치는 당시 금기였던
시신 해부를 몰래 하다 걸려
옥고를 치르면서도,
인체 근육이 어떻게 생겼고
수축하는지를 밝혀내
세밀하게 그렸다.
또한 식물이 꽃을 어떻게
피우는지를 살펴
세밀화로 남겼다.

닙니다. 부모 양가에는 천재는커녕 재능을 남긴 인물이 없었습니다. 그의 천재성은 14세까지 대부분의 시간을 보낸 빈치 뒷산 숲에서 찾을 수밖에 없습니다. 숲에서 혼자 돌아다니며 남다른 호기심과 관찰력으로 그린 그림이 잠재된 재능을 일깨워 훗날 천재성으로 발현한 것으로 볼 수밖에 없지요.

인지능력과 창의력을 주로 관장하는 전두엽이 만 2세~14세 사이에 급속히 발달하는 것을 감안하면 다빈치가 14세 때까지 빈치에서 살다 번잡한 성곽도시 피렌체로 이주한 것도 예사롭지 않습니다. 특히 다빈치에게는 부모의 간섭과 당시 엄격했던 학교생활에 얽매이지 않고 숲에서 뛰놀 수 있었던 것이 오히려 긍정적으로 작용했을 것 같습니다. 다빈치에게 고향 빈치 뒷산 숲은 천재성을 일깨운 놀이터였습니다.

다빈치가 성장 후 도시를 떠돌며 고향 빈치 같은 숲을 얼마나 그리워했는지는 걸작 「모나리자」의 배경을 보면 짐작할 수 있습니다. 울창한 숲으로 덮인 산골입니다. 다빈치는 원근법과 스푸마토Sfumato 기법[사물의 경계를 흐릿하게 그리는 화법]으로 산골을 그렸습니다. 이 산골은 다빈치가 「모나리자」를 그리면서 머물렀던 토스카나주 라테리나 지방으로 추정되는데, 피렌체를 사이에 두고 빈치와 마주하는 아펜니노산맥 자락입니다. 혹자는 다빈치가 「모나리자」의 모델인 리자 부인을 연모해서 평생 소장하며 곁에 두었다고 말합니다. 아닙니다. 그가 평생 여자를 가까이하지 않은 동성애자임을 감안하면 그럴 리 없지요. 혹자는 「모나리자」를 보며 삶의 위안과 구원을 얻으려 했다고 주장하지만 그렇지도 않습니다. 만약 그랬다면 「동굴의 성모」와 같은 성화聖畵가 더 좋았겠지요. 다빈치는 이 그림을 평생 갖고 다녔고 죽을 때에도 곁에 두었습니다. 다빈치는 「모나리자」의 배경 그림을 보며 어릴 적 호기심과 관찰력을 키웠던 숲을 그리워했고 이때마다 천재성을 자극받았는지도 모릅니다.

천재 2: 아이작 뉴턴

아이작 뉴턴Isaac Newton, 1642-1727은 영국 중동부 링컨셔 시골마을 울즈소프에서 태어났습니다. 부친은 부유한 농부였으나 그가 태어나기 3개월 전에 세상을 떠났고, 모친은 무식하고 이기적인 여성이었습니다. 뉴턴은 해산달 전에 태어나는 바람에 몸집이 너무 작아 양말에 넣을 정도의 미숙아였고, 이 때문에 생사를 넘나들다 어렵게 살아남은 행운아였습니다.

뉴턴은 세 살 때 모친이 교구 목사와 재혼하면서 외할머니에게 맡겨집니다. 작은 농장을 소유한 외할머니는 집안 살림과 농사를 도맡아 했기 때문에 늘 바빠서 뉴턴을 방치하다시피 했습니다. 어린 뉴턴은 혼자 농장 여기저기를 기웃거리다 뭔가에 눈길이 꽂히면 이리저리 살피고 혼잣말을 늘어놓는가 하면, 방 안에 틀어박혀 끼니를 잊고 나오지 않는 전형적인 은둔형 외톨이였다고 합니다. 특히 자신을 버린 모친과 의붓아버지가 나타나면 폭언을 일삼는 등 적대감을 보였고, 속 좁은 의붓아버지는 그때마다 뉴턴을 노골적으로 구박했기에 그의 성격은 더욱 비뚤어졌습니다. 불우했던 뉴턴은 학교에 가야 할 나이가 되었지만 학교에 가지 않았습니다.

뉴턴이 열한 살 때 더 큰 불행이 다가왔습니다. 재혼한 남편마저

천재성은 어린 시절 불우한
환경에서 받는 스트레스가 뇌를
활성화한 결과라는 이론을 증명한
아이작 뉴턴. 이 이론은 아이를
과보호하고 애지중지할수록
바보로 만든다는 뜻으로,
뉴턴은 오늘날 대한민국 가정과
학교의 반면교사라 할 수 있다.

죽자 모친이 친정으로 돌아온 것입니다. 뉴턴은 미웠던 의붓아버지
가 죽고 모친이 돌아온 게 기쁘기는커녕 적대감만 세 배로 늘어났습
니다. 모친과 함께 온 의붓형제 셋과 사사건건 갈등을 빚고 걸핏하면
다투었기 때문입니다. 이때 쌓인 인간에 대한 뿌리 깊은 증오심은 평
생 자신과 주변을 괴롭힌 괴팍한 성품을 낳았습니다. 또한 뉴턴은 모
친을 싫어한 결과 여성을 혐오해 평생 독신으로 살다 죽었고, 이 때
문에 인류문명사를 바꾼 천재의 혈통은 끊기고 말았지요.

뉴턴은 열두 살 때 지옥 같았던 울즈소프 외갓집을 벗어납니다

　뉴턴이 지옥에서 벗어난 곳은, 외갓집과 마차로 반나절 거리에 있
는 도시 그랜섬이었습니다. 뉴턴은 이곳 킹스스쿨 중등부에 입학해

뉴턴이 태어난 외갓집.
작은 농장을 소유한 외할머니는 뉴턴을 방치하다시피 했다.
외톨이 뉴턴은 사과나무가 빼곡한 과수원에서 빈둥거리다
호기심과 지적 탐구심에 이끌려, 세상을 바꾼 천재로 거듭났다.

기숙사 생활을 하게 된 것입니다. 이때부터 뉴턴은 점차 안정을 되찾았고 남다른 재능도 드러냅니다. 뉴턴을 갈등과 적대감의 수렁에서 구한 사람은 외삼촌이었습니다. 외삼촌은 어린 뉴턴이 방에 틀어박혀 빛을 관찰하는 것을 보고 예사롭지 않다고 생각해서 더는 의붓형제와 다투도록 두어서는 안 된다고 판단해 누나[뉴턴의 모친]를 설득한 것입니다.

뉴턴은 그후 킹스스쿨에 입학했지만 논리와 윤리 위주의 수업에 흥미를 잃어 학업에 소홀했고 성적은 중간에 그쳤습니다. 그러나 기계를 만들고 수리하는 데는 탁월한 재능을 보였습니다.

어느 날 그랜섬 외곽에 풍차가 세워지자 구경꾼이 몰렸습니다. 뉴턴도 소문만 듣던 풍차 구경에 나섰지요. 남다른 호기심에 관찰력이 뛰어났던 뉴턴은 풍차를 보자마자 구석구석 살펴보고는 어떻게 해서 작동하는지 그 원리를 어렵지 않게 찾아냈습니다. 뉴턴은 시간이 나면 기숙사 방에 숨어들어 풍차 내부구조를 그림으로 재구성한 뒤 나무를 깎아 모형을 만들었습니다. 뉴턴이 완성한 풍차 모형을 밖으로 가져가 바람을 맞게 하자 멋지게 작동했습니다. 이를 본 친구들은 환호성을 울렸고, 교사들은 뉴턴의 숨은 재능을 비로소 알게 되었습니다. 뉴턴이 이 학교를 졸업할 즈음 교사들은 모친이 뉴턴을 집으로 오게 해 농부로 만들려 한다는 것을 알고 설득했습니다.

이 덕분에 뉴턴은 열아홉 살 때 케임브리지대학교 트리니티 칼리지에 입학할 수 있었습니다. 그러나 뉴턴은 대학수업도 이론과 논리 위주여서 흥미를 잃고 방황했습니다. 이즈음 부임한 당대 석학 아이작 배로Isaac Barrow 석좌교수의 기하학과 광학 강의를 듣고는 뉴턴의 천재성이 드러납니다. 이후 그는 독학으로 갈릴레오의 『역학』, 케플러의 『광학』과 『천문학』, 보일의 『색깔론』, 데카르트의 『기계적 철학』과 『광학』을 섭렵한 데 이어 당시 과학계에 남겨진 난제풀이에 도전하며 그의 천재성을 발휘합니다. 배로 교수는 뉴턴의 천재성에 감복해 뉴턴을 그의 후임으로 지정하고 은퇴합니다. 뉴턴은 장학금을 받으며 연구에 몰두했고, 스물세 살 때인 1665년 8월 학사학위를 받고 졸업합니다.

바로 이해 '2차 대역병'이라 불리는 흑사병이 런던을 덮쳐, 이듬해까지 런던의 인구 25퍼센트에 해당하는 약 10만 명이 죽습니다. 당시 영국 왕 조지 2세와 왕족은 런던 외곽 옥스퍼드 궁성으로 피신했고, 귀족과 부자도 줄줄이 영지와 저택이 있는 시골로 떠났습니다.

학위를 받은 뉴턴도 어쩔 수 없이 지긋지긋했던 울즈소프 외갓집으로 돌아갔습니다. 하지만 이때의 뉴턴은 이전의 뉴턴이 아니었습니다. 당대 가장 권위 있는 케임브리지대학교 루카스 석좌교수에 지명된 저명한 수학자였습니다.

뉴턴은 의붓형제는 물론 모친과도 완전히 담을 쌓고 별채에서 농장 과수원과 숲길을 산책하며 사색과 연구에 몰두했습니다. 뉴턴은 1667년 4월 대학이 다시 개교할 때까지 이곳에서 빛과 색깔 그리고 물체의 운동에 관한 이론과 원리를 고안하고 미적분의 기초를 마련한 것으로 알려졌습니다. 향후 위대한 업적의 초석이 될 연구였습니다. 이런 이유로 1665년부터 1667년까지를 과학계에선 '기적의 해'라고 부르지요.

뉴턴의 천재성은 과연 언제 어디서 어떻게 나온 걸까요?

지금도 울즈소프 농장에는 당시 뉴턴이 빛의 성질을 알아내기 위해 암실로 만들어 실험했던 방이 그대로 보존되어 있으며, 그 방바닥에는 어린 뉴턴이 만든 해시계 모형이 있습니다. 이 방에서 내다보면 그 유명한 사과나무가 보입니다. 뉴턴이 이 사과나무 아래서 쉬고 있을 때 머리에 떨어진 사과를 맞고 만유인력을 생각해냈다는 일화는 당시 이 이야기를 들은 친구의 기록이 발견되어 사실로 밝혀졌습니다. 그렇다고 이 사과 한 개로 만유인력을 유추해냈다고 볼 수는 없습니다. 뉴턴은 어릴 적 농장을 돌아다니다 사과 외에도 여러 물체가 공중에서 떨어지는 것을 보며 왜 달은 떨어지지 않는지 궁금해했습니다. 이런 호기심이 '기적의 해'에 울즈소프 농장에서 모든 물체에는 질량이 있고 이 때문에 서로 당기는 힘이 있다는 가설을 세우고

창밖에 보이는 나무가 뉴턴이 만유인력의 영감을
얻었다고 전해지는 사과나무다. 이 방은 뉴턴이
빛의 성질을 알아내기 위해 암실로 만든 실험실이기도 하다.

입증해, '만유인력'을 밝혀냈습니다.

뉴턴은 대학으로 돌아간 뒤 스물여섯 살 때 그의 '3대 업적'이라 불리는 미적분, 중력의 법칙, 빛의 성질을 밝히고 수리數理로 입증합니다. 마흔다섯 살 때는 『자연철학의 수학적 원리』(일명 프린키피아)를 출간해 운동의 3법칙[관성의 법칙, 운동과 가속도의 법칙, 작용과 반작용의 법칙]을 발표하고 근대 천문학을 확립합니다. 코페르니쿠스로부터 시작된 과학혁명은 뉴턴이 세운 반석 위에서 오늘날 첨단과학의 꽃을 피웠습니다.

이제 뉴턴에게도 같은 질문을 던져야겠습니다. 뉴턴의 천재성은 과연 언제 어디서 어떻게 나온 걸까요? 뉴턴의 부모는 그저 평범한 시골 사람이었고, 친가나 외가에 이름을 남긴 분도 없습니다. 그가 타고난 천재가 아님은 분명합니다. 그렇다고 가정이나 학교에서 재능을 쌓은 적도 없지요. 케임브리지에서 배로 석좌교수를 만나기 전까지는 수업에 흥미를 갖지 못해 방황하던 학교생활 부적응 학생이었습니다.

흑사병 대유행으로 고향 울즈소프로 돌아가 한적한 전원에서 남다른 호기심과 뛰어난 관찰력을 되살리지 않았다면 어떻게 되었을까요? 만약 뉴턴이 다정다감하고 교육열이 높은 부모를 만났다면, 뉴턴이 농장에서 빈둥대는 꼴을 두고 보지 못하고 사사건건 간섭하고 질책했다면 어떻게 되었을까요? 학교수업에 착실한 학생이어서 당시 금과옥조였던 아리스토텔레스의 윤리교육에 매몰되어 자연의 신비함에 호기심조차 갖지 않았다면 어떻게 되었을까요? 이런 가정이 현실이 되었다면 뉴턴은 설사 울즈소프에서 성장했다 해도 사과는 하늘에서 떨어지는데 달은 왜 매달린 채 빛을 내는지 관심조차 갖지 않았을 것이며, 결국 만유인력은 한참 뒤 다른 과학자에 의해 밝혀졌겠지요.

　뉴턴의 천재성은 이렇게 요약할 수밖에 없습니다. 그의 천재성은 어린 시절 울즈소프 농장 숲에서 남다른 호기심으로 자연현상을 관찰한 데에서 비롯했고, 탁월한 상상력과 독서를 통해 이것들을 수리적으로 체계화하면서 '기적의 해'를 성취한 셈입니다. 뉴턴의 울즈소프 농장 숲은, 레오나르도 다빈치의 빈치 뒷산 숲과 마찬가지로 천재의 놀이터였습니다.

천재 3: 찰스 로버트 다윈

　생명진화의 비밀상자를 연 찰스 로버트 다윈Charles Robert Darwin, 1809~82은 한마디로 '초특급 금수저'였습니다. 친가는 부유한 귀족 가문으로 조부와 부친은 박물학자와 의사였고, 외가는 영국에서 손꼽히는 부자인 데다 명문 귀족이었습니다. 특히 외조부는 세계적인 도자기 브랜드인 웨지우드의 창업자 조시아 웨지우드였고, 그의 모친은 조시아 웨지우드가 특히 귀여워했던 딸이었지요.

　다윈은 영국 중서부 슈롭셔 주도州都 슈루즈베리 외곽 숲과 정원으로 둘러싸인 멋진 저택에서 3녀 2남 중 막내로 태어나 성장했습니다. 다윈은 어릴 때부터 저택 뒤 울창한 숲과 작은 개천에서 놀며 다양한 동식물을 관찰하고 채집하며 놀기를 좋아했답니다. 박물학자인 조부의 영향이 컸지만 넓은 저택에서 이웃에 친구도 없어 혼자 놀기에는 이만한 곳도 없었기 때문으로 여겨집니다.

명문 귀족 출신의 찰스 다윈은
울창한 숲과 작은 개천에서 놀며
다양한 동식물을 관찰하고
채집했다. 어린 시절이
불우했음에도 놀라운 천재성이
발현되었다는 점에서
아이작 뉴턴과 비견된다.

'초특급 금수저' 다윈에게 시련이 닥칩니다

유복했던 찰스 다윈이 여덟 살 때 갑자기 모친이 병으로 죽으면서 시련이 닥쳤습니다. 이전까지 그는 부모는 물론 누나와 형의 사랑까지 독차지한 전형적인 부잣집 막내였습니다. 평소 살갑지 않은 모친이었지만 갑작스러운 죽음에 어린 다윈은 큰 충격을 받았는데, 그보다 더한 시련이 뒤이어 닥쳤습니다. 다정다감했던 부친이 갑자기 엄숙한 방관자로 바뀌면서 자녀 누구에게도 관심과 애정을 보이지 않고 오로지 죽은 부인만 그리워했기 때문입니다.

이때부터 누나 셋이 다윈을 보살폈지만 그는 누나들보다 하나뿐인 형의 꽁무니를 쫓는 철부지였습니다. 그러나 형은 동생 다윈과 놀아줄 시간이 없었던 듯합니다. 이래저래 다윈은 혼자 집 안팎을 돌아다니는 외톨이였습니다. 부친은 이런 다윈을 걱정해서인지 귀찮아서인지 모르지만 인근 초등학교에 보내면서 기숙사에 넣어버립니다.

자유분방하게 자란 다윈은 재미없는 수업에다 엄격한 기숙사 규율을 견디지 못해, 틈만 나면 빠져나와 한달음이면 닿을 수 있는 집으로 향했습니다. 어느 날 기숙사와 집 사이의 울창한 숲길을 걷다 '낯선 것'을 발견합니다. 저택 주변 숲에서 보지 못했던 나무와 풀 그리고 조개껍데기 무더기와 색다른 돌이었습니다. 집에 돌아온 다윈은 서재에서 할아버지가 쓴 박물지를 뒤져 처음 본 식물과 조개껍데기와 광물이 어떤 것인지를 찾아보았습니다.

다윈이 특히 궁금해했던 것은 조개껍데기였습니다. 자신이 태어나고 자란 슈루즈베리는 내륙으로 주변에는 바다가 없는데도 조개껍데기가 왜 많은지 궁금했습니다. 한참 뒤에야 영국이란 섬이 아주 오래전 바다에서 솟아올라 생겼으며, 슈루즈베리는 이전에 바닷가였다는 사실을 알게 되면서 지질학에 관심을 갖게 됩니다. 다윈은 이 학교의 초·중·고교 과정을 수료하고 열여섯 살 때 졸업했습니다. 이즈음 다윈 스스로 생물학과 지질학, 즉 자연과학에 재능이 있음을 깨닫고 조부의 뒤를 이어 박물학자가 되고 싶어 합니다.

그러나 부친은 다윈이 의사가 되길 원해 어쩔 수 없이 에든버러 의과대학에 진학했습니다. 다윈은 의학에 흥미가 없는 데다 2학년 때 해부학 실습을 견디지 못하고 뛰쳐나온 뒤 자퇴합니다. 뒤이어 성공회 신부가 되라는 부친의 권유에 따라 케임브리지대학교 신학부에 진학해 우수한 성적으로 졸업했지만, 실제는 박물학 공부에 더 열중했다고 합니다. 다윈은 졸업 후 신부의 길을 거부하고, 에든버러 의대에 다닐 때 알게 된 박물학과 존 헨슬로John Henslow 교수 등과 어울

다윈이 다녔던 학교는
오늘날 슈루즈베리 도서관으로
변했고, 다윈 동상이 앞뜰에
세워져 당시를 기억하게 한다.

려 지질조사와 식물분류 업무를 돕는 일에 매달리던 중 일생일대의
기회가 찾아옵니다.

다윈에게 갈라파고스는 '궁금증의 섬'이었습니다

다윈은 스물두 살 되던 1831년에 헨슬로 교수의 추천으로 항로
탐사선 비글호號를 타게 되었습니다. 비글호는 영국 왕실 군함이었
으나 당시 항해 목적은 2년간 남미 대륙 해안선을 따라 항로를 조사
하는 것이었습니다. 식민지 항로 개척을 위한 탐사지요. 다윈은 공식
탐사원도 선원도 아닌, 장기간 항해로 지친 선장의 말동무로 탑승하
는 기회를 얻었지만 그의 속내는 달랐습니다. 항해 중 간간이 상륙하
면 지질조사를 해서 멋진 논문을 써 조부의 명성을 잇는 것이 그의

다윈의 생가는 숲과 정원으로 둘러싸인 저택이었다.
오늘날에는 개인 사무실로 변했다.

목적이었습니다.

　영국 플리머스항港을 떠난 비글호는 예정과 달리 지구 한 바퀴를
돌아 5년 뒤인 1836년 항구로 돌아왔습니다. 비글호는 항로의 수심
을 재기 위해 수시로 연안에 기착해 장기간 정박했는데, 그때마다 다
윈은 육지에 올라 지질과 광석 그리고 동식물을 관찰한 뒤 연구가치
가 있어 보이는 표본이면 닥치는 대로 채집해 본국에 있는 헨슬로 교
수에게 보냈습니다. 보낸 표본이 얼마나 많았던지 다윈은 귀국 후 헨
슬로 교수와 함께 분류하고 창고에 정돈하는 데만 꼬박 3년이 걸렸
고, 보관창고를 마련하는 데 부친이 도움을 주었지만 그것으로 부족
해 성금 모금까지 해야 했지요. 어쨌든 그런 수고 끝에 1839년 『비

글호 항해기』를 출간했고, 이 책은 향후 불후의 역작『종의 기원』을 출간하는 데 밑거름이 되었습니다.

많은 표본 중 유독 다윈의 눈길을 사로잡은 것은, 출항 4년째였던 1835년 9월 태평양 적도 화산섬 갈라파고스 제도諸島에서 채집한 작은 새 핀치 박제였습니다. 다윈은 1개월 남짓 이곳 19개 섬을 건너다니며 동식물 표본을 채집했는데, 섬의 환경과 먹이에 따라 약간씩 다르게 변한 핀치의 볏과 부리를 보고 의아한 생각이 들어 사로잡아 본국에 보낸 것입니다.

다윈은 그때까지만 해도 종의 변이에 관해 알지 못했습니다. 다윈은 표본을 분류하고 정돈하면서 발견되는 새로운 종을 보면서 변종의 출현 과정에서 변이가 생길지 모른다는 생각을 했으나 섣불리 주장할 수 없었지요. 당시 일반인은 물론 과학자들도 "세상 만물은 신이 창조했고 한 지역에서 사는 종은 신의 뜻에 따라 만들어진 대로 일체성을 지킨다"고 굳게 믿었고, 이에 반하는 주장을 하면 종교재판을 받았기 때문이었습니다. 다윈은 귀국 5년 뒤인 1842년에야 종의 변이에 관해 확신하게 됩니다. 하지만 이를 입증할 논거 없이 섣부르게 나설 수는 없었습니다.

이즈음 다윈은 당시 영국에서 크게 유행했던 개와 비둘기 같은 애완동물의 사육과 육종에 비상한 관심을 보이며 '해괴한 의문'을 품습니다.

"인간이 동물을 교배해 더 뛰어난 잡종을 만들 수 있다면 자연은 왜 만들지 못하겠는가?"

여전히 교회가 세상의 한편을 지배하던 시절에 이런 발상은 매우 도발적이고 위험했습니다. 그러나 다윈이 자유분방한 휘그당 집안에서

| 큰땅핀치 | 중간땅핀치 |
| 작은나무핀치 | 그린와불러핀치 |

다윈이 스케치한 다양한 모양의 핀치 부리.
다윈은 갈라파고스 여러 섬에서 부리 모양이 다른 핀치를 보았으나
당시에는 변이와 진화를 생각하지 못했다.

유년기부터 자연을 체험하며 성장한 데다, 5년간의 세계일주 탐사와
3년간의 표본 정리를 거치며 성경의 창조설에 강한 회의를 갖게 된 점
을 감안하면 어쩌면 당연한 귀결이었을 것입니다.

불후의 역작은 '해괴한 의문'에서 탄생했습니다

다윈은 그해 6월 「자연선택을 통한 진화 이론」이란 제목의 35쪽
짜리 초고를 연필로 썼다고 합니다. 그러나 불후의 역작 『종의 기원』
은 1856년에 집필하기 시작해 3년 뒤인 1859년에 출간되었습니

다. 초판 제목은『자연선택의 방법에 의한 종의 기원, 즉 생존경쟁에서 유리한 종족의 보존에 대하여』로 무려 502쪽의 '벽돌책'이었으나, 출간 첫날 초판 1,250부가 모두 팔렸고 3,000부를 더 찍은 베스트셀러였습니다. 오늘날에도 자연과학도는 물론 사회과학도도 필히 읽어야 하는 고전입니다.

『종의 기원』의 핵심은 '자연선택'입니다. 다윈이 품었던 '해괴한 의문'의 해답이기도 합니다. 다윈이 '자연선택'이라는 단어를 정의하는 데 쏟은 남다른 호기심과 관찰력 그리고 집요한 탐구심과 천착근성은『종의 기원』502쪽 곳곳에서 발견됩니다. 모두 14장으로 구성된 이 책은 절묘한 발상과 치밀한 논증 그리고 그 논증이 안고 있는 허점까지 스스로 기록한 치열함으로 가득합니다.『종의 기원』출간 전날 원고를 미리 읽은 생물학자 토머스 헉슬리Thomas Huxley는 이렇게 말했다고 합니다.

"나는 왜 이걸 생각하지 못했을까? 정말이지 바보 같으니라고."

맞습니다. 이런 '해괴한 의문'을 갖는 것은 쉬운 일인 듯 보이지만 너도나도 가능한 것은 아닙니다.

세상을 바꾼 천재에게는 남다른 네 가지가 있습니다

그 네 가지 요건은 남다른 호기심과 뛰어난 관찰, 왕성한 탐구력[독서와 사색]과 끝을 보고 마는 천착근성입니다.『종의 기원』을 읽다 보면 구구절절에서 천재의 네 가지 요건을 느낄 수 있습니다. 대항해시대가 활짝 열렸던 당시, 유럽 열강은 식민지 개척을 위해 앞다투어 범선을 띄웠고, 이들 배에는 탐험대와 군대 이외에도 지질학자와 생물학자 등 박물학자가 타고 있었습니다. 이들 박물학자는 세계

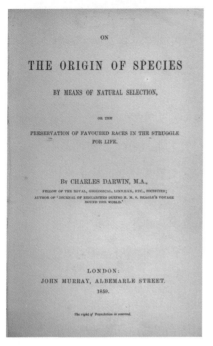

◀ 기독교 창조론을 뒤집은 『종의 기원』 초판 표지.
▶ 『종의 기원』이 출간된 뒤 많은 신문은 다윈을 원숭이로 묘사하는 등 조롱했다.

곳곳을 뒤지며 금은보화와 자원을 찾아내 탐험대에게 바치는 데 열중했지만, 누구도 다윈처럼 광물과 동식물 등 온갖 표본을 수집한 이는 없었습니다.

분명 다윈의 호기심은 남달랐습니다. 관찰력도 타의 추종을 불허했습니다. 『종의 기원』에 등장하는 온갖 광물과 화석 표본의 지질학적 분류뿐 아니라, 수많은 동식물의 종種과 아종亞種을 찾아내 분류하고 하나하나 관찰한 뒤 이들이 어떻게 해서 비슷하고 다르게 변했는지를 구체적으로 설명했고, 혹 의심스러운 부분에선 다른 학자의 주장과 학설을 예시하며 자신의 판단이 품은 허점까지도 스스로 드러냈습니다. 읽다가 이런 부분에 닿으면 그의 탐구력은 물론 사사건건 끝장을 내는 천착근성에 소름이 돋을 정도입니다.

다윈의 천재성은 과연 언제 어디서 어떻게 나온 걸까요?

다윈의 친가와 외가 모두 명문 귀족이었으나 그렇다고 천재라고 불리는 사람은 없습니다. 다윈은 학창시절 학업에 충실하거나 재능을 보이지 않았습니다. 그나마 에든버러대학교 신학부를 우수한 성적으로 졸업한 것은, 부친의 성화에 못 이겨 하루빨리 졸업한 뒤 교회 신부로 생활하며 틈틈이 자연사 연구를 하고 싶어 매달린 결과였습니다.

어쨌든 다윈의 천재성이 언제 어디서 어떻게 나왔는지를 찾는 것은 그리 어렵지 않습니다. 어릴 적 혼자 놀았던 슈루즈베리 숲에서 찾을 수 있지요. 다윈은 태어나 혼자 걷기 시작한 뒤부터 저택 주변의 정원과 숲에서 놀며 성장했습니다. 숲을 헤매며 저마다 다른 듯 보이지만 형제처럼 닮은 나뭇잎과 풀잎을 찾아내 끼리끼리 맞춰 채집하고, 숲 속의 새와 다람쥐와 토끼가 집에서 키우는 것들과 어떻게 다른지를 살피고, 어떻게 바다와 멀리 떨어진 집 부근에 조개껍데기가 널렸는지를 알고 싶어 서재를 뒤진 다윈이니 더는 시비를 논할 게 없지요.

만약 다윈이 모친을 일찍 여의지 않고 다감다정했던 부친도 변함없이 자녀에게 많은 관심과 애정을 보였다면, 다윈은 어떻게 성장했을까요? 만약 부친이 다윈을 당시 귀족 가문의 전통대로 가정에서 엄히 교육하고 사관학교에 보냈다면 어떻게 되었을까요? 이런 가정을 하면 『종의 기원』은 세상에 나오지 않았을 것이며, 세계사는 오늘날과 같지 않았을 법합니다. 다윈에게 슈루즈베리 숲은 천재성을 일깨운 놀이터였습니다.

　앞서 살펴본 천재 셋이 성장기에 겪은 공통점을 든다면 쉽게 다음 세 가지를 꼽을 수 있습니다. 결손가정 또는 불우한 유년시절, 외톨이, 그리고 숲에서 혼자 놀기입니다. 그런데 유년기에 불우해야만 천재성이 드러나는 걸까요? 꼭 그렇지 않습니다. 다음 장에서 소개할 천재 중에는 그렇지 않은 분도 있으니 말입니다. 그러나 천재 중에는 결손가정에서 불우하게 자란 분이 많다는 것은 분명 사실입니다. 칙센트미하이 교수의 지적대로 불우한 환경이 뇌에 잠재한 재능을 일깨웠을 수도 있으며, 네덜란드 라드바우드대학교 연구팀의 추적조사대로 불우했던 유년기에 겪은 스트레스가 뇌 발달을 촉진해 재능을 폭발시키기 때문이지요.

　아무튼 세 천재를 보면 유년기 숲에서 혼자 지겨울 정도로 느긋하게 놀며 관찰하고 탐구한 것이 훗날 천재성을 발현시켰다는 건 분명해 보입니다. 프랑스 교육학자 셀린 알바레즈는 저서 『아이의 뇌는 스스로 배운다』(이세진 옮김, 열린책들, 2020)에서 이렇게 말합니다.

　"아이들에게 막대기, 조약돌, 흙, 잡초, 나뭇잎, 꽃, 나무껍질, 솔방울 그리고 시간을 내맡겨라. 그들이 놀고, 만들고, 지어 올리고, 굉장한 이야기를 서로에게 들려줄 수 있도록."

　세상을 바꾼 천재들이 숲을 놀이터 삼아 보낸, 그들의 유년기를 되돌아보게 하는 충언입니다.

루소
칸트
베토벤

천재 4: 장 자크 루소

장 자크 루소Jean Jacques Rousseau, 1712-78는 간명하게 정의할 수 없는 풍운아이자 천재입니다. 그는 계몽사상이 열병처럼 번지던 18세기 유럽 대륙을 종횡무진한 사상가이자 소설가였고, 교육학자이자 음악가이며, 식물학자이자 정원설계가이기도 했습니다. 그는 한창때는 요즘 베스트셀러 작가 못지않은 인기를 누렸으나, 말년에는 이중인격자라는 비난을 받는 한편 현상수배범으로 도피생활을 해야 했던 범법자였습니다.

하지만 그의 저서는 엄청난 후폭풍을 몰고 와 세계사의 물길을 바꿔놓았지요. 역작『사회계약론』의 민권사상은 유럽 대륙에 혁명의 불길을 지핀 끝에 현대 민주공화국의 모델을 제시한 프랑스 대혁명의 사상적 지주가 되었고,『인간 불평등 기원론』은 좌파 경제학자 카를 마르크스를 공산주의 창시자로 변모시키고 나아가 그의 노작『자본론』의 밑거름이 되었습니다. 특히 그의 저서는 요한 볼프강 폰 괴테, 프리드리히 실러, 이마누엘 칸트, 레프 톨스토이, 프리드리히 프

장 자크 루소는 불우하게 태어나,
18세기 격랑의 시대에서
좌충우돌하며 성장했다.
그러나 그는 세상과 역사를 바꾼
불세출의 천재였으며,
숲길 산책과 사색을 찬미한
자연주의자이기도 했다.

뢰벨 등의 사상과 저작에도 적잖은 영향을 미쳤습니다. 루소가 남긴
족적은 이처럼 위대했지만 성장기에는 어떤 재능도 보이지 않은 그
저 그런 범재였고, 그나마 돋보이는 것은 잘생긴 용모뿐이었다고 합
니다.

루소가 태어나자마자 불행이 닥쳐옵니다

장 자크 루소는 스위스 제네바에서 가난한 시계공인 부친과 평범
한 주부인 모친 사이에서 태어났습니다. 그런데 불운하게도 모친은
산후 후유증으로 출산 5일 만에 세상을 떠났습니다. 유모의 손에서
외롭게 자란 루소는, 부친이 걸핏하면 죽은 모친 이야기를 꺼내며 울
먹일 때마다 "자신 때문에 엄마가 죽었다"고 자책하며 괴로워했다고

루소섬은 루소가 자신의 저서를
불태우고 도피생활을 시작한
론강 하구 퇴적섬이었다.
제네바시市는 1838년 이곳을
공원으로 개발하고
루소 동상을 세워 관광지로 단장했다.

합니다. 이 때문인지 어린 루소는 소심했고 매사에 소극적이었으며, 학교에 가지 않고 혼자 동네 주변을 돌아다니며 시간을 보낸 외톨이였다고 합니다. 루소 생가 주변에는 레만 호수와 론강江 그리고 종교개혁가 칼뱅이 목회했던 유서 깊은 생 피에르 대성당이 있습니다. 루소는 어린 시절을 이곳에서 배회하며 보냈을 성싶습니다.

　루소가 열 살 때, 부친이 한동안 베른에서 일하게 되었다며 그를 외삼촌에게 맡기고 떠납니다. 외삼촌은 루소를 보살피기 힘들다고 교구 목사에게 맡겨 교회 일을 도우며 자립하도록 했습니다. 그러나 루소는 목사가 자신을 미심쩍게 여기는 것에 불만을 품고 도망칩니다. 이후 제네바 법원에서 필경사 견습생과 조각가의 도제 조수로 일하면서 부친이 돌아오길 기다렸습니다. 하지만 루소가 열네 살 때 부친이 베른에서 다른 여자와 재혼했다는 소식을 듣습니다. 루소는 부친까지 자신을 버렸다는 배신감에 괴로워하다 교구 신부를 찾아가 하소연합니다. 신부는 이탈리아 토리노의 한 자선사업가를 소개해 주었습니다.

루소는 이 기회에 제네바를 떠나기로 결심하고, 교구 신부가 써준 소개장을 품에 넣고 토리노로 향했습니다. 루소는 마차를 타고 갈 돈이 없었기 때문에 걸어서라도 가기로 마음먹고 길을 나섰습니다. 그는 어릴 적부터 이곳저곳 돌아다니기를 좋아했기 때문인지 힘든 시골길과 산길을 걷고 또 걸어 알프스산맥을 넘은 뒤 이듬해 토리노에 도착했습니다. 훗날 루소는 틈만 나면 숲길을 걸으며 사색하고 떠오르는 생각을 정리해 저술했는데, 숲길 산책 습관은 이때 단련되지 않았나 싶습니다.

루소는 열네 살 연상의 귀족 미망인과 동거합니다

루소는 토리노에 도착하자 곧바로 소개장에 적힌 자선사업가 프랑수아즈 루이즈 드 바랑 남작부인을 찾아갔지만 만나지 못하고 얼마간 별채 아동보호소에서 지냅니다. 29세의 바랑 남작부인은 남편이 남긴 엄청난 재산 덕분에 호의호식하는 전형적인 귀족 미망인이었습니다. 남작부인은 당시 이탈리아 성당에서 권장하던 개신교 고아들의 가톨릭 개종 자선사업을 돕기 위해 일종의 고아원을 운영하고 있었습니다. 그가 묵었던 아동보호소는 이런 고아원이었습니다. 고아원에 머물던 루소는 몇 달 뒤 바랑 남작부인을 만나게 됩니다. 남작부인을 처음 본 순간 예상과 달리 너무 젊은 데다 우아한 얼굴과 환하게 밝은 피부 그리고 황홀하게 드러난 그녀의 앞가슴을 보고 놀랐다고 합니다.

이때 남작부인도 앳된 미소년 루소에게 묘한 감정을 느꼈던 듯합니다. 남작부인은 얼마 후 루소가 제법 똑똑하다고 생각해 집안일을 맡기며 저택에서 살도록 합니다. 루소가 20세가 되었을 즈음, 남작부인은 루소가 책 읽기를 좋아하는 것을 알고 남편이 남긴 서재 출입을 허락합니다. 얼마 후 둘은 열네 살이라는 나이와 극명한 신분차이를 잊고 연인 관계가 됩니다. 루소는 남작부인을 "엄마"라고 불렀고, 남작부인은 루소를 "꼬마"라고 불렀다고 합니다. 루소는 유작 『고백록』에서 남작부인 사이에서 있었던 일을 소상히 밝혔는데, 첫 경험에 관해 이렇게 썼습니다.

"첫 관계에서 쾌락을 느꼈지만 근친상간의 죄를 저지르는 것 같은 느낌도 받았다."

루소는 남작부인에게서 이성의 애정보다 태어나자마자 잃어버린 모정을 느꼈던 듯합니다.

루소는 이때부터 남작부인과 동거하면서 난생처음 안락한 생활을 누리며 원하는 책을 언제든 읽고 남작부인의 개인교사에게 음악 이론도 배웠으며, 특히 저택 주변 숲을 산책하며 사색하는 여유를 누렸습니다. 루소에게 이런 호사는 오래가지 않았습니다. 루소가 26세 때, 남작부인은 그를 쫓아냅니다. 남작부인에게 새로운 애인이 생긴 것입니다. 루소는 남작부인을 그리워하며 한동안 토리노를 떠나지 못하고 주위를 맴돌았으나 그녀의 냉담함에 결국 포기하고 파리로 향했습니다. 루소는 파리에서 바랑 남작부인을 대신할 귀족 부인을 찾는 한편, 남작부인 저택에서 못다 한 음악 공부를 더 하고 싶어 이곳저곳을 기웃거렸습니다.

루소는 음악가로 천재성을 드러내기 시작했습니다

루소는 파리에서 몇몇 귀족 부인의 꽁무니를 쫓다가 번번이 퇴짜를 맞고 낙담했지만, 당시 계몽주의 지식인들을 알게 돼 이들과 교류하면서 새로운 세상을 만납니다. 계몽주의 지식인은 당시 내로라하는 디드로, 볼테르, 몽테스키외 등 백과전서파입니다. 루소는 이들의 저택 서재를 드나들며 독서에 몰두했는데, 특히 『백과전서』의 음악 부문 편찬에 참여하면서 음악 공부에 매진한 결과 놀라운 재능을 보입니다. 파리 입성 4년 만인 30세 때 당시 음표 표기의 불합리한 점을 지적한 「음악의 새 기호에 관한 계획」이란 제목의 논문을 발표해 파리 음악계에 이름을 알리더니, 33세에는 오페라 「우아한 시의 여신」을 완성해 작곡가로 명성을 떨칩니다. 그해 루소는 더는 귀족 부인의 꽁무니를 쫓지 않고 10세 연하의 세탁부 마리 테레즈 르 바쉬에르와 동거하면서 여성편력이 잦아듭니다.

루소는 음악 공부에 더욱 매진한 끝에 40세 때 발표한 오페라 간막극 「마을의 점쟁이」가 대성공하며 정점에 오릅니다. 우리말 동요 「주먹 쥐고 손을 펴서」는 이 오페라 8장에서 연주된 멜로디를 편곡한 것으로, 찬송가를 비롯해 많은 국가에서 동요로 만들어 부르는 유명한 곡이지요.

루소는 계몽주의자와 교우하면서 혁신적 사상가로 변모합니다

루소가 음악가로서 명성을 누릴 즈음, 어쩐 일인지 음악보다 사회 문제에 더 관심을 갖게 됩니다. 그 조짐은 그가 36세 때 쓴 『음악사전』에서 당시 유행하던 바로크 음악을 "혼란스럽고 부자연스럽고 불협화음으로 가득한 억지"라고 혹평하면서 엿보이기 시작했습니다.

2년 뒤에는 『학문과 예술에 대하여』에서 "학문과 예술의 발전은 도덕적 발전에 전혀 기여하지 못했다"며 당시 계몽주의 지성인들을 싸잡아 비판합니다. "학문과 예술을 통해 이성이 인류의 진보를 이끌어야 한다"고 굳게 믿고 행동하던 프랑스 계몽주의 주류인 백과전서파는 한때 동지였던 루소의 일갈에 분노했고, 배신자라고 매도하며 일제히 조롱했습니다.

루소는 이후 인간의 본성에 내재한 자연성과 도덕적 감성에 더욱 천착해, 세계사를 바꾼 그의 3대 저서를 세상에 내놓습니다. 43세에 발표한 『인간 불평등 기원론』, 50세에 출간한 『사회계약론』과 『에밀』이 그것입니다. 루소는 이들 저서를 통해 왕권 국가를 부정하고 평등과 인권을 보장하는 민권 국가를 주창합니다.

당시 프랑스에는 부르봉 왕조의 실정과 무능한 귀족과 부정한 교회에 대한 불만이 팽배했는데, 때마침 루소가 이들을 비판하며 불만의 정곡을 찌르자 그의 논리는 마치 계몽시대의 진정한 복음으로 들렸습니다. 또한 루소는 하느님의 신성을 부정하고, 교회와 학교의 규율 중심 교육보다 자연을 배우고 그 섭리에 따라야 한다고 주장했습니다. 루소의 저서는 출간하자마자 매진되었고, 루소의 인기는 마치 구세주와도 같았습니다. 혁명의 기운이 움트고 정국이 극도로 불안해지자 신·구교회는 물론 백과전서파까지 가세해 루소를 고소했습니다. 결국 루소의 저서는 출판 금지되고, 체포영장이 발부되어 수배됩니다.

루소는 파리에서 한동안 숨어 지내다 고향 제네바로 도망갔습니다. 하지만 이곳에도 수배령이 내려지자 영국으로 피신합니다. 루소는 계몽철학자 데이비드 흄의 도움으로 어렵게 영국에 왔지만 이곳

여론도 좋지 않자 스코틀랜드 산악지대로 피신했습니다. 루소는 이곳에서 발견한 특이한 식물을 분류해 기록했고, 이 기록들은 훗날 『섬의 식물세계』라는 제목의 책으로 묶였습니다. 스코틀랜드의 산악 풍광을 즐기며 오랜 도피생활로 지친 심신에 안정과 건강을 회복하려 했지만, 피해망상증이 악화되어 프랑스로 돌아옵니다.

8년간의 도피생활을 끝낸 58세의 루소는 한동안 동거했던 바쉬에르와 정식 결혼한 뒤 만년의 회한에 빠진 채 나날을 보내다 갑자기 슬하의 5남매를 고아원으로 보냅니다. 그러고는 파리를 떠납니다. 그가 간 곳은 프랑스 북쪽 피카르디[오늘날 아미엥]에 있는 한 귀족의 저택이었습니다. 루소를 존경했던 이 귀족은 그의 저택에 어울리는 정원 조성을 요청했고, 루소는 이 일을 하면서 쇠약했던 심신을 다소 회복하지만 죽음이 멀지 않다는 것을 느낍니다.

루소는 이곳에서 서둘러 대담 형식의 회상록인 『루소, 장 자크를 심판하다-대화』를 완성했으나 자서전적 참회록인 『고독한 산책자의 몽상』은 마무리를 못 하고 66세로 운명했습니다. 루소의 생애를 다소 장황하게 열거한 이유는 굴곡진 생애만큼 그의 업적에도 논란이 많았다는 점을 보여주기 위해서입니다.

루소의 천재성은 언제 어디서 어떻게 생기고 또 나타난 걸까요?

루소의 부모는 물론 양가에서 이렇다 할 인물이 없었던 것으로 보면 루소의 천재성도 유전된 게 아님은 틀림없습니다. 루소는 어떤 교육도 제대로 받지 못했습니다. 루소가 누군가에게 배운 것을 꼽으라면 유년시절 부친에게서 글을 쓰고 읽는 법과 남작부인 가정교사에게 음악이론의 기초를 배운 것뿐입니다.

그런 루소가 재능을 드러낸 시기는, 파리에 온 뒤 계몽주의 전위대 격인 백과전서파가 저술하던 『백과전서』 중 음악 분야 저술을 맡으면서입니다. 당대 최고의 지식인인 백과전서파 계몽주의자와 두루 교류하면서 그들의 서재를 출입하며 궁금했던 분야의 책을 닥치는 대로 읽었고, 그의 천재성은 마치 봄철 꽃망울처럼 하루가 다르게 개화했겠지요. 덕분에 음악에 관한 한 기초이론 수준이던 그가 불과 4년 만에 전문지에 화제작을 발표하고, 그로부터 3년 뒤 오페라를 작곡해 이름을 알릴 수 있었습니다. 그러나 이 정도로 천재라고 부르기에는 부족하지요.

루소의 천재성이 드러난 것은 작곡가의 명성을 누려야 했던 시기에 뜬금없이 혁명적 사상가로 변신하는 저서를 잇달아 발표하면서입니다. 그의 저서는 기독교와 절대왕권이 지배하던 중세 질서에서 인권과 평등권을 가진 시민권력[민권]이 지배하는 근대 질서로 방향 전환을 선언한 지침서와 다름없었습니다. 이 지침은 프랑스 대혁명으로 폭발했고 한 세기의 산고 끝에 오늘날 자유민주공화국 체제가 탄생한 것입니다. 감히 단언하자면, 인류역사상 한 개인이 세상을 이렇게 뒤바꾼 사례는 없습니다. 게다가 음악이론과 작곡, 식물학과 조경설계까지 다방면에서 탁월한 능력을 보인 루소를 천재라고 불러야 마땅하겠지요.

루소의 천재성은 독서와 산책을 통해 폭발했습니다

루소의 천재성은 엄청난 독서를 통해서 이뤄진 것처럼 보입니다. 그러나 책을 많이 읽는다고 루소와 같은 천재가 되지는 않습니다. 루소에게는 아주 특별한 습관이 있었지요. 루소가 저서 『고백록』에서 밝힌 산책 예찬이 그것입니다.

"나는 걸을 때만 명상에 잠긴다. 걸음을 멈추면 생각도 멈춘다. 나의 마음은 언제나 나의 다리와 함께 작동한다."

루소가 열네 살 때 고향 제네바를 떠나 알프스산맥을 넘어 토리노로 갈 때도, 도피 중 유럽 여러 도시를 떠돌 때도, 파리에 살 때도 매일 아침 걸으며 사색했습니다. 가난해서 마차 탈 돈이 없었지만 오히려 도보여행을 즐겼고, 도보여행 중 보고 겪은 일들을 자랑했다고 합니다. 특히 루소는 한적한 시골길과 숲길을 좋아해 자연스레 식물학을 터득했습니다. 이쯤이면 루소의 천재성이 어디서 어떻게 생기고 표출되었는지 답할 때가 된 듯합니다. 엄청난 지식 욕구를 해갈해준 독서와 깊은 사색으로 통찰에 이르게 한 숲길 산책입니다.

과연 산책은 뇌를 어떻게 움직일까요? 존 레이티 교수는 "우리 뇌는 신체를 활발히 움직일 때 최상의 능력을 끌어내도록 진화했다"고 말합니다. 걷기가 뇌를 활성화한다는 주장은 일찍이 의학적으로도 입증된 사실입니다. 우리가 걸을 때 생기는 하체[발바닥-종아리-허벅지] 근육운동의 압력 덕분에 하체에 몰린 정맥의 탁한 피는 상체로 올라가 순환합니다. 정화되어 동맥으로 보내진 피로 신진대사가 이루어집니다. 그래서 걷지 않고 줄창 앉거나 누워서 지내면 하지정맥류라 불리는 정맥부전증이 생기고, 심하면 인체의 꼭대기에 있는 머리[뇌]에 동맥의 깨끗한 피[산소]가 제대로 공급되지 않아 뇌질환을 앓게 됩니다.

유인원이 직립해 걷고 뛰면서 뇌가 발달했고 사냥을 통해 고도의 집중력과 창의성을 발휘한 이유이며, 그 결과 경이로운 인류문명이 탄생했습니다. 산책, 특히 숲길 산책은 인지능력과 창의력을 높이는

데 특효약입니다.

루소는 천재이자 이중인격자이기도 했습니다

끝으로, 루소의 천재성을 살필 때 간과해선 안 되는 게 있습니다. 그의 일생을 살펴보면 그는 진정한 평등주의자도, 자연주의자도, 인본주의자도, 교육자도 아니었습니다. 그는 평등을 외치면서도 여성을 남성과 짐승의 중간 존재로 인식했고, 자연을 철학의 핵심으로 삼았지만 그의 자연관은 결코 이상적이지 않은 원시사회를 상정했습니다. 인격을 존중했지만 동거녀를 20년간 방치하다 노년에야 거두었으며, 학교에서 아이들의 자율성을 주장하면서 정작 자신의 자식은 고아원에 맡겼습니다. 이처럼 그는 이중인격자였습니다. 그리고 그의 저술은 세상을 뒤흔들었지만 곳곳에서 논리는 일관성을 잃었고, 자의적 해석과 근거를 들이대기 일쑤여서 논쟁을 일으켰습니다.

천재 5: 이마누엘 칸트

이마누엘 칸트Immanuel Kant, 1724-1804는 철학·수학·물리학·천문학·인류학·교육학·국제법 등 다방면에서 비상한 업적을 남긴 천재입니다. 칸트는 앞서 소개한 루소와 비교하면 더욱 흥미로운 천재입니다. 둘은 딴판이면서 닮은 면이 많은 천재이기 때문입니다.

칸트는 루소와 닮은 듯 전혀 다른 천재였습니다

두 사람의 다른 점부터 꼽으면 이렇습니다. 루소는 헌칠한 키에 미남인 반면, 칸트는 157센티미터의 단신에다 용모도 보잘것없었습니다. 루소는 평생 유럽 대륙을 종횡무진 여행하며 파란만장했던 풍운아였으나, 칸트는 팔십 평생 고향 밖을 나가본 적이 없는 은둔자였습니다. 루소의 여성편력은 유별났지만, 칸트는 용모가 볼품없었는데도 결혼 상대에게 까탈스러워 평생 독신으로 살았지요. 루소는 논쟁거리가 생기면 독설과 아집으로 친구까지 거침없이 비판했지만, 칸트는 유머와 위트로 자신을 비난하는 사람들까지 웃기고 감동시켰습니다. 또한 루소의 성격은 직감적인 데다 격정적이었고 일관성 없는 주장을 펴기 일쑤여서 반론은 물론 조롱까지 당한 데 반해, 칸트는 매사 깐깐하고 분석적인 데다 논리 전개 또한 치밀해 비판의 여지를 남기지 않았습니다.

닮은 점은 더욱 흥미롭습니다. 둘 다 가난한 집에서 태어났고, 20대까지 이렇다 할 재능을 보이지 않았습니다. 둘은 지독한 커피 애호가였으며, 특히 둘 다 산책하며 사색하는 것을 매우 좋아했습니다. 루소는 앞서 보았듯이 유럽 여러 도시를 도보로 여행했고 또한 산책과 사색을 통해 얻은 직관과 통찰로 일세를 뒤흔든 저서를 줄줄이 내놓았지요. 반면에 칸트의 산책 습관은 루소와 달랐습니다. 그는 매일 오후 3시 30분이면 연구실을 나서 한 시간 반 동안 산책했다고 합니다. 칸트가 얼마나 정확한 시간에 산책을 나섰는지 사람들은 칸트를 보고 시계를 맞췄다는 일화도 있지요. 한 가지 빼놓을 수 없는 것은, 둘 다 엄청난 독서광이었다는 점입니다.

칸트는 부모가 죽은 뒤 재능을 보이기 시작했습니다

칸트의 천재성을 그의 생애를 통해 살펴보겠습니다. 칸트는 프로

이마누엘 칸트는 사랑의 이름으로 군림하는 부모가 자녀를 어떻게 망치는지를 보여준 전형이다. 칸트의 천재성은 엄격한 부모가 세상을 떠난 뒤 발현되었다.

이센 상업도시 쾨니히스베르크[오늘날 러시아 칼리닌그라드]에서 마구馬具 장인인 부친과 주부인 모친 슬하 11남매 중 넷째로 태어났습니다. 경건주의 기독교 신자였던 부모는 칸트를 엄격하게 키운 뒤 8세가 되자 기독교 학교에 보냈습니다. 그는 이곳에서 8년 반 동안 신학과 라틴어를 배웠습니다. 이때까지는 이렇다 할 재능을 보이지 않았습니다.

칸트는 16세 때 쾨니히스베르크대학교에 입학한 뒤 논리학과 수학을 배우면서 아이작 뉴턴의 물리학에 매료되었고, 이때부터 달라지기 시작했습니다. 그가 대학을 졸업한 22세 즈음 경건주의를 강요하던 부모가 연이어 사망하자 정신적인 자유를 얻었지만 자립을 위해 돈을 벌어야 했습니다. 그는 쾨니히스베르크 교외에서 귀족 자제

칸트가 재직했던 쾨니히스베르크대학교는 수많은 인재를 배출한
유럽 최고 명문이었다. 그러나 제2차 세계대전 후 소비에트 연방에 편입되면서
쇠락했고, 오늘날에는 칼리닌그라드 국립대학교로 명맥을 잇고 있다.

의 가정교사를 하면서 우주 탄생의 비밀을 밝힌 성운설星雲說 연구에
몰두해, 33세 때 「일반자연사와 천체이론」이란 논문으로 박사학위
를 받습니다. 칸트는 이 논문에서 오늘날에는 정설로 굳어진 "태양
계는 성운 물질에서 생겨났다"는 가설을 제기해 우주의 기원에 관한
위대한 화두를 던졌고, 이 논문 덕분에 꿈에 그리던 모교 강사 자리
를 얻습니다. 무급 강사라 망설였는데, 때마침 프로이센 왕립도서관
유급 사서 자리를 함께 얻어 학문과 생계를 해결하게 됩니다.

　칸트의 남다른 재능은 이때부터 서서히 드러납니다. 칸트는 강의
시간 외에는 밤낮으로 도서관에 틀어박혀 책을 정리하며 읽고 또 읽
었습니다. 그의 첫 강좌 과목은 수학과 물리학이었으나 점차 논리학,

칸트가 매일 오후 3시 30분이면 연구실을 나서 한 시간 반 동안
산책한 프레골라 강변 칸트섬. 칸트는 이곳 숲길을 산책하며
'이성이 이성을 비판한 철학'을 구상했다.

윤리학, 자연법 등으로 과목이 다양해졌습니다. 이렇게 여러 과목을
강의하면 내용이 허술해질 법도 한데 그의 강의실은 늘 꽉 찼다고 합
니다. 그의 박학다식함에 유머와 위트가 더해진 덕분이었습니다. 그
는 평생 고향을 벗어난 적이 없지만, 영국 템스강 다리 교각에 박힌
나사못이 몇 개인지를 묻는 돌발질문에도 거침없이 답변했다고 합
니다. 칸트는 30대에 만물박사 강사로 세간에 이름을 알렸지만 그의
천재성은 50대에 폭발했습니다.

　칸트는 46세에야 일생일대의 꿈이었던 모교 철학 교수직을 얻었
지만 사서 자리를 내놓지 않았습니다. 인류문명사에 기록된 모든 철
학 서적을 섭렵하기 위해선 도서관을 떠날 수 없어서였다고 합니다.

그런 10년간의 독서와 사색 그리고 통찰 끝에 '이성이 이성을 비판한 철학'이 완성되었고, 그의 역작이 연이어 쏟아집니다. 『순수이성비판』(출간 당시 57세), 『도덕형이상학 정초』(61세), 『자연과학의 형이상학적 기초원리』(62세), 『실천이성비판』(64세), 『판단력비판』(66세)입니다. 흔히 철학은 칸트 이전과 이후로 나뉜다고 합니다. 그래서 서양철학은 이 다섯 권의 저서로 근대와 현대의 획을 긋습니다. 칸트 철학은 훗날 독일 관념론과 실증주의, 현상학과 실존주의, 언어철학과 구조주의 그리고 해체주의에 이르기까지 현대철학에 지대한 영향을 미쳤습니다.

칸트는 철학 외에도 인류학, 물리학, 수학 등 다양한 분야에서 업적을 남겼지요. 특히 국가 간 분쟁과 전쟁을 해소하기 위한 방안으로 국제법 개념에 근거한 국제연맹을 제안해 관심을 끌었는데, 오늘날 유엔UN 탄생의 기원이 되었습니다.

칸트의 천재성은 독서와 산책 그리고 사색에서 비롯되었습니다

그렇다면 칸트의 천재성은 언제 어디서 어떻게 생기고 또 폭발했을까요? 이 대답은 비교적 쉬울 듯합니다. 칸트 역시 부모는 물론 양가에 이렇다 할 인물이 없었던 것으로 보면, 칸트의 천재성도 유전된 게 아님은 틀림없습니다. 칸트가 유년기와 청소년기에 받은 학교 교육은 천재성을 되레 억눌러 역효과를 냈다고 봐야겠지요.

칸트의 천재성 역시 독서 그리고 산책과 사색에서 비롯되었습니다. 칸트는 당시 프로이센 왕립도서관의 모든 책을 섭렵했다고 하니 그의 독서량은 놀라울 뿐입니다. 칸트는 엄청난 양의 책들을 어떻게 뇌에 저장하고 다시 꺼내 사색했을까요? 칸트의 산책로를 살펴보면 짐작할 수 있겠지만, 유감스럽게도 당시의 산책로는 파괴되어 남아 있지 않습니다.

칸트의 고향 쾨니히스베르크는 프로이센의 첫 수도였으나 제2차 세계대전 이후 소비에트연방[소련]에 병합된 뒤 발트해海 변방도시 칼리닌그라드로 바뀌었지요. 이후 칸트 사상이 공산주의와 맞지 않는다는 이유로 유적이 파괴되고 은폐되었습니다. 그러다 소비에트 연방 해체 이후 칸트의 자취를 찾아 관광객이 몰려오자 일부 유적이 복원되었는데, 그 중심지가 오늘날의 칸트섬입니다. 그곳에는 그의 묘가 있는 쾨니히스베르크 대성당과 그가 재직했던 쾨니히스베르크 대학교 그리고 새로 단장한 그의 산책로가 있습니다. 그는 평생 엄청난 독서로 뇌에 입력한 지식을 이곳 숲길에서 산책하며 체계화해 '이성이 이성을 비판한 철학'을 완성한 것입니다.

천재 6: 루트비히 판 베토벤

'음악의 성인' 루트비히 판 베토벤Ludwig van Beethoven, 1770-1827은 불세출의 천재입니다. 그러나 그의 천재성이 선천적이냐 후천적이냐 하는 해묵은 논쟁은 여전합니다. 베토벤은 7세 때 피아노 공연에서 신동이란 찬사를 받았습니다. 12세 때는 피아노 변주곡을 작곡해 그의 스승을 놀라게 했고, 이듬해에는 「3개의 피아노 소나타」를 작곡하고 당시 선제후에게 헌정해 영재의 반열에 올랐습니다.

루트비히 판 베토벤은
서양 고전음악을 사실상
완성한 천재다. 불굴의 의지로
역경을 극복하고 이룬
놀라운 업적을 감안하면
악성樂聖이란 상찬에
부족함이 없다.

베토벤의 천재성은 선천적인 걸까요, 후천적인 걸까요?

7세에 신동이란 찬사를 받았으니 선천적인 천재임이 틀림없어 보입니다. 그러나 반론도 만만치 않습니다. 반론의 논지는 이렇습니다. 베토벤은 극성스러운 부친의 체계적인 조기교육 덕분에 일찍 기초를 다졌지만, 이보다 성장하면서 음악에 대한 열정이 강해졌고, 특히 치명적인 청각장애를 불굴의 의지로 극복한 결과 서양음악사를 새로 썼습니다. 그러므로 베토벤은 노력형 천재이며 그의 천재성은 후천적이라는 것입니다. 어느 쪽이 맞는지는 그의 생애를 살펴보면 나름 판단할 수 있겠지요.

베토벤의 조부와 부친 모두 궁정악사였지만 이름을 널리 알리지는 못했습니다. 부친은 음악가로 대성하지 못한 자책 탓인지 아들의

본 중심가 뮌스트 광장의
베토벤 동상. 본은 베토벤에게 그다지
기억하고 싶은 곳은 아니었을 것 같다.
부친의 강압적인 조기교육 탓에
눈물을 흘렸고, 피아노 연주자로
신동이란 칭송을 받았으나
20대에 귓병을 얻었다.

조기교육에 극성이었고 교습 또한 엄격했습니다. 그러나 베토벤은 부친의 질책에 눈물을 흘리면서도 착실히 수업해 7세 때 '피아노 신동'이란 찬사를 받았습니다. 부친은 이런 찬사에 만족하지 않았습니다. 부친은 베토벤을 당시 약관의 나이에 궁중악장으로 명성이 자자하던 볼프강 아마데우스 모차르트처럼 키우고 싶었지요. 하지만 자신의 능력으로는 어렵다는 것을 깨닫고 유능한 음악가를 찾아 베토벤의 교육을 맡깁니다. 스승 중에는 당대 최고급 연주자뿐 아니라 작곡가도 있었습니다. 베토벤이 13세에 작곡해 천재의 반열에 오른 데에는 이런 전문교육이 한몫을 했습니다.

어쨌든 13세 베토벤은 열네 살 연상인 모차르트와 견줄 만한 영재 음악가로 점차 부상하지만 아직 그의 진짜 천재성은 드러나지 않았습니다. 베토벤은 15세까지 2년간 무려 40편의 다양한 창작곡을 발표했지만 작품성도 평가도 신통치 않았고 오히려 피아노 연주자로서 명성만 날로 높아져, 부친은 연주 수입을 챙기는 데 만족했습니다.

베토벤의 천재성은 전원휴양지에서 폭발했습니다

베토벤의 천재성은 교향곡 아홉 편을 쓴 시기별로 나눠 살펴보면 확연히 드러납니다. 베토벤 전기 작가들은 대개 그의 생애를 초기·중기·후기로 나눕니다. 초기는 독일 본에서 출생한 1770년부터 오스트리아 빈으로 이주한 1803년(33세) 사이인데, 이때 교향곡 제1번과 제2번을 작곡했습니다. 이들 교향곡은 하이든과 모차르트를 모방하면서 나름대로 독창성을 찾는 단계입니다. 그리고 이 기간에는 작곡가보다 피아노 연주자로서 유명해, 유럽 여러 도시로 연주 여행을 다니며 많은 후원자를 얻어 경제적으로 넉넉했고 대부분 짝사랑이었지만 여성편력도 이어진 시기였습니다. 그러나 이런 좋은 시절은 오래가지 않았습니다. 베토벤은 25세 때 이명耳鳴현상을 처음 느꼈으나 대수롭지 않게 여기다 28세 때에야 청각에 이상이 있음을 자각합니다. 이후 음악가에겐 사형선고나 다름없는 청각상실을 내심 우려하며 엄청난 스트레스에 시달렸고, 낌새를 눈치챈 주변 사람들에게 쉬쉬하도록 요구했습니다.

의사를 찾은 것은 33세 때였습니다. 의사는 청각신경이 굳는 이경화증이 상당히 악화되었고, 당시에는 치료약이 없어 빈 외곽 온천휴양지 하일리겐슈타트에서 쉴 것을 권했습니다. 베토벤은 이곳에서 6개월간 휴양하면서 청각이 호전되고 건강도 많이 회복했을 때, 유

'하일리겐슈타트 유서'를 쓴 뒤
숲과 공원의 도시 빈에
이주한 베토벤은 불후의
명곡을 잇달아 발표하며
전성기를 맞았다.

명한 '하일리겐슈타트 유서'를 씁니다. 이 유서는 이름과 달리, 죽기
전에 동생에게 남긴 유언서가 아니라 오히려 좌절하지 않고 일어서
서 베토벤의 이름을 남길 작품을 쓰고 죽겠다는 결의서입니다. 이 유
서를 동생에게 보내지 않았고 누구에게도 보이지 않은 채 보관한 것
을 보면 자신에게 한 다짐인 게 틀림없습니다. 어쨌든 베토벤은 6개
월간의 휴양 후 빈으로 돌아오고, 이듬해 아예 숲과 공원의 도시 빈
으로 이주한 뒤 틈틈이 하일리겐슈타트를 찾습니다.

중기는 빈에 이주한 33세 이후부터 청각을 잃은 44세(1814년)까
지 11년간으로, 이 시기에 교향곡 제3번 「영웅」·제4번·제5번 「운
명」·제6번 「전원」·제7번·제8번을 잇달아 발표했지요. 이 시기 베토
벤은 자신의 음악에 낭만주의 빛깔을 입히며 하이든과 모차르트의 고

베토벤의 천재성은 독서와 숲길 산책 그리고 사색에서 떠오른
악상으로 폭발했다. 그는 무려 722편의 명작을 남겨
서양 고전음악을 사실상 완성했고, 서양음악사를 새로 썼다.

전주의를 극복했고, 거의 대부분의 장르에서 다양한 악기와 형식을
녹여낸 주옥같은 작품을 쏟아냈습니다. 이 시기는 작곡가 베토벤의
전성기이자 천재성이 폭발한 시기라고 해도 과언이 아닙니다.

　무슨 일이 있었기에 청각장애로 좌절했던 베토벤에게 천재성이
폭발한 걸까요? 베토벤은 이 시기 정원과 공원의 도시 빈에 살면서
근교 전원마을 하일리겐슈타트를 자주 찾았습니다. 그는 이곳에서
휴양하며 주로 독서와 숲길 산책을 즐겼고, 이때 청각장애로 억눌렀
던 악상이 분출해 천재성이 폭발한 것으로 보입니다.

　이 시기에 작곡한 교향곡 제6번「전원」을 들어보면 베토벤이 전원

마을 하일리겐슈타트에서 얼마나 풍부한 영감과 에너지를 얻었는지를 여실히 알 수 있습니다. 베토벤은 전원 교향곡을 기존 4악장 형식을 깨고 5악장으로 늘리고 하일리겐슈타트를 산책하며 본 전원풍광을 마치 수채화로 투명하게 그리듯 작곡했습니다. 1악장에는 전원에 도착하자 억눌렸던 즐거운 감정이 깨어나는 느낌을, 2악장에선 시냇가의 정경을, 3악장은 시골사람들이 모여 노는 즐거운 모습을, 4악장은 여름철 갑자기 날씨가 흐려지며 천둥이 치고 폭풍우가 몰아치는 광경을, 마지막 5악장에선 폭풍우 뒤 시골사람들이 맑은 하늘을 보며 하느님께 감사하는 마음을 담고 있습니다. 음악을 듣다 보면 마치 하일리겐슈타트를 한 바퀴 둘러보는 것 같은 착각을 일으킬 정도지요.

후기는 청각을 거의 상실해 나팔 모양의 긴 보청기를 끼기 시작한 1815년부터 운명한 1827년까지인데, 이때 그 유명한 교향곡 제9번 「합창」을 발표하고 초연했습니다. 청각 대신 영감에 의존해 창작된 명작 중의 명작이지요.

베토벤은 평생 얼마나 많은 곡을 작곡하고, 어떤 장르를 선호했으며 서양음악사에서 어떤 평가를 받았을까요? 그는 12세 때 첫 작품 「드레슬러의 행진곡 주제에 의한 9개의 변주곡」 이후 56세에 사망하기 직전 유작 「현악 4중주 16번 F장조」까지 45년간 무려 722편을 작곡해 발표했습니다. 특히 이들 작품은 거의 모든 장르에서 다양한 악기를 사용해 새로운 형식으로 창작한 걸작인 점을 감안하면, 사실상 서양 고전음악은 베토벤에 의해서 이미 완성되었다 해도 과언이 아닙니다. 그래서 서양 고전음악을 베토벤 이전과 이후로 나눕니다. 칸트 철학이 서양철학을 근대와 현대로 나누듯이 말입니다.

베토벤의 천재성은 독서와 산책 그리고 열정의 산물이었습니다

그의 천재성은 유년기부터 나타나 중기(30대) 들어 폭발하다가, 후기(50대)에 정점을 찍는 한 편의 드라마를 연출했습니다. 이런 과정을 보면 그의 천재성은 선천적인지 후천적인지 어느 하나로 규정하기 어려울 것 같습니다. 하늘이 점지한 타고난 재능과 불굴의 의지가 함께하지 않은 한, 56세의 길지 않은 생애에 어찌 수백 편의 불후의 명작을 남길 수 있었겠습니까.

그러나 베토벤의 천재성은 선천적이라기보다 후천적이라고 봐야 옳겠습니다. 그 근거는 이렇습니다. 첫째, 어릴 적 부친의 체계적인 조기교육은 베토벤이 신동으로 성장하는 데 기여했지만, 불후의 명작 수백 편을 남길 정도의 천재성을 키운 것은 아니었습니다. 둘째, 베토벤은 유년기부터 독서를 좋아했고 성장해서는 지적 욕구가 강해 대학에서 청강하고 평생 책을 끼고 살았다는 사실입니다. 베토벤이 12세 때 첫 작품을 발표한 뒤, 한 음악잡지에 이런 기사가 실렸습니다.

"루트비히 판 베토벤은 피아노를 매우 능숙하고 힘차게 연주하고, 또 책을 아주 잘 읽는다."

그가 19세 때는 본대학교에서 철학과 인문학 강의를 들었는데, 그때 칸트의 계몽사상에 심취해 그의 저서를 섭렵했고 '하늘에는 빛나는 별, 가슴에는 실천이성'이란 명언을 책상머리에 써 붙여놓고 좌우명으로 삼았다고 합니다. 또한 요한 볼프강 폰 괴테의 비극 『에그몬트』를 읽고 감명받은 뒤 단숨에 서곡과 부수곡 열 편을 작곡한 데 이어, 그의 시집을 통달하고는 세 편의 가곡을 작곡했습니다. 이즈음 그는 체코 테플리체 온천휴양지에서 괴테를 만났지만 스물한 살 연

오스트리아 수도 빈 근교 온천 휴양지 하일리겐슈타트는
베토벤의 천재성을 펄펄 끓게 만든 용광로와 같은 곳이다.
마을을 에워싼 숲길을 산책하며 떠오른 악상을 악보에 옮겨 담기에
더없이 좋은 곳이었다. 이곳 베토벤 산책로는 오늘날
고전음악 애호가들의 성지순례길이 되면서 관광지로 탈바꿈했다.

상인 데다 귀족적이기만 한 행동에 실망해서 더는 가까이하지 않았습니다.

그러나 괴테의 문학 동지인 프리드리히 실러를 알게 된 것은 큰 수확이었습니다. 베토벤은 실러의 시집을 읽다가 「자유의 송가」라는 시에 꽂혔습니다. 죽기 3년 전에 완성한 교향곡 제9번 「합창」 4악장에 등장하는 합창곡 「환희의 송가」가 그것입니다. 당시 '자유'라는 단어는 혁명을 부추긴다는 이유로 금기어로 지정되어 초연을 하려면 '환희'로 바꿔야만 했습니다. 어쨌든 평생 음악에 몰두한 베토벤은 독서를 통해 악상을 떠올리려 노력한 천재였습니다.

셋째, 불우했던 가정환경과 타고난 성실함입니다. 베토벤에게 가족은 10대까지는 보호자였지만 이후에는 거의 약탈자와 다름없었습니다. 베토벤이 19세 때 궁정음악가였던 부친은 심각한 알코올 중독으로 실직했고 이때부터 베토벤이 가계를 도맡아야 했습니다. 건강을 잃은 부모와 탐욕스러운 두 남동생의 뒷바라지에다 만년에는 어린 조카의 양육권 분쟁까지 겹쳐 평생을 힘들게 살았습니다. 그러나 베토벤은 결혼도 마다하고 모든 역경을 운명으로 받아들여 스스로 희생했고, 조카 양육권 분쟁에선 큰아버지로서 책임을 지나치게 고집하는 바람에 오히려 상처를 입기도 했지요. 만약 이런 고난이 없었다면 과연 교향곡 제5번 「운명」, 진혼곡 「장엄미사」, 유작 「현악 4중주 16번 F장조」와 같은 고뇌에 찬 명작이 나올 수 있었을까 싶습니다.

전원휴양지 하일리겐슈타트는 서양음악의 성지가 되었지요

베토벤의 천재성이 폭발한 시기는 바로 중기, 전원마을 하일리겐슈타트에서 휴양했던 시기였지요. '하일리겐슈타트 유서'에서 보듯 당시 베토벤의 결의는 최후의 결전을 앞둔 전사처럼 비장했습니다. 이후 발표한 수백 편의 작품에는 결연함과 비장함이 고스란히 녹아 있지요.

당시 하일리겐슈타트는 빈에서 마차로 한 시간 거리에 있는 전원마을로 숲과 개울로 둘러싸였고 주변은 온통 포도밭이었으나, 1740년대 온천수가 발견되면서 귀족들의 휴양지로 바뀌었답니다. 지금은 수도 빈 시가지에 편입된 이 마을은 베토벤의 교향곡 제6번 「전원」의 작곡 성지로 알려지면서 음악애호가가 몰리자 관광지로 탈바꿈했고, 베토벤이 산책하던 숲길이 복원되어 관광객의 발길이 이어지고 있습니다.

어쨌든 베토벤의 하일리겐슈타트 숲길과 사색 그리고 루소의 산책 예찬과 칸트의 시곗바늘 산책까지, 숲길 걷기는 천재성 폭발에 한 몫을 더하는 것이 틀림없어 보입니다.

밀
괴테
처칠

천재 7: 존 스튜어트 밀

존 스튜어트 밀John Stuart Mill, 1806-73은 조기교육으로 만들어진 후천적 천재의 전형입니다. 영국 철학자이자 역사학자였던 부친 제임스 스튜어트 밀은 장남 존 스튜어트 밀이 태어나자 천재로 키우기로 작정하고, 친구이자 사상적 동지인 공리주의자 제러미 벤담과 함께 준비한 교육일정에 따라 엄격하게 양육했습니다.

부친은 어린 아들을 집에 가둬놓고 직접 가르쳤습니다

부친의 목표는 아들 밀을 공리주의를 전수·실천·전파할 후계자로 양성하는 것이었습니다. 부친은 나쁜 영향을 받을지 모른다는 우려 끝에 밀을 학교에 보내지 않고 집에서 교육했는데, 심지어 동생 외에는 또래와도 어울리지 못하게 사실상 집에 가두고 키웠습니다.

부친은 밀이 3세 때 모국어[영어]를 말하자 그리스어를 가르치기 시작했습니다. 영어로 말하면 그것과 같은 뜻의 그리스어 단어를 익히는 방식이었습니다. 밀은 이런 그리스어 조기교육 덕에 세살 때 이

존 스튜어트 밀은 부친의 계산된
조기교육을 기꺼이 받으며 성장했다.
그의 올곧은 학문과 예리한 저술은
19세기 혼돈에 빠진 유럽에
새로운 길과 빛을 비추었다.

솝의 『우화들』, 크세노폰의 『키루스의 교육』 심지어 헤로도토스의
『역사』까지 원전으로 읽었고, 산수를 터득했습니다. 밀은 이후 라틴
어와 유클리드의 『대수학』을 통달했고, 10세 즈음에는 요즘 대학생
수준의 고전 작품을 라틴어와 그리스어 원전으로 섭렵했으며, 틈틈
이 자연과학 서적과 『돈키호테』『로빈슨 크루소』와 같은 소설도 읽
었답니다. 10대에 신동으로 소문나면서 밀의 집에는 그의 재능을 확
인하려는 인사들이 끊이지 않았습니다.

밀의 천재성은 더욱 발전해 12세 때 스콜라 철학과 아리스토텔레
스의 『논리학』을 원전으로 읽었고, 이듬해부터 부친과 부친의 친구인
고전 경제학자 데이비드 리카도에게 정치경제학을 배운 후에 이른바
'생산의 3요소'[자본·노동·토지]를 밝힌 논문을 쓰기도 했습니다.

밀은 20대 초 신경쇠약과 우울증을 앓기도 했습니다

이쯤이면 부친의 조기교육은 가혹행위라고 비난해도 지나치지 않을 법하지만, 정작 당사자인 밀은 "부친의 교육방식이 옳았으며 그 덕분에 독자적인 사상가로 성장할 수 있었다"고 자서전에서 담담히 밝혔습니다. 그러나 밀은 21세 때 신경쇠약과 우울증으로 고생한 적도 있었습니다. 의사는 부친의 과도한 교습방식이 밀의 정신건강에 좋지 않은 영향을 끼쳤다고 충고했지만 당사자인 밀은 대수롭지 않게 여겼다고 합니다. 그는 자서전에 당시를 이렇게 회고했습니다.

"나 역시 다른 아이들처럼 (성장기에) 자연스럽게 여러 감정이 발달했지만 억누른 채 오로지 공부에만 매달렸다. 몸과 마음 모두 엄청난 끈기를 발휘해야 했기 때문에 우울증이 생겼다. 그렇지만 장 마르몽텔의 『어느 아버지의 회상』과 윌리엄 워즈워스의 시를 읽고 위안을 찾아 정서능력이 회복되었고 구름[우울증]은 점차로 걷혔다."

밀이 부친의 교육방식에 대해 불평 한마디 없이 이처럼 너그럽게 받아들인 데에는 그럴 만한 이유가 있었습니다. 부친은 아들 밀에게 일방적으로 지식을 주입하지 않고 대화하듯 묻고 스스로 답을 찾도록 도와주었답니다. 어린 밀은 부친의 질문에 궁금증이 발동했고 차츰 흥미를 느껴 부친의 교습방식에 익숙해진 듯합니다. 누구든 할 수 있는 교습법도 학습법도 아닙니다. 교사인 부친은 다방면에 걸쳐 지식이 풍부했고 아들이 답을 찾을 때까지 간간이 힌트를 주며 기다리는 인내와 지혜가 있었습니다. 제자인 아들 역시 부친의 장단에 맞춰 답을 찾는 진지함과 영특함이 있어서 가능했겠지요. 밀 부자 모두 이런 자질과 소양을 가진 인물이었기에 '가혹한 조기교육'이 가능했습니다.

MISS MILL JOINS THE LADIES.

양성평등과 페미니즘 논란을 최초로 촉발한 『여성의 종속』 출간 후
신문만평은 여장한 밀을 그려 조롱했다.

밀은 점차 '행동하는 사상가'로 변모합니다

밀은 15세 즈음 옥스퍼드와 케임브리지대학교의 입학추천서를
받지만, 영국 국교인 성공회가 신앙선서를 요구하자 공리주의 사상
에 맞지 않는다며 거절합니다. 얼마 후 밀은 부친이 열망하던 영국
공리주의협회를 설립하는 등 '행동하는 사상가'로서 면모를 일찍이
드러냅니다. 그러고는 부친이 근무하던 영국 동인도 회사에 취업한
뒤 35년간 착실히 근무하면서 『논리학 체계』(1843), 『정치경제의
일부 미해결 질문에 대한 수필』(1844), 『정치경제학 원리』(1848)

1928년에야 영국 여성들은 남성과 동등한 참정권을 얻었다.
보통선거제가 시행된 첫날, 밀의 동상에 참배하는 여성단체.

등 세 권을 출간했지만 이후 10년간 뜸했습니다.

　그런 밀이 53세 때(1859년) 오늘날 자유주의 정치이론과 대의민
주주의 정치체제의 근간을 제시한『자유론』을 출간해 세상을 놀라게
하더니, 이후 세상을 바꿀 역작을 잇달아 저술합니다. 양적 쾌락주
의를 주장한 스승 벤담의 공리주의를 반박하고 질적 쾌락주의를 주
장한『공리주의』(1861), 좋은 정부의 형태와 조건 그리고 운영방안
을 제시한『대의정부론』(1861), 오늘날 양성평등과 페미니즘 논쟁
을 촉발한『여성의 종속』(1869), 부친의 천재교육에 대한 회고와 자

신의 생애를 담담하게 술회한 『자서전』(1873), 신의 존재를 부정하고 기성 종교를 맹렬히 비판하면서도 종교는 인간의 삶에서 중요한 역할을 한다고 강조한 『종교에 대하여』(사망 후 1874년 출간), 당대 사회주의 운동과 사회주의 사상가들에 관한 냉철한 비평서 『사회주의론』(사망 후 1879년 출간) 등입니다.

이들 저술은 모두 당시로선 혁신적 주장으로 채워져 출간 때마다 격렬한 논쟁과 정치적·사회적 변혁의 바람을 일으켰습니다. 밀이 양성평등을 주장하며 『여성의 종속』을 출간하자 주류 언론은 그를 비난했고, 한 신문은 여장한 밀을 그린 만평을 싣고 조롱하기도 했지요. 하지만 1908년 세계 여성의 날이 제정된 이후 세상은 그의 주장이 옳았음을 깨달았고, 많은 이가 밀의 동상을 찾아 헌화했습니다.

밀은 혼돈의 시대에 미래를 밝힌 천재였습니다

밀이 살았던 19세기 유럽은 한마디로 질풍노도의 시절이었습니다. 당시 영국은 산업혁명으로 왕정 봉건질서가 붕괴되고 사실상 신흥계급 젠트리[신사]가 주도한 자본주의 질서로 대체되었고, 찰스 다윈의 『종의 기원』(1859) 출간 이후 촉발된 교회 권위의 끝없는 추락으로 정치·경제·사회·문화 전반에서 새로운 질서에 맞는 새로운 가치와 새로운 체제의 출현이 절실했습니다. 이를 두고 벌어진 각계각층의 갑론을박으로 날밤을 새운 세월이었지요. 또한 19세기 유럽 대륙은 나폴레옹 1세(재위: 1804~15)의 허황된 야망으로 시작된 전쟁의 소용돌이에 빠진 데 이어, 그의 몰락 후 왕정복고로 촉발된 정치적 혼란과 경제공황으로 사경을 헤매고 있었습니다. 그사이 프랑스 계몽주의의 사생아 취급을 받던 사회주의는 카를 마르크스의

『공산당 선언』(1848)과 『자본론』(1867) 출간 이후 공산주의로 변모해 세상을 변혁할 채비를 갖추고 있었습니다.

이런 혼돈의 시절, 밀의 역저는 다가오는 20세기의 새로운 세계 질서와 정치·경제체제가 어디를 향해야 하는지 그 정곡을 찌르듯 가리켰습니다. 이런 이유로 그의 철학과 저서는 오늘날에도 모든 분야에서 보수와 진보를 가리지 않고 널리 인용되고 회자되지요. 밀은 오늘날 자유민주주의 의회 정치체제와 따뜻한 자본주의 경제체제 그리고 양성평등 사회의 모델을 구체적으로 제시한 선견지명의 천재입니다.

1859년 밀에게 무슨 일이 있었기에…

1859년 존 스튜어트 밀이 53세일 때 무슨 일이 있었기에 불후의 역작이 쏟아졌을까요? 밀의 67년 생애를 살펴봐야겠습니다. 그는 영국 런던 중심가 자치구에서 태어나 성장한 뒤 35년간 동인도회사에서 근무하며 평생을 번잡한 도시에서 보냈습니다. 그러니까 밀은 전형적인 도회 정서를 지닌 '아스팔트 키드'인 셈입니다. 그는 영국 사람이면 당연할 법한 공원이나 가로변 숲길 산책을 즐겼다는 기록도 없습니다. 당시에도 런던 자치구 주변에는 시민에게 개방된 왕실 정원이나 울창한 삼림공원이 있었지만 숲길 산책조차 즐기지 않은 것을 보면 자연풍광에 관심조차 없었던 듯합니다.

그러나 밀은 14세 때 프랑스 남부를 여행하면서 자연풍광의 아름다움에 도취한 적이 있었습니다. 스승 제러미 벤담의 동생 새뮤얼 벤담의 권유로 그의 가족과 함께한 생애 첫 해외여행에서였습니다. 그는 런던에선 볼 수 없었던 남부 프랑스 산악과 울창한 숲에 매료되어 눈을 떼지 못했고, 무뚝뚝한 영국 사람과 달리 발랄하고 친절한 프랑

프랑스 남부 역사도시 아비뇽과 론강. 런던 중심가에서 태어나 성장한 밀은 생애 세 차례 산림이 울창한 프랑스 남부를 여행했다. 그중에서도 아비뇽에서 아내를 잃고 1년간 머문 뒤 그의 역작은 봇물 터지듯 쏟아졌다.

스 사람들에게 깊은 인상을 받았다고 합니다. 그래서인지 귀국 일정을 늦춰 6개월간 프랑스 남부 몽펠리에과학대학에서 화학, 동물학, 논리학 강의를 듣고 고등수학도 배웠답니다. 또한 귀국길에 파리에 들러 부친의 친구인 경제학자와 정치인까지 두루 만났는데, 그중에는 공상적 사회주의자 생시몽도 있었습니다.

생애 두 번째 여행 역시 프랑스 남부였는데, 52세 때 아내와 함께한 신혼여행이었습니다. 그런데 아내가 폐충혈에 걸려 죽는 불운을 겪습니다. 밀은 21년간 친구의 부인이었던 그녀를 짝사랑하다 미망인이 된 후 45세 때 어렵게 결혼했지만, 신혼여행 중 급사한 것입니다. 당시 그의 슬픔이 얼마나 깊었던지 1년 가까이 그녀가 묻힌 아비농 생베랑 공원묘원 부근에서 은거하며 집필로 슬픔을 털어냈다고 합니다. 그는 아내와 함께했던 날을 회고하며 그곳에서 『자유론』을 쓴 뒤 이듬해 귀국해 출간했습니다.

아비뇽은 밀의 천재성을 폭발시킨 전원도시였습니다

밀이 만년에 불후의 역저를 쏟아낸 시기는 바로 이때였습니다. '아스팔트 키드' 밀이 부인과 함께 떠난 신혼여행지는 다시 찾은 프랑스 남부였지요. 이곳에서 밀은 부인과 함께 아비뇽의 숲길을 산책하며 런던에선 보기 힘든 맑은 하늘과 따스한 햇살 그리고 울창한 산림의 자연풍광을 만끽했고, 그때 창의성과 천재성이 용솟음쳤던 것 같습니다. 그리고 부인의 죽음으로 1년간 아비뇽에 머문 것이 어쩌면 그에게는 생애 최고의 선물이었는지도 모릅니다. 이후 세상을 바꿀 역저를 줄줄이 펴냈으니 말입니다. 프랑스 남부 산악지대의 울창한 산림과 론강과 강변 숲에 둘러싸인 역사도시이자 전원도시 아비뇽은 밀이 부인과 사별의 아픔을 딛고 천재성을 드러내는 데 적지 않은 영향을 주었습니다.

밀은 죽음을 앞두고 아비뇽을 다시 찾았고, 그의 바람대로 이듬해 그곳에서 영면한 뒤 아내 곁에 묻혔습니다.

천재 8: 요한 볼프강 폰 괴테

요한 볼프강 폰 괴테Johann Wolfgang von Goethe, 1749-1832는 유복한 가정에서 태어난 전형적인 '금수저'였습니다. 부친은 평민 출신이지만

'금수저' 요한 볼프강 폰 괴테는
부친의 조기교육으로 일찍이
문학적 소질을 보였으나,
부친의 그늘에서 벗어나
바이마르 공국 관리로 재직하면서
다양한 재능을 드러낸
팔방미인형 천재였다.

부유한 집안에서 태어나 고등교육을 받은 덕에 왕실 고문관을 지냈고, 모친 역시 평민 출신이지만 프랑크푸르트 시장의 딸이었습니다. 문학에 조예가 깊은 부친은 장남 괴테의 재능을 일찍 알아보고 5세 때부터 직접 가르쳤습니다. 존 스튜어트 밀의 부친만큼은 아니었지만, 괴테의 부친도 어린 괴테에게 그리스어와 라틴어는 물론이고 히브리어까지 몰아붙이며 가르쳤습니다. 부친은 특히 글쓰기를 중시해 작문교사를 따로 두고 개인교습을 시켰는데, 괴테의 작문을 일일이 읽은 뒤 잘 쓴 것을 골라 칭찬하고 때로는 용돈을 주었습니다. 어린 괴테는 힘들었지만 칭찬과 용돈에 끌려 엄한 부친에게 순종하며 조기교육을 착실히 받았다고 합니다.

괴테는 외조부모 덕분에 일찍이 문학적 감성을 깨쳤습니다

당시 유럽 대륙에는 천연두를 비롯한 온갖 전염병이 만연했는데, 모친은 혹여나 괴테가 감염될까 전전긍긍했습니다. 괴테의 두 남동생이 감염되어 잇달아 죽었으니 그럴 만도 했지요. 그런데도 부친의 교육열은 식을 줄 몰랐습니다. 모친은 괴테를 부친 곁에 둘 수 없다고 판단해 가벼운 열병을 핑계로 외가에 보내 쉬도록 합니다. 괴테가 7세 때입니다.

이즈음 괴테는 전혀 새로운 세계를 경험합니다. 프랑크푸르트 시장이자 박학다식한 경세가였던 외조부는 어린 괴테가 궁금해하는 세상사를 재미있게 꾸며 들려주었고, 외조모는 집 안에 인형극장을 차려놓고 자신이 유년기에 좋아했던 인형극을 보여주었습니다. 괴테가 훗날 시인과 소설가 그리고 희곡작가와 연극연출가로 성장하는 데 이때 경험이 결정적인 역할을 했습니다.

괴테는 이즈음 또 다른 세상을 경험합니다. 어느 날 프랑스 군대가 프랑크푸르트를 기습 점령한 뒤 자기 집 1층을 사령관 집무실로 쓰면서입니다. 프로이센-오스트리아 간 7년전쟁 때 오스트리아 연합국으로 참전한 프랑스 군대가 벌인 일이었습니다. 이 사령관은 문학과 예술에 박식한 백작 출신 프랑스 국왕 대리였는데, 똑똑한 괴테를 무척 귀여워했답니다. 부친은 아들 괴테가 적국 사령관과 어울리는 게 마뜩잖았지만, 괴테는 그와 친하게 지내며 프랑스어를 배우고 특히 프랑스 문학과 연극에 관해 많은 것을 알게 되었습니다. 훗날 괴테가 당시 프랑스 치하에 있던 스트라스부르대학교에 전학한 것도 이때 품은 프랑스 문학에 대한 동경 때문이었습니다. 어쨌든 태어난 뒤 떠난 적 없는 고향 프랑크푸르트 밖에는 흥미진진한 다른 세상이 있다는 것을 이즈음 알게 되었습니다.

괴테는 『젊은 베르테르의 슬픔』의 인기에 시큰둥했습니다

15세쯤 괴테는 그리스어와 라틴어 고전은 물론 프랑스어와 이탈리아어와 영어 서적을 원서로 읽으며 문학에서 탁월한 재능을 드러냅니다. 17세 때 첫 시집 『아네테』를 완성했고, 19세에 첫 희곡 『연인의 변덕』을 발표했지요. 이런 괴테는 당연히 문학을 공부하고 싶어 했지만 부친의 권유에 못 이겨 라이프치히대학교에 진학해 법률학을 공부합니다. 그러나 법률학이 적성에 맞지 않자 온갖 핑계를 대 스트라스부르대학교로 옮겨 법률학을 전공하면서도 틈틈이 프랑스 문학을 공부하며 졸업합니다.

이후 괴테는 프랑크푸르트로 돌아와 변호사 자격을 따고 개업했는데, 변호사 업무도 적성에 맞지 않아 소설을 쓰며 세월을 보냈습니다. 당시 쓴 소설은 변호사 견습생 시절 친구의 약혼녀 샤를로테 부프와 이룰 수 없는 사랑을 경험한 소재로 쓴 『젊은 베르테르의 슬픔』이었습니다. 25세 때 출간한 그의 첫 소설이 졸지에 유럽 대륙에 광풍을 일으키자 그는 일약 베스트셀러 작가가 되었습니다. 하지만 그는 시큰둥했고 이후 소설 쓰기를 주저했습니다. 그 이유는 세상이 괴테를 슬픈 실연 이야기 따위를 쓰는 작가로 기억하는 게 못마땅해서였답니다.

그러던 차에 괴테는 『젊은 베르테르의 슬픔』을 읽고 감명했다는 바이마르 공국公國 카를 폰 아우구스트 공작의 초청장을 받습니다. 처음에는 주저하다 사사건건 간섭하는 부친 곁을 벗어나고 싶어 프랑크푸르트를 떠나기로 결심하고 바이마르 공국으로 이주합니다. 그는

일름 강변공원은 괴테가 바이마르 공국에 봉직할 때 대대적인 치수사업과 함께
조성한 공원이다. 괴테는 이곳에 머물며 산책하고 창작에 몰두했다.
이런 연유로 이 공원과 별장을 독일 고전주의의 산실이라 부른다.

이후 전혀 다른 사람으로 변모합니다. 괴테는 마땅찮아 했던 법률지
식을 활용해 약 10년간 바이마르 공국의 정무를 원만히 수행한 끝에
추밀원 참사관과 고문관에 이어 내각수반[수상]까지 올랐습니다.

그러나 그의 관심은 정무보다 희곡과 공연이었고, 틈틈이 광물학·
지질학·식물학·색채학·인체해부학에도 열중했습니다. 그는 재직
중 바이마르에서 수집한 많은 광석물 중에서 침철석針鐵石을 최초로
발견했는데, 그 공로로 그의 이름을 딴 학명 괴타이트Goethite가 탄생
했지요.

괴테가 바이마르에 남긴 유산 중 빼놓을 수 없는 곳은, 그가 조성
한 일름 강변공원입니다. 그는 바이마르 시가지를 관통하는 일름강

이 홍수 때면 범람하는 것을 막기 위해 둑을 쌓은 뒤 약 48만 제곱미터의 강변 저습지를 공원으로 꾸몄습니다. 강변에 산책로를 만들고 주변에 크고 작은 나무를 심어 마치 영국 풍경정원 같은 공원을 조성한 것입니다. 괴테는 이곳에 작은 별장을 짓고 한가할 때면 머물면서 산책하고 창작에 몰두했는데『파우스트』등 많은 작품의 무대가 되었습니다.

이 공원은 훗날 독일 고전주의 문학가와 낭만주의 음악가의 성지가 되었고, 특히 프리드리히 실러와 프란츠 리스트는 이 공원 주위에 집을 짓고 살았습니다. 오늘날 바이마르의 상징과 같은 관광명소 일름공원은 이렇게 태어났습니다.

괴테는 바이마르 공직생활 10년이 되는 해, 더는 관직에 얽매이기 싫어 퇴직을 신청했지만 공작은 거부하고 당분간 휴가를 허락합니다. 괴테는 곧바로 이탈리아 여행을 떠납니다. 당시 이탈리아는 르네상스 이후 최성기를 맞아 세계 곳곳에서 고대 로마의 유적을 보기 위해 몰려드는 꿈의 관광지였습니다.

괴테가 1년 반 동안 이탈리아반도를 여행하면서 그의 잠재된 천재성이 빠르게 깨어난 듯합니다. 괴테는 춥고 우중충한 독일과 달리 따뜻하고 밝은 지중해의 자연에 매료되었고, 지질학에 관심이 많아 베수비오 휴화산을 세 차례나 오르기도 했습니다. 특히 고대 그리스-로마 문명과 예술작품에 심취해 문화유적지를 답사하는 데 많은 시간을 보내면서 향후 독일 고전주의 문학의 바탕이 될 과도기 작품『타우리스섬의 이피게니에』『에그몬트』등을 구상하고 일부 썼지만 완성하지는 못했습니다. 근대 유럽문학사에 한 획을 그은 독일 고전주의는, 이때 괴테가 기초를 쌓고 훗날 젊은 시인 프리드리히 실러가 힘을 보태 함께 완성한 문예사조였습니다.

괴테는 식물원 원장을 맡으면서 천재성이 드러났습니다

괴테는 이탈리아 여행을 마친 뒤 공작과 약속한 바이마르로 돌아가지 않고 스위스를 거쳐 2년 만에 프랑크푸르트로 귀향합니다. 그는 결혼한 뒤 아들을 얻자 고향에 정착하려 했지만, 프랑스 대혁명이 발발하고 나폴레옹이 등장해 유럽이 전란에 휩싸이자 바이마르로 돌아가 공작의 참모로 여러 전투에 참전해 전공을 거둡니다.

1794년 괴테가 45세 때 모든 궁정정무를 사직한 뒤, 당시 200년 역사를 지닌 바이마르 공국 예나식물원 원장에 재직하면서 그의 천재성이 드러나기 시작했습니다. 이즈음 식물의 경이로운 생장 과정을 관찰하다 꽃과 잎의 닮은 점을 발견하고 『식물형태론』을 저술합니다. 이 책은 "식물의 꽃은 잎과 줄기가 변태해서 생겼다"는 진화론적 근거를 제시한 역저로, 훗날 찰스 다윈의 『종의 기원』에 앞선 진화론의 시초라는 평가를 받았습니다. 또한 괴테는 뉴턴이 주장한 '백색광의 혼색 이론'을 반박한 『빛과 색깔 이론』도 저술했습니다. 오늘날 우리가 미술시간에 배우는 삼원색과 보색補色은 괴테의 이 이론에 근거한 것이지요.

이즈음 그에게 유럽문학사에 한 획을 그을 인물이 찾아옵니다. 젊은 시인 실러가 문하생을 자청하며 예나식물원으로 괴테를 찾아온 것이었습니다. 둘은 의기투합해 새로운 문학을 창조하기로 하고 교양소설 『빌헬름 마이스터의 수업시대』(1796)와 서사시 『헤르만과 도로테아』(1797)를 완성했는데, 이게 유럽문학사에 길이 남은 독일 고전주의 문학의 시작이며 유럽의 변방이었던 바이마르가 유럽문학과 예술의 중심도시로 탈바꿈하는 시동이었습니다.

이후 괴테는 예나식물원 원장직도 사직하고 바이마르에 넓은 포도 밭을 구입해 그곳에 아담한 저택을 짓고 정원을 가꿉니다. 1805년 실러가 사망한 뒤 괴테는 죽을 때까지 이 저택에서 정원을 가꾸고 이웃 숲길을 산책하며 그동안 미완이던 많은 저술을 마무리해 독일 고전주의를 완성했습니다. 『에그몬트』『이피게니에』『토르콰토 타소』『독일 피난민들의 대화』『사생아』『소네트』『이탈리아 기행』『시와 진실』『서동시집』『마리엔바트의 비가』 등입니다.

괴테는 이런 노고 끝에 58년간 집필한 노작 『파우스트』를 완성하고 이듬해 향년 83세로 그의 자택에서 의자에 앉은 채 편히 영면했습니다. 그는 평생 시집, 소설, 희곡, 기행문, 자서전, 자연과학서 등 모두 142권의 명저를 남겼습니다. 일찍 재능을 보인 데다 장수한 덕분에 무려 65년에 걸쳐 쓴 노작이긴 하지만 대부분 대작에다 명작인 점을 감안하면, 괴테를 영국의 셰익스피어와 견주어도 손색이 없지요. 더욱이 그는 식물학, 광물학, 색채학에서도 발군의 업적을 남겼으며, 행정가로서 변방도시 바이마르를 독일 고전주의 문학의 본향으로 탈바꿈시킨 점을 감안하면 다재다능한 천재임이 틀림없습니다.

괴테의 천재성은 언제 어디서 어떻게 폭발했을까요?

유년기 외갓집에서 본 인형극과 프랑스 점령군 사령관과의 만남은 잠재된 재능을 일깨우는 데 일조했고, 이탈리아 여행은 천재성을 자극하기에 충분했습니다. 예나식물원 원장직을 맡으면서 천재성이 드러나기 시작했으며, 은퇴 후 정원을 가꿀 때 천재성이 폭발했다고 말하는 건 지나친 추측일까요? 공원 조성과 정원 가꾸기 등 원예생

©drieshondebrinkfoto

괴테가 만년에 살던 집과 정원. 괴테는 50대 중반 모든 관직을 내려놓은 뒤 포도밭을 구입해 집을 짓고 정원을 가꾸는 한편, 많은 미완성 작품을 마무리했다. 평생 집필과 수정을 거듭했던 대작 『파우스트』도 이곳에서 탈고했다.

활은 천재성 발현에서 숲길 산책보다 더 효과적일지도 모릅니다. 생명의 경이로움은 물론 갖가지 식물의 생태와 성장 모습을 가까이에서 체험할 수 있기 때문이지요.

그러나 천재성이 폭발하기 전에 수십 년간 쌓인 내공이 있었을 겁니다. 그것은 그의 엄청난 독서량과 숲길 산책이겠지요. 괴테가 죽었을 때 그가 소장한 책이 3,000권을 웃돌았는데 당시 웬만한 공공도서관의 장서량 수준이었습니다. 괴테는 전장에서도 책을 끼고 다니며 틈틈이 읽었다고 합니다. 그뿐 아니라 매일 새벽 먼동이 틀 즈음 산책하러 나가 그날 쓸 글을 구상하고 영감이 떠오르면 목청 높이 외쳤다고 합니다. 이때 뒤따르던 문하생이 재빨리 받아 적으면 괴테는 그것을 보고 글을 썼답니다. 괴테의 문체를 찬찬히 보면 대개 독백체 獨白體에 가까운 것도 이 때문입니다.

정원을 가꾸며 불후의 명작을 쏟아낸 뒤 의자에 앉아 편안히 영면한 괴테는 세상에서 가장 축복받은 천재입니다.

천재 6: 윈스턴 처칠

윈스턴 레너드 스펜서 처칠Winston Leonard Spencer-Churchill, 1874-1965 은 '금수저'보다 '금혈통'으로 불려야 할 명문 귀족 출신입니다. 처칠 가문의 시조이자 그의 8대 조부인 말버러 공작 존 처칠은 스페인 왕위계승 전쟁 등에서 연전연승을 올린 탁월한 전략가이자 정치인 이었습니다. 이뿐만 아닙니다. 조부는 아일랜드 총독을, 부친은 영국 재무장관을 지냈습니다. 모친은 미국 증권가에서 악명 높은 투자자의 딸이었는데, 대단한 미모와 사교술을 겸비해 영국 국왕 에드워드 7세까지 사로잡은 여걸이었습니다.

처칠은 이처럼 막강한 가문에서 자랐지만, 어린 시절은 매우 불우했습니다. 고집불통에다 우울증까지 앓던 부친은 어린 처칠을 엄격하게 교육하며 까칠하게 대했고, 모친은 사교모임을 즐기느라 가정에도 자식에게도 무심했습니다. 심지어 부모 둘 다, 처칠이 9세 때 기숙학교에 입학한 뒤 16세에 졸업할 때까지 가끔 안부 편지를 보낼 뿐 한 번도 찾지 않은 냉혈인간이었다 합니다.

처칠은 이즈음부터 말더듬이에 내성적인 아이로 변했고, 성적도 좋지 않았습니다. 부친은 처칠의 졸업성적표를 받고는 처칠을 앞에 앉혀놓고 막말을 퍼붓기도 했습니다.

"대학에 가기에는 머리가 나쁘고, 목사가 되기에는 성격이 안 좋고, 다른 능력도 안 보인다. 그러니 너는 군인이나 돼라."

이런 부모 밑에서 세상을 바꾼 천재가 나왔으니 이게 천재일우가 아닌가 싶습니다.

처칠의 천재성은 독서와 정원에서 비롯했습니다

처칠은 부친의 막말대로 샌드허스트 육군사관학교에 시험을 쳤으나, 삼수 끝에 겨우 합격합니다. 이것도 실력보다 '운' 덕분이었습니다. 이 사관학교 입시에는 해마다 특정 나라 지도를 상세하게 그리는 문제가 출제되는데, 처칠은 차일피일하다 시험을 앞두고 뉴질랜드 하나를 찍어 공부했다고 합니다. 그런데 기적처럼 뉴질랜드가 출제되어 그야말로 운구기일運九技一로 합격한 것입니다. 그는 입학했지만 원하던 보병을 포기하고 기병을 선택해야 했습니다. 보병 필수과목인 수학 성적이 좋지 않아 어쩔 수 없는 선택이었습니다.

그러나 그의 사관학교 재학기간은 잃었던 활달함과 자신감을 되찾는 시간이었습니다. 불우한 유년시절 처칠의 유일한 즐거움이자 도피처는 책 읽기였습니다. 그는 엄청난 독서량만큼 매우 박식했는데, 특히 영문학과 유럽 역사에 관한 한 또래 사관생도는 물론 교수도 감탄했다고 합니다. 처칠이 훗날 유머와 위트가 넘치는 멋진 정치가로, 풍부하고 정확한 어휘를 구사하는 문학가로, 쟁점의 정곡을 찌르는 뛰어난 대중웅변가로 성장한 밑거름은 바로 독서였습니다. 그가 탐독한 책은 아리스토텔레스의 『정치학』, 플라톤의 『국가』, 에드워드 기번의 『로마제국 쇠망사』, 애덤 스미스의 『국부론』, 다윈의

윈스턴 처칠은 한마디로 초인이었다.
문필가로 정치인으로
자연미학가[조경가]로 화가로
독보적인 경지에 이른 천재이자,
세계사의 흐름을 바꾼 위인이었다.

『종의 기원』 등이며 이밖에도 고전을 두루 섭렵했다고 합니다.

처칠의 파란만장한 정치경력의 시작은 종군 탈출기였습니다

처칠은 사관학교를 졸업한 뒤 바로 참전했습니다. 첫 참전지 쿠바에 이어 인도, 아프리카 수단과 보어전쟁이었습니다. 당시 대영제국은 식민지 쟁탈전과 점령지 저항군의 진압을 위해 여러 나라에서 전쟁을 치르고 있었습니다. 처칠은 기병장교였지만 글솜씨 덕분에 종군기자로 주로 활약했습니다. 특히 보어전쟁에서 영국『모닝포스트』의 특파원 자격으로 참전했는데, 영국군이 후퇴하던 중 그만 포로로 잡힙니다. 처칠은 수용소에서 극적으로 탈출한 뒤 가톨릭 신부로 변장한 채 도주해 1년 만에 귀국합니다. 처칠은 그 1년간의 탈출기를

사관생도 처칠. 청장년 시절 처칠은 뭇 여성의 시선을 사로잡은 미남이었고, 특히 옷을 잘 입는 패셔니스트였다. 게다가 박학다식에 유머와 위트까지 겸비해 정계의 군계일학으로 단연 돋보였다.

책으로 내 일약 '전쟁 영웅'으로 부상했는데, 정치에 입문하는 계기가 됩니다. 그때 그의 나이는 23세였습니다.

처칠은 1899년 보수당원으로 하원의원 선거에 뛰어들었지만 떨어집니다. 그러나 이번에도 '운'이 따라줘 이듬해 보궐선거에서 당선됩니다. 처칠은 보수당의 정책이 자신과 맞지 않는다는 이유로 자유당으로 옮긴 후 통상장관, 식민장관 그리고 해군장관을 번갈아 맡으면서 영국 정치의 중심에 섭니다. 그의 해박한 지식과 예리한 통찰력 그리고 인간미 넘치는 유머는 정치판에서 단연 돋보였지요. 이 또한 엄청난 독서로 쌓인 내공 덕분이었습니다. 그가 정치인으로 군계일학이었던 데에는, 노년기와 달리 청년기에는 잘생기고 옷을 잘 입는 패셔니스트였던 것도 한몫을 더했습니다.

제1차 세계대전이 발발하자 해군장관 처칠은 오스만제국이 독일제국과 동맹할 것이라 성급하게 판단하고 다르다넬스 해협으로 주력 함대를 파병합니다. 설상가상, 함대 지휘관은 상황을 잘못 판단해 성급하게 공격하는 바람에 참패했고, 대영제국은 100척이 넘는 주력 함대와 정예 해군 대부분을 잃습니다. 패전이 모두 처칠 탓은 아니었지만, 그는 모든 책임을 지고 장관에서 물러납니다.

하지만 처칠은 달랐습니다. 그는 바로 백의종군을 선택합니다. 전직 해군장관이 육군 중령으로 자원해 최전방 부대장으로 참전한 것이었습니다. 처칠은 세계전쟁사에서 최악의 보병전투로 기록된 제1차 세계대전 참호전을 2년간 지휘하며 진정한 리더십을 익힙니다. 그는 지휘관이었지만 참호를 넘나들며 사병과 함께 싸우고 고난을 같이했습니다. 오랜 참호전으로 병사들이 온갖 피부병에 시달리자 틈틈이 군화와 군복을 벗고 햇볕을 쬐도록 했고, 간이 샤워장을 만들어주기도 했습니다.

지금 생각하면 당연히 해야 할 일이지만, 당시 지휘관은 모두 귀족 출신이라 평민과 노예 출신인 사병에게 이런 배려는 상상하기 어려운 일이었습니다. 그의 유머와 리더십은 부대 사기를 높였고 부대원은 전장에서 당당하게 싸웠습니다. 처칠의 이런 배려와 동정은 어디서 나왔을까요? 처칠은 명문 귀족 출신이지만 유년기와 성장기에 부모는 물론 가족의 사랑을 받지 못하고 자랐습니다. 그를 보살피고 사랑을 준 사람은 모두 하인이었습니다. 처칠에게 이들은 가족이었으니 사병에게 보인 동정심과 배려는 당연했습니다.

처칠은 한 시대를 구한 위인이지만 과연 천재일까요?

자유당 내각은 육군 중령 처칠을 불러와 군수장관, 육군·공군장관, 식민장관을 차례로 맡기지만, 그는 무책임한 예산편성에 반대하며 보수당으로 되돌아갑니다. 이후 그는 재무장관을 맡고 전후 국가재정을 되살리기 위해 안간힘을 다하던 중, 유럽 대륙에서 요동치는 불안한 기류를 읽습니다. 스탈린의 소련과 히틀러의 독일이 경쟁적으로 국민을 선동하고 재무장을 서두른다는 정보였습니다. 처칠은 제1차 세계대전 후 재편된 유럽 대륙의 전후 질서가 깨지면 더 큰 세계대전이 발발할 것이라 판단했습니다. 당시 유럽 대륙 대부분의 국가는 물론이고 영국 보수당 체임벌린 내각까지 독일과 소련의 재무장을 우려했지만, 히틀러의 독일이 스탈린의 소련을 막아줄 것이라는 주장을 암묵적으로 지지하는 분위기였습니다. 처칠은 단호히 반대하며 이렇게 역설합니다.

"공산화[스탈린]를 막기 위해 파시즘[히틀러]을 용납하는 것은 있을 수 없는 일이며, 유럽의 미래에서 시급한 것은 히틀러 나치즘의 확산을 막는 것이다."

하지만 제1차 세계대전에 지친 대다수 유럽 정치인과 국민은 히틀러가 내민 사탕을 빨며 코앞에 닥친 위협을 외면하는 한편, 전쟁도 불사해야 한다는 처칠의 호소에 등을 돌리고 그를 전쟁광이라고 비난했습니다.

1929년 55세 처칠은 체임벌린 내각과 갈등을 겪다 사퇴한 뒤, 10년 넘게 유럽 전역을 둘러보고 유럽에 닥칠 파시즘의 재앙을 확신합니다. 영국 총리 체임벌린은 처칠과 등지고 히틀러를 직접 찾아가 평화조약을 체결하고는 마치 개선장군처럼 의기양양했지요. 하지만 히틀러는 1년 뒤 폴란드를 침공하며 제2차 세계대전의 서막을 엽니다.

1939년 결국 제2차 세계대전이 터지자 체임벌린 내각은 총사퇴하고 전시내각이 들어섭니다. 후임 총리는 65세 처칠이었습니다. 당시 히틀러의 나치군은 파죽지세였습니다. 폴란드에 이어 벨기에와 네덜란드를 함락한 뒤 프랑스까지 단숨에 손에 넣었습니다. 프랑스의 함락과 됭케르크의 비극적인 철수를 지켜본 영국 국민은 공포에 휩싸였습니다. 히틀러는 막 수상에 오른 처칠에게 굴욕적인 강화조약을 제안했습니다. 영국 국민은 적전敵前에서 분열합니다. 평화를 원하는 파와 전쟁을 원하는 파, 양측은 반목하며 처칠을 압박했지요. 처칠은 1940년 5월 10일 영국 의회에서 역사에 길이 남을 연설을 세계에 외칩니다.

"저는 오늘 비극적인 사실을 말하려 합니다. 유럽은 히틀러에게 굴복했습니다. 이제 다음 차례는 영국입니다. 하지만 저는 국민들에게 해줄 것이 없습니다. 오히려 국민들에게 요구하고 싶은 것이 있습니다. 그것은 바로 영국민의 피와 땀 그리고 눈물입니다. 앞으로 기나긴 투쟁과 고단한 시련의 세월이 우리를 기다릴 것입니다. 기만적인 강화조약이 아닌 전쟁입니다. 수많은 목숨을 잃을 수도 있는 전쟁을 하는 목적은 승리입니다. 파시즘에 굴복하지 않는 자유민의 승리입니다. 어떤 대가를 치르고서라도 반드시 승리해야 우리는 생존할 수 있습니다. 나는 확신합니다. 우리의 단결된 힘이 기필코 승리를 쟁취할 수 있을 것이라고."

이 연설로 영국 국민은 달라졌고 또 단결했습니다. 처칠은 체임벌린 내각이 만든 영국 왕실과 정부 요인의 외국 피신 계획을 폐기하고, 대영제국박물관의 보물과 문화재를 캐나다로 옮기는 계획도 백지화합니다. 누구도 독일의 공습에 예외일 수 없으며 모든 영국 국민은 평등하게 위기를 맞고 또 극복해야 한다는 지도자의 의지를 천하에 보였습니다. 육군 중령 처칠이 참호전에서 보인 리더십 그대로였습니다. 그리고 그는 영국 국민에게 용기를 불어넣는 일이라면 위험도 불사했습니다. 공습 사이렌이 울리면 지하 방공호에 들어가는 대신 노구를 이끌고 지붕에 올라가 공습상황과 피해상황을 직접 확인했습니다.

한편 나치 전폭기에 대항할 전투기 개발에 총력을 기울인 결과, 불과 2년 만에 공중전에서 우위를 보여 공습에 지친 국민에게 자신감을 갖게 했으며, 하루빨리 승전으로 평화를 찾기 위해 대영제국의 자존심을 버리고 미국을 참전시켜, 결국 전세를 역전시킵니다. 그렇게 5년의 시간이 흐른 뒤 제2차 세계대전은 연합군의 승리로 끝났습니다.

'가장 위대한 영국인'은 처칠이었습니다

종전 직후 1945년 총선에서 처칠의 보수당은 복지정책을 전면에 내건 노동당의 포퓰리즘에 패했습니다. 그러나 1951년 총선에서 보수당이 승리하며 처칠은 다시 총리가 됩니다. 이때 처칠은 77세로 이후 5년간 총리로서 조국에 마지막 봉사를 마친 뒤 은퇴했습니다.

처칠은 질풍노도의 세기를 관통하며 전무후무한 기록을 남긴 위인이었습니다. 참혹했던 두 세계대전을 직접 겪으며 승리를 얻었고, 구십 평생 중 55년을 대영제국의 국회의원으로 활약하면서 내각에서 31년간 장관, 9년간 총리로서 국가와 국민을 위해 봉사했습니다. 2002년 영국 국영방송(BBC)이 "가장 위대한 영국인은 누구인가?"

라는 설문조사를 했더니 놀랍게도 1위가 처칠이었습니다. 셰익스피어, 뉴턴, 다윈, 엘리자베스 1세도 그 아래였습니다. 그쯤 되니 영국에선 편지 겉봉투에 '런던에서 가장 위대한 사람에게'라고 쓰면 그 편지는 예외 없이 처칠에게 배달됐다고 합니다.

처칠은 과연 천재인가요? 그는 정치지도자로서 한 시대의 혼돈과 위기를 이겨내도록 이끈 불굴의 재능이 있는 위인은 틀림없지만, 그것만으로 천재의 범주에 포함하기에는 좀 부족해 보이는 것도 사실입니다. 그러나 처칠에게는 잘 알려지지 않은 탁월한 재능이 있었습니다. 문학과 자연미학[조경] 그리고 회화입니다.

처칠은 전기傳記문학 작가였습니다. 전기문학은 특정 인물의 남다른 경험이나 업적을 사실을 바탕으로 기록하되 문학적 수준으로 표현한 작품으로, 이 장르에는 전기뿐 아니라 자서전과 회고록이 포함되지요. 처칠은 정치가로 뜨기 전에 종군기자와 작가로 유명했습니다. 쿠바 독립전쟁과 보어전쟁에 종군기자로 참여해 쓴 생생한 기사로 인기몰이를 했지요. 이후 제1차 세계대전 회고록인 『세계의 위기』, 자서전인 『나의 청춘』 그리고 시조 말버러 공작과 부친 랜돌프 처칠의 전기도 썼습니다.

처칠이 1946년 총선에서 패배한 이후 회고록 『제2차 세계대전』을 쓰기 시작해 1953년 총 6권으로 완간하자, 스웨덴 한림원은 그해 처칠에게 노벨문학상을 수여하며 이렇게 밝혔습니다.

"역사적 사실의 상세한 기술과 전기문학에서 보여주는 탁월한 묘사와 고양된 인간의 가치를 옹호하는 빼어난 웅변에 이 상을 수여한다."

그의 문학적 천재성을 한마디로 요약한 평가였습니다.

그러나 문학가가 아닌 정치인 처칠의 회고록이 노벨문학상을 수상한 것에 대한 논란이 들끓었지요. 경쟁 후보가 인기 절정 소설가 어니스트 헤밍웨이와 시인 로버트 프로스트인 점을 감안하면 그럴 만도 했습니다. 그러나 처칠의 문장력과 문학적 역량을 두고 시비를 건 사람은 없었습니다.

처칠의 천재성은 정원을 가꾸면서 폭발했습니다

윈스턴 처칠의 또 다른 천재성은 탄생지에서 비롯했는지도 모르겠습니다. 처칠은 영국 옥스퍼드주州 우드스톡에 있는 세계적인 관광명소인 블레넘 궁전에서 태어났습니다. 이곳은 그의 시조 말버러 공작의 저택이었습니다. 1704년 스페인 왕위계승 전쟁 때 말버러 공작이 독일 블렌하임에서 프랑스-바이에른 연합군을 대파한 공로로 앤 여왕에게 하사받은 저택이지요. 왕이 아닌 귀족이 소유하고 사는, 아마도 세상에서 유일무이한 궁전일 성싶습니다. 지금도 처칠 가문 소유지만, 1987년 세계문화유산에 지정된 이후 저택 외 정원은 개방되어 관광명소가 되었습니다.

처칠은 이곳에서 태어나 7세까지 살았습니다. 개구쟁이였던 어린 처칠은 일생 중 유일하게 행복했던 시기를 이곳에서 보냈습니다. 틈만 나면 잔디밭을 가로질러 숲으로 달려가 새와 곤충을 친구 삼아 놀기를 좋아했습니다. 이곳에는 엄한 부친도 쌀쌀맞은 모친도 없었습니다. 처칠은 평생 블레넘을 그리워했지만 그곳에서 살 수는 없었습니다. 장손이 작위와 저택을 물려받는 영국 전통 때문입니다.

성장 후 번잡한 런던에서 살게 된 처칠은 블레넘의 정원과 숲이 그리워서 48세 때 런던에서 남동쪽으로 40킬로미터 떨어진 차트웰에 작은 시골집을 구입해 주말이면 그곳에서 생활하며 정원을 가꾸었습

블레넘 궁전은 처칠 가문의 시조인 말버러 공작의 저택이다.
처칠은 이곳에서 태어나 7세까지 살았는데,
일생 중 유일하게 행복했던 시기를 이곳에서 보냈다.

© Dreilly95

니다. 그러다 은퇴 후 이곳에 모두 약 31만 제곱미터의 땅을 매입해 블레넘과 같은 멋진 정원을 꾸미기로 작정합니다. 처칠은 차트웰의 지형과 오랫동안 이 땅을 지킨 수목을 그대로 살리는 한편, 적재적소에 호수와 정원을 만들었고 풍광을 한눈에 볼 수 있는 언덕에 저택을 지었습니다. 영국 가드닝 칼럼니스트 재키 베넷은 저서 『작가들의 정원』 (김명신 옮김, 샘터, 2015)에서 차트웰 정원을 이렇게 소개합니다.

"처칠은 계곡 맨 아래에 있는 호수를 확장하는 일에 착수했다. 아마도 드넓게 펼쳐진 블레넘 호수처럼 만들고 싶었으리라. … 그는 우울증을 다스리기 위해 야외 작업에, 특히 키친 가든의 담장을 다시 세우는 일에 몰두했다."

©Chris Jenner

차트웰 정원과 저택. 처칠은 노년에 런던 근교에 광활한 정원을 조성하고
그곳에서 여생을 보냈다. 처칠은 이곳에서 회고록
『제2차 세계대전』을 집필했고 노벨문학상을 수상했다.

처칠은 자연의 아름다움을 조원造園을 통해 더욱 자연스럽게 꾸몄
고, 회화를 통해 자연미학을 화폭에 담은 인상파 예술가였습니다. 처
칠이 정원 가꾸기와 그림에 몰두한 것은 타고난 자연사랑과 예술혼
때문은 아닙니다. 처칠은 성장기부터 치명적인 고질병을 앓았습니
다. 우울증과 강박증 그리고 심장발작이었습니다. 우울증과 강박증
은 부친의 영향으로 생겼으며, 심장발작은 13세 때 앓은 폐렴의 후
유증이라고 합니다.

처칠은 늘 자신의 책무를 다해야 한다는 강박감에다 심장발작으
로 언제 죽을지 모른다는 불안감에 괴로워했고, 불현듯 우울증이 심
해지면 어쩔 줄 몰라 하며 어디든 숨어서 울기 일쑤였습니다. 처칠은
전투기 조종사로 활약할 정도로 용감했지만, 건물 난간에 서기를 두
려워했고 철길 부근에는 아예 가지 않았다고 합니다. 갑자기 우울증

이 덮치면 자신도 모르게 난간에서 뛰어내리거나 열차에 뛰어들지 모른다는 불안 때문이었습니다.

처칠은 고질병을 치료하는 최선의 약은 자연이며 처방은 정원 가꾸기와 그림 그리기라 믿고, 은퇴 후 차트웰에 여생을 바쳤습니다. 광활한 차트웰 구릉지에 웬만한 공원 넓이의 정원을 멋지게 가꾸려면 엄청난 돈과 인력이 필요합니다. 하지만 은퇴한 처칠은 연금 이외에 저축도 재산도 없었습니다. 부친이 사망한 후 그는 상당한 유산을 받았지만 워낙 씀씀이가 커 모두 탕진했습니다. 밤낮없이 입에 달고 사는 최고급 시가와 위스키, 영국 신사의 멋을 제대로 보여준 정장과 모자 그리고 손에 잡히면 사야 직성이 풀리는 책 때문이었습니다.

처칠과 그의 부인 클레멘타인은 인건비를 벌기 위해 웬만큼 힘든 일은 직접 했습니다. 지금도 남아 있는 차트웰 저택 옆 가족 화단의 담장은 처칠이 직접 쌓은 것으로 유명합니다. 이곳에 담장을 쌓으려 했는데 벽돌공의 노임이 너무 비싸 어렵게 되자 처칠은 벽돌공 조합에 가입해 기술을 배운 뒤 이 담장을 쌓은 것입니다. 어쨌든 차트웰은 처칠의 고질병을 치유했고, 그는 차트웰의 자연미학을 완성했습니다.

처칠은 생전 인상파 화가로서 빛을 보지 못했지만 그의 작품은 오늘날 경매에서 그 가치를 제대로 평가받고 있습니다. 유화 「차트웰의 금붕어 연못」은 180만 파운드(당시 한화 31억 원)에, 유화 「쿠투비아 모스크의 탑」은 무려 700만 파운드(109억 원)에 경매에서 낙찰되었지요. 후자는 처칠이 1943년 카사블랑카 회담 직후 마라케시에서 그린 뒤 루스벨트 대통령에게 선물한 풍경화로, 낙찰자는 할리우드 배우 안젤리나 졸리였습니다.

처칠은 정치·문학·자연미학·회화라는 전혀 어울리지 않아 보이

차트웰 정원을 멋지게 가꿀 자금이 바닥나자
처칠은 직접 벽돌을 쌓고 화초를 심었다.
이 과정에서 처칠은 고질병인 우울증과 강박증에서 점차 벗어났다.

는 분야에서 독보적인 업적을 남긴 천재입니다. 그 천재성은 블레넘

궁전 정원에서 발현해 직접 조정한 차트웰 정원에서 폭발했습니다.

세잔
가우디
디즈니

천재 7: 폴 세잔

폴 세잔Paul Cézanne, 1839-1906은 비록 그림에만 재능을 보였지만 그의 천재성은 이 한마디 헌사로 입증된 예술가입니다.

"그는 우리 모두의 아버지다."

거장 파블로 피카소가 현대미술의 모든 화풍을 아우르며 폴 세잔에게 바친 헌사입니다.

그렇습니다. 세잔은 50대에서야 빛을 본 후기인상파 화가였지만, 그가 남긴 '괴괴한' 그림은 현대미술의 씨앗이 되어 풍성한 꽃을 피웠지요. 앙리 마티스의 야수파, 모리스 드니의 상징주의, 피카소의 입체주의, 살바도르 달리의 초현실주의, 바실리 칸딘스키의 추상표현주의 그리고 앤디 워홀의 팝아트가 그것입니다.

레오나르도 다빈치 이후 서양회화의 전범이었던 원근법과 명암법 그리고 대조법은 세잔에 의해 해체되었습니다. 화폭의 평면 한계를 다시점多視點과 다시점多時點으로 넓혔고, 사진기의 등장으로 사실화가 무의미한 미래를 예견하고 비사실적非寫實的 표현을 더해 새로운

폴 세잔은
'실패는 성공의 어머니'라는 격언에
딱 맞는 천재다.
젊은 시절 실패와 좌절을 거듭했으나
50대에 불멸의 명성을 얻었다.
그는 인상파를 잠재운 혁신가였고,
현대미술의 장을 연 선구자였다.

시대를 연 것입니다. 세잔을 천재라 불러도 좋을 이유입니다.

세잔은 파리에 갔지만 자신의 실력에 실망하고 낙향합니다

세잔은 프랑스 남부 산악지역 엑상프로방스 작은 도시 르페라에서 금융인 부친과 평범한 주부인 모친 사이에 태어나 유복하게 자랐습니다. 부친은 외아들 세잔을 법률가로 키울 생각으로 엄격하게 교육했지만 활달하고 진취적이었던 모친은 그렇지 않았습니다. 세잔은 어릴 적 동네 안팎을 쏘다니며 노는 흔한 개구쟁이였는데, 13세때 학교에서 그림을 배우면서 재능을 보였습니다. 세잔은 당시 이 학교에서 훗날 소설가와 광학자로 유명해진 에밀 졸라와 바티스틴 바유를 만나 깊은 우정을 쌓았지요.

세잔은 학교를 졸업하자 곧바로 미술학교에 입학해 상도 받았지만 부친의 반대로 그만두고 법대에 진학합니다. 하지만 머릿속은 그림뿐이던 차에 학교 친구였던 에밀 졸라가 오랜만에 나타나 "작가가 되려고 파리에 가서 정착했다"고 자랑하자 뒤따라 나섭니다. 22세 때입니다. 법대를 졸업한 뒤 가업인 은행 경영을 하라고 강요하던 부친이 모친의 설득에 못 이겨 한발짝 물러선 덕분이었습니다. 그러나 파리는 세잔에게 만만치 않았습니다. 자신의 실력에 실망한 세잔은 1년 만에 낙향해 한동안 부친이 투자한 은행에서 일하지만 그림 생각이 떠나지 않자 이듬해 다시 파리로 돌아갑니다. 이미 비평가로 유명해진 에밀 졸라의 소개로 알게 된 인상파 화가 카미유 피사로와 에두아르 마네 등의 도움으로 작품을 살롱전에 출품했지만 잇달아 거부당합니다.

파리에서 10년간 세잔은 성공가도를 달리는 친구 에밀 졸라를 바라보며 습작만 그리다, 35세 때 첫 출품 기회를 잡았지만 비평은 혹독했습니다. 전시회를 주도한 모네의 작품은 "그림에 본질은 없고 오직 인상만 있다"는 비아냥을 들었고, 세잔의 작품은 "어둡고 우울한 색조로 그림을 그리다니, 그마저 중단한 미완성 작품 같다"는 혹평과 함께 정신병자 취급을 받았습니다. 당시 '인상파'는 '유별난 별종'이라는 나쁜 뜻이었습니다.

이 전시회를 계기로 인상파 작품은 주류의 비웃음거리가 되었지만, 이들 그림을 찾는 사람이 점차 늘면서 인기를 얻자 주류도 새로운 유파로 인정합니다. 하지만 세잔은 아니었습니다. 파리에 온 지 20년, 세잔이 얻은 건 조롱과 상처뿐이었습니다. 44세 세잔은 파리 생활을 청산하고 고향 르페라로 돌아가 훗날 미술사에서 명명한 '위

생트 빅투아르산은 세잔에게 예술의 신 뮤즈였다. 그는 평생
이 보잘것없는 산을 유화 44점과 수채화 43점에 담아 남겼다.

대한 은둔의 시간' 20년을 보냅니다.

두 번째 낙향 후 '괴괴한' 그림에 몰두합니다

귀향한 세잔은 어릴 적 쏘다니며 놀던 동구 밖 피스타치오 숲길의
언덕과 웅장한 생트 빅투아르산▥을 한눈에 볼 수 있는 비베뮈 채석
장 주변에 화실을 마련합니다. 그러고는 파리에서 매달렸던 인상주
의 화풍을 떨쳐내고 그 자리에 전혀 새로운 그림을 채웁니다. 파리
시절 세잔은 부친이 귀향을 채근하며 생활비만 송금했기 때문에 모
델을 구할 돈이 없었습니다. 그래서 화실에 틀어박혀 자화상과 정물
화를 주로 그렸고, 또 인상파 친구들처럼 야외로 나갈 형편도 아니어
서 고향 풍경을 상상하며 그림을 그렸습니다.

귀향한 세잔은 얼마 후 부친의 사망으로 많은 유산을 받아 콧대 높
은 파리 화단畵壇에 재도전할 법도 했지만, 고향에서 자화상과 정물

화를 고집하며 '세월아 가라'는 식으로 느긋하게 그립니다. 빛의 순간을 좇는 인상주의와는 완전한 결별이었습니다.

세잔은 특히 사과와 오렌지 같은 과일을 주제로 한 정물화를 즐겨 그렸는데, 여기서 보고 그리다가 저쪽으로 옮겨 그리고 또 중단하고는 온종일 지켜본 뒤 마구 덧칠했습니다. 이렇게 그린 결과 '괴괴한' 정물화가 탄생한 것입니다. 전대미문 화풍의 탄생이었지요. 좀더 친절하게 설명하면, 세잔은 한 시점視點에서 그리는 원근법을 아예 무시한 결과 입체감과 일체감을 잃어 탁자는 기울어진 채 위태롭게 그렸으며, 심지어 사과가 하루하루 상하며 변색되는 과정을 한 그림에서 보여주었습니다.

세잔의 이런 작업 행태 때문에 한 그림을 완성하는 데 몇 달이 소요되기 일쑤였습니다. 또한 같은 주제[대상對象]를 때[시점時點]와 위치[시점視點] 그리고 구상構想[관점觀點]을 달리하며 그리는 연작을 통해 주제[사물]의 근본[성질 또는 성격]을 분석하려고 했습니다. 그러다 보니 사과를 주제로 그린 정물화만 100점 넘게, 생트 빅투아르산 그림을 80점 넘게 그렸습니다.

세잔은 56세에야 무명에서 벗어납니다

그해 한 미술상이 세잔의 작품을 보고 독창성에 매료되어 그의 생애 첫 개인전을 파리에서 열어주었는데, 젊은 인상파 화가들이 열광했습니다. 세잔의 그림에서 풍요 속에 불안을 안고 사는 현대인의 기저심리를 발견한 것입니다. 세잔의 그림을 본 마티스는 주제의 형상보다 형태와 단단한 색감에서 영감을 얻어 풍부한 색채를 부각한 야수파를 선보였고, 형상을 도형 형태로 표현한 세잔의 시도를 알아챈

폴 세잔, 「비베뮈 채석장」
실제 비베뮈 채석장의 형태는 유지하면서도
돌과 나무의 형상을 한 물성의 덩어리처럼 표현했다.

폴 세잔, 「기울어진 꽃병」
구도를 살짝 무시해 꽃병이 넘어질 듯 불안하다. 풍요 속에 불안을
안고 사는 현대인의 기저심리를 화폭에 절묘하게 담았다는 평가를 받는다.

피카소는 큐비즘을 완성했지요. 세잔은 뒤늦게 명성을 얻었지만 고향에 머물며 오직 그림에 몰두하다, 1906년 가을 어느 날 들판에서 그림을 그리던 중 폭우를 맞고 귀가하면서 얻은 폐렴으로 67세에 숨졌습니다.

세잔의 재능은 10대 때 나타났지만 천재성은 50대에야 발현했습니다. 그의 천재성은 왜 늙어서 고향에 돌아온 뒤 나타나 폭발했을까요? 세잔의 양가 가문에는 특출한 인물이 없었습니다. 천재성은 유전되지 않음이 세잔의 사례에서도 입증됩니다. 세잔은 가정에서도 학교에서도 특별한 교육을 받은 적이 없으며, 미술 교육은 고향에서 기초 과정을 밟고 파리에서 아카데미를 잠시 다닌 게 전부입니다. 파리에서 내로라하는 인상파 화가들과 교우하면서 그들의 화풍을 배우기는 했지만 모방하거나 답습하는 데 그친 점을 보면, 그들에게 천재적 재능을 배운 것도 아닙니다. 오히려 그는 인상파 회화에 실망해서 낙향했지요.

이런 점을 종합하면 세잔의 천재성은 고향 엑상프로방스 르페라에서 체득한 것으로 볼 수밖에 없지요. 파리에서 귀향한 후에도 그가 그린 풍경화 대부분은 엑상프로방스 풍광입니다. 고향 어디서든 훤히 보이는 생트 빅투아르산, 잘려진 바위가 널린 비베뮈 채석장, 라르크강 계곡의 고가교, 울창한 숲과 바위에 가려진 별장 샤토 누아르, 그가 노년에 살았던 고향 집 뒤 언덕 부펜 목장 등이지요. 이중 생트 빅투아르산은 세잔에게 예술의 신 뮤즈와 같은 존재였는데, 그는 평생 이 산을 유화 44점과 수채화 43점에 담아 남겼습니다. 그의 고향 르페라는 당시에도 지금도 특별히 아름다운 도시는 아닙니다. 숲과 산으로 둘러싸인 엑상프로방스의 흔한 경관을 지닌 도시일 뿐입니다. 오늘날 엑상프로방스의 인구는 약 14만 명이지만 세잔이 살던 당시에는 5만 명 정도의 전형적인 프랑스 남부 산골도시였지요.

그러나 세잔에게 고향의 풍광, 특히 비베뮈 채석장과 생트 빅투아르산은 특별했습니다. 비베뮈 채석장은 고향 집에서 그리 멀지 않아 자주 찾는 숲속 놀이터였습니다. 세잔은 채석장에서 속살을 드러낸 암벽을 보며 물체의 본질에 관해 호기심을 가진 듯합니다. 또한 생트 빅투아르산은 세잔의 고향 집에서는 20킬로미터 이상 떨어져 쉽게 갈 수 없는 탓에 주변 언덕이나 채석장에 올라가서 봐야 했습니다. 세잔은 귀향 후 이곳을 둘러보다 직감적으로 그림 그릴 장소[視點]를 찾으면 그곳에서 농부와 함께 며칠씩 지내며 주제의 구도[時點]와 주제의 구조적 본질[物性]을 찾는 데 몰두했습니다.

세잔의 생트 빅투아르산 연작을 보면 그림마다 주제의 본질을 찾는 다양한 시도를 엿볼 수 있습니다. 특히 말년에는 산을 실상보다 크게 그리기 위해 산은 물론 하늘까지 앞으로 당겨 그렸고, 산 정상 부분은 마치 채석장의 잘려진 바위처럼 한 덩어리로 표현했습니다. 나뭇가지와 잎 부분은 물론 숲까지 세세한 형태보다 물질적 형체로 묘사해 평면 화폭의 한계를 초월하려 했습니다. 이런 시도는 어릴 적 채석장에서 본 바윗덩이와 산 정상의 거대한 암반에 대한 호기심을 귀향 후 만년에 다시 불러내 그 답을 화폭에 '괴괴한' 묘사로 표현한 것입니다.

세잔은 만년에 이런 전대미문의 시도와 연작을 통해 명성을 얻지만 실속은 마티스, 피카소, 워홀 등 현대 화가들의 몫이었습니다.

폴 세잔, 「사과」
앞에 있는 사과는 쏟아져 내릴 듯 불안하고, 뒤에 있는 사과는
썩은 듯 변색했다. 그는 원근법과 실사법을 무시하고 그림을 그렸다.

세잔에게 도시 풍경은 영감을 주지 못했습니다

세잔은 50대에 탁월한 재능이 발현하고 폭발한 전형적인 늦깎이 천재였습니다. 그의 천재성은 왜 말년에 발현하고 폭발했을까요? 세잔이 인상파를 흉내 내며 22년간(22~44세) 머문 당시 파리의 상황을 살펴봐야 답을 찾을 수 있습니다.

당시는 나폴레옹 3세가 권력을 쥔 시기(1848~70) 한창 파리 도시개조사업을 벌인 끝에 도심이 오늘날의 모습을 얼추 갖춘 시기였습니다. 오물과 악취에 찌들었지만 그래도 고색창연했던 중세 골목 도시 파리의 도심은 근 10년 새 뭉개져 사라졌고, 오늘날처럼 개선

폴 세잔, 「생트 빅투아르산」
실제 생트 빅투아르산과는 사뭇 다르다.
세잔은 대상의 형태를 무시하고
물성이 두드러지게 표현하는 괴괴한 그림을 그렸다.

문이 있는 샤를 드골 광장을 중심으로 방사형 넓은 도로와 짜 맞춘 것 같은 격자형 건물로 채워진 신도시로 변모했습니다. 그래서 파리 도심은 요즘 대한민국에서 벌어지는 급조된 신도시처럼 깔끔했지만 썰렁했겠지요. 오늘날 샹젤리제 거리처럼 멋진 가로수 숲길과 도심 곳곳에 널린 작은 숲공원도 당시에는 없었기에 그럴 수밖에 없었겠습니다. 파리 도심에는 나폴레옹 3세의 명령으로 센 강변의 삼림지대인 불로뉴·뱅센 두 왕실원림園林[사냥터]이 공개되어 시민공원으로 개방되었지만 빈민촌과 우범지대였고, 밤이면 노천 윤락가로 전락해 울창했던 숲은 파괴되고 황폐해졌습니다.

고향 엑상프로방스의 시골풍광을 그리워했던 세잔에게 이런 파리는 살갑지도, 화폭에 담고 싶지도 않았겠지요. 그렇다고 화구를 짊어지고 교외 전원풍경을 그리러 나갈 형편도 못 되었습니다. 그러나 빛을 좇는 인상파 화가들은 깔끔해진 파리 도심 풍경과 화려하게 치장한 고급 창녀를 화폭에 담기에 그저 그만이었습니다. 세잔은 결국 급조된 신도시 파리를 떠나 숲속 고향 엑상프로방스로 돌아갔고, 이후 그의 천재성은 폭발했습니다.

세잔이 다른 천재와 구별되는 또 다른 점은, 독서광이 아니라는 점입니다. 레오나르도 다빈치처럼 화가에게는 책 읽기보다 관찰력과 구상력이 우선하는지도 모르겠습니다. 아무튼 다빈치에게도 세잔에게도 고향의 산과 숲은 천재성을 일깨우는 근원이었음이 틀림없어 보입니다.

천재 8: 안토니 가우디

안토니 가우디Antoni Gaudi, 1852-1926는 세계 건축역사를 바꾼 천부적인 예술가입니다. 그는 현대화에 매몰된 세계 건축의 흐름을 자연으로 돌려놓은 위대한 건축가입니다. 하지만 그는 대학을 졸업할 때까지 천재는커녕 환상에 사로잡힌 고집불통이었습니다.

그의 부친은 스페인 카탈루냐 소도시 레우스에서 제법 유명한 대장장이였고, 주부인 모친은 자상하고 독실한 가톨릭 신자였습니다. 그런대로 유복한 가정에서 태어났지만 어릴 적 선천성 류머티즘 때문에 두 다리가 불편해 제대로 걸을 수 없었고, 심할 때는 고통 때문에 학교에도 갈 수 없어 집에서 불우한 유년기를 보내야 했습니다. 모친은 아픈 가우디를 대장간이 딸린 소란스러운 집에서 키울 수 없다고 판단하고 여름 별장이 있는 리우돔스에 보냈습니다. 그 덕분에 가우디는 유년시절 대부분을 숲에 싸인 이 별장에서 혼자 놀며 보냈습니다. 책을 읽다 심심하면 앞마당을 통째로 차지한 울창한 플라타너스 그늘에서 흙장난을 했습니다. 흙을 쌓아 그 위에 나뭇가지와 잎으로 집을 짓고 부수며 놀다 어떻게 하면 견고한 집을 지을 수 있는지를 궁리했고, 줄줄이 매달린 이슬의 무게 때문에 축 늘어진 거미줄을 보며 쉽게 끊어지지 않는 이유를 알아내려 이리저리 흔들어 보기도 했습니다.

가우디에게 숲은 놀이터이자 건축 학교였습니다

가우디는 성장하면서 건강을 되찾습니다. 하지만 초등학교를 제대로 다니지 못한 탓에 성적이 좋지 않아 진학을 포기하고 부친의 가업

안토니 가우디는 세계 건축사에
반기를 든 혁명가이자 자연미학가다.
그는 건축물에서 자연을 닮지 않는
것을 과감히 배격했다.
사그라다 파밀리아 성당이
2010년대 들어 제 모습을 갖추면서
세계가 감탄한 이유다.

을 이을 생각이었습니다. 부친은 산업혁명 이후 수공업이 쇠퇴일로
인 데다, 가우디가 책 읽기를 좋아하고 특히 건축에 관심이 많은 것
을 알아 전문학교에 진학하도록 합니다. 가우디는 그즈음 학교 친구
와 카탈루냐 지방을 여행했는데, 고대 로마제국의 거점도시였던 주
도州都 타라고나에서 원형극장 유적과 산타마리아 대성당을 보고 건
축예술에 매료되었습니다. 특히 산타마리아 대성당은 당시 700년
된 고색창연한 고딕 양식의 석조건물로, 가우디가 건축가의 꿈을 꾸
게 했습니다.

　가우디는 21세 때 어렵게 바르셀로나 건축전문학교에 진학했으
나 엄격한 학교생활과 도제식 수업에 지쳐 자퇴를 생각했고, 그럴 때
마다 주말을 기다리며 참았습니다. 가우디는 주말이면 바르셀로나

©Valery Bareta

수호성산 몬세라트와 수도원. 몬세라트는 카탈루냐인의
수호성산으로, 가우디가 바르셀로나 건축전문학교에 다닐 때
주말이면 찾던 곳이다. 가우디는 사그라다 파밀리아 성당을
설계할 때 웅장한 몬세라트 돌산 형상을 차용했다.

수호성산守護聖山인 몬세라트 정상에 올라 병약한 몸을 단련하는 한
편, 몬세라트 수도원에서 신앙심을 키웠답니다. 이 수도원은 가톨릭
신앙심이 독실한 카탈루냐인의 성지이며, 특히 그의 모친이 늘 방문
하고 싶어 했던 곳이었습니다. 가우디는 이곳에서 심신의 안정과 건
강을 되찾았을 뿐 아니라, 몬세라트산을 지탱하는 기둥처럼 보이는
거대한 기암괴석을 보며 훗날 건축을 하면 웅장한 이들의 형상을 빌
려 쓰겠다고 다짐했다고 합니다.

그런데 졸업을 앞둔 가우디에게 청천벽력 같은 일이 벌어집니다.

구엘 공원은 가우디의 자연미학을 가장 잘 보여주는 건축물이다.
굴곡진 벽면을 화려한 타일로 장식하고 각종 동물과 식물 형상을 설치해,
마치 딴 세계에 온 듯한 착각을 일으킨다.

과제물을 두고 견해 차이로 자주 다툰 교수이자 학장이 "천재인지
괴짜인지 알 수 없는 녀석에게 졸업장을 줄 수 없다"고 버틴 것입니
다. 한 교수가 나서서 가우디의 독창성을 높이 평가해준 덕에 그는
간신히 졸업합니다. 건축사 자격을 딴 가우디는 설계사무소를 열고
동분서주하던 중, 파리 국제박람회장에 설치할 장갑 진열대 주문을
받고 독특한 구조로 제작해 납품합니다. 이 진열대를 본 바르셀로나
의 부호 에우세비 구엘 백작이 가우디의 재능을 알아보고 찾으면서
그의 든든한 후원자가 되었고, 가우디는 건축가의 꿈을 이룰 수 있게
됩니다.

카사 밀라는 가우디가 바르셀로나 중심가에 건축한 5층짜리
연립주택이다. 독특한 외관 덕에 랜드마크 구실을 톡톡히 한다.
굴곡진 벽면을 석회암으로 마감해 '채석장'이란 별명을 얻었다.

    그 시작은 구엘이 거주하던 바르셀로나 도심 낡은 저택의 재건축
이었습니다. 구엘은 저택이 완공되자 크게 만족합니다. 이슬람-무어
양식을 가미한 독특한 외관, 마치 정원을 곁에 둔 것 같은 실내장식,
마차를 타고 건물 안쪽까지 들어와 타고 내릴 수 있도록 배치하는 등
구조의 뛰어난 기능성까지 당시 여느 건축물에서 볼 수 없는 매우 독
창적인 예술작품이었습니다. 구엘은 이어 가우디에게 별장 신축을
맡깁니다. 이후 구엘은 그의 회사 직원의 주거단지를 조성하면서 이
곳에 세울 성당과 공원 건축도 가우디에게 맡깁니다. 이렇게 해서 세
상에서 가장 자연을 닮은 건축물, 구엘 성당과 구엘 공원이 탄생했습

니다.

가우디는 구엘 저택을 완공한 30대 중반에 이미 건축가로 명성을 얻어 의뢰가 쇄도했고 50대 초반까지 그의 삶에는 걸릴 게 없었습니다. 그런데 53세 때 친구의 부탁을 받고 설계한 고급 연립주택 '카사밀라'를 완공하는 과정에서 공사비 때문에 불화가 생겨 무려 7년간 친구와 법정 다툼을 벌입니다. 가우디는 친구의 배신과 인간의 탐욕에 환멸을 느껴 더는 돈벌이를 하지 않기로 하고, 31세 때 수주한 뒤 지지부진한 사그라다 파밀리아 성당 공사에 몰두합니다.

가우디는 첨탑을 보려고 거리로 나섰다가 전차에 치여 숨졌습니다

사그라다 파밀리아 성당 신축은 1882년 한 부유한 서적상의 기부금으로 시작되었습니다. 하지만 공사비가 턱없이 부족해 착공 단계에서 중단되었습니다. 이 서적상은 부족한 공사비를 시민모금으로 채우겠다며 성당건축위원회를 조직했지만 이마저도 여의치 않았습니다. 그는 부호의 자택과 별장을 지으며 명성이 자자하던 가우디를 찾았고, 가우디는 언젠가 몬세라트산의 웅장한 바위를 닮은 성당을 짓겠다는 다짐을 실현할 욕심에 흔쾌히 수락했습니다.

가우디는 틈틈이 시간을 내 설계를 완전히 바꾸고, 자신의 수입 중 상당액을 기부하며 모금에 나섰지만 공사는 지지부진했습니다. 게다가 믿었던 후원자 구엘이 선뜻 나서지 않은 데다 공사를 재개할 즈음 그는 사망합니다. 이렇게 되어 파밀리아 성당의 공사는 사실상 중단 상태였습니다. 이 와중에 법정 싸움으로 세속에 염증을 느낀 가우디는 여생을 사그라다 파밀리아 건립에 바치기로 결심한 것이지요.

이후 가우디는 밤낮없이 세부 설계를 보완하며 공정을 감독했습니다. 모든 재산을 기부하고 모금활동에 나선 지 15년이 지난 73세 때 20퍼센트 공정 끝에 남동쪽 '예수 탄생의 문' 외벽면facade과 그 위 첨탑 4개가 위용을 드러냅니다. 가우디는 이 외벽면과 120미터 높이의 첨탑을 보려고 거리로 나섰다가, 달려오는 노면전차에 치여 쓰러졌습니다. 전차 운전사는 물론 많은 행인이 길바닥에 쓰러진 가우디를 봤지만 남루한 옷차림의 노인을 걸인 취급하고 방치했습니다. 거의 반나절이 지난 뒤에야 빈민 병원으로 옮겨진 가우디는 그곳에서 숨을 거둡니다. 예나 지금이나 옷차림을 보고 사람을 평가하는 천박함이 부른 참극이었습니다.

사그라다 파밀리아 성당은 가우디 사후 전란으로 한때 중단되긴 했으나, 종교를 초월한 세계인의 관심과 기부 그리고 매년 150만 명에 이르는 관람객의 입장료 덕분에 지금도 건축 중입니다. 가우디 사망 100주년인 2026년에, 공사 시작 143년 만에 완공될 예정이었으나 코로나19로 공사가 지연되면서 완공이 늦춰졌습니다. 세상 온갖 풍파를 견디며 '나무가 자라듯' 짓는 이 건물을 가리켜 '자라는 건축물'이라고 부르는 이유가 이래서인가 봅니다.

가우디의 천재성은 그의 작품 구석구석에서 오롯이 드러납니다. 남녀노소 누구든, 종교와 국적이 달라도, 학식이 높든 낮든 그의 건축물 앞에 서면 한결같이 경탄하고 숙연해집니다. 건축 중인 사그라다 파밀리아 성당을 사진이나 영상으로 봐도 그의 예술혼이 살아 있는 것같이 느껴지는 이유는, 우리 의식 깊숙이 잠재한 자연의 아름다움을 거대한 건축물로 보여주기 때문입니다.

그럼 그의 천재성은 언제 어디서 어떻게 발현되었을까요? 가우디의 부모는 물론 양친 가문에도 이렇다 할 인물은 없었습니다. 가정이

사그라다 파밀리아 성당의 막대한 건축비는
관광객 입장료와 기부금으로 충당한다.
이 성당은 나무처럼 온갖 풍파를 견디며 자란다고 해서
'자라는 건축물'이라고 부른다.

나 학교에서 특별한 교육을 받은 적도 없습니다. 그러나 가우디는 다른 천재들과는 달리 비교적 유복하고 자상한 부모 슬하에서 성장했지요. 그러나 가우디는 류머티즘 탓에 고통스러운 유년기를 보냈으며, 학교를 제대로 다닐 수 없어 외톨이로 지내는 시간이 많았습니다. 가우디의 건축예술 재능은 병약했던 유년기 때 숲에서 자연을 친구 삼아 놀면서 집 짓는 놀이를 즐긴 데서 발현한 것으로 보입니다.

그의 천재성은 자연을 닮은 건축물에서 오롯이 드러납니다

첫째, 고층건물의 구조공법입니다. 가우디는 몬세라트산을 오르내리며 유심히 본 침엽수림에서 첨탑 건축의 원리를 찾아냈습니다. 하늘을 향해 곧게 뻗어 있는 침엽수는 여럿이 모여 살며 숲을 이룹니다. 강한 태풍과 지진에도 서로 의지하며 거뜬히 이겨내는 침엽수의 생존비책이지요. 가우디는 사그라다 파밀리아 성당 건축을 맡으면서 침엽수의 비책을 빌려, 당시 누구도 엄두를 내지 못한 100미터 이상높이의 첨탑 18개를 세우는 설계를 시도합니다. 첨탑 중 예수를 상징하는 중앙 첨탑은 무려 172미터입니다. 이처럼 높은 첨탑 건축은 그 시대에 불가능했습니다. 당시 널리 사용된 고딕 건축방식은 석재로 기둥과 벽체를 쌓아 올린 뒤 그 위에 아치형 지붕을 얹어 본채를 완성했습니다. 규모가 클 경우 지붕의 하중을 분산하기 위해 기둥과 벽체를 두껍게 하는 한편, 벽체 밖에 공중부벽flying buttress을 설치해 보강했지요. 종탑과 첨탑도 같은 방법으로 석재기둥과 벽체를 쌓은 뒤 본채 건물에 기대어 쌓아 올리는 방식이었습니다.

가우디가 꿈꾸었던 '몬세라트산을 닮은 성당'은 사그라다 파밀리아로 현실이 됩니다. 성당의 외관을 결정하는 첨탑 18개는 몬세라트

사그라다 파밀리아 성당은 첨탑 열여덟 개를 지탱하는 기둥을
서로 잇댄 구조다. 내부에서 보면 마치 울창한 침엽수림 모습과 흡사하다.
가우디는 거센 태풍과 지진에도 거뜬히 견디는 거목의 뿌리 모양을 차용해
당시로는 불가능했던 고층 대형 성당을 설계했다.

정상 기암괴석의 모양을 차용합니다. 첨탑의 배치는 모두 18그루의
거대한 침엽수가 모여 사는 숲을 차용해 배치하고 강풍과 지진에도
서로 의지해 견딜 수 있도록 합니다. 내부 기둥은 지상부 첨탑의 엄
청난 하중을 분산하기 위해, 여러 가닥으로 나뉘어 땅을 붙들고 있는
거목의 뿌리 모양을 차용해 설계했습니다.

그런 뒤 가우디는 첨탑의 하중과 곡면의 각도를 측정하기 위해 당
시 모래주머니를 매달아 하중을 계산했던 방법을 응용합니다. 가우
디는 첨탑의 모형을 만든 뒤 줄을 매달아 각각의 하중을 모래주머니
무게로 계산했고 팽팽한 줄을 조금씩 움직이며 우아한 곡면의 각도

가우디 생전에 완성된 성당 북동쪽 출입문 '탄생의 문' 외벽면은
소나무, 담쟁이, 떡갈나무 등 다양한 식물의 잎과 줄기 형상이
양각으로 조각되어 있다.

를 측정했습니다. 이게 요즘 교각 대신 줄로 매달아 교량상판을 연결
하는 현수교를 짓는 현수선懸垂線, Catenary 공법의 원리입니다. 가우디
는 건물의 외관과 색채를 유별나게 꾸미며 이목을 끄는 현대 건축가와
는 차원이 다른, 자연주의 예술가이자 치밀한 구조공학자였습니다.

둘째는 곡선과 곡면으로 이루어진 벽면입니다.

"자연에 직선은 없다. 직선은 인간이 만든 것이다. 그래서 나는 자
연이 만든 곡선을 좋아하고 고집한다."

가우디의 명언 중 아마도 으뜸일 법합니다. 가우디는 명성을 얻은
40대 이후 외벽은 물론 실내벽면도 곡선과 곡면으로 짓기를 고집합

니다. 반듯하지 않고 기괴하기까지 한 그의 건축물을 두고 비웃는 이도 있었지만, 1914년 곡선 건축의 압권인 '카사 밀라'와 '구엘 공원'이 완공된 이후 이런 비아냥은 사라졌습니다.

셋째는 색채입니다. 가우디는 외벽은 물론 내벽도 휑하니 비워두는 일이 없습니다. 형형색색 유리 조각이나 타일을 붙여 장식하는 모자이크 방식을 즐겼습니다.

"건축에서 색깔은 형태와 부피를 살아 있게 만든다. 색깔은 형태를 보완해주는 동시에 가장 분명하게 생명을 표현하는 것이다."

가우디의 색채 찬양입니다.

끝으로 식물 형상입니다. 가우디 건축과 디자인의 뿌리는 숲과 식물입니다. 그가 유년시절 혼자 놀던 때 그의 친구는 나무와 풀의 줄기와 잎 그리고 꽃송이와 열매였습니다. 그의 작품에 등장하는 식물은 갖가지입니다. 소나무, 떡갈나무, 종려나무, 백리향, 재스민, 등나무, 담쟁이 등이지요. 카탈루냐 출신인 가우디는, 스페인을 780년간 지배한 이슬람 예술의 정수精粹인 아라베스크 패턴을 세상에서 가장 아름답고 자연스러운 문양이라며 즐겨 썼습니다. 아라베스크 패턴은 식물의 줄기와 잎과 꽃을 기하학적으로 그린, 문자 그대로 자연스러운 문양입니다.

가우디는 건축을 이렇게 정의했습니다.

"건축은 자연의 패턴을 따르고 자연의 법칙을 존중하는 것이며, 독창성은 자연의 근원에서 나와야 한다."

가우디의 예술성도 천재성도 모두 숲과 식물에서 꽃을 피우고 열매를 맺었습니다.

천재 9: 월트 디즈니

월트 디즈니Walt Disney, 1901-66는 인류역사상 국적과 이념을 넘어 세계 만민을 즐겁게 한 최초이자 최고의 흥행사입니다. 4남 1녀 중 셋째로 태어난 디즈니의 유년은 매우 불우했습니다. 디즈니가 태어날 즈음, 부친은 캐나다에서 미국으로 이민 와 시카고에 정착했지만 잇단 사업 실패로 거의 파산상태였습니다. 모친은 부친에게는 착한 아내였지만 자식에겐 무관심했고, 엄한 부친이 걸핏하면 자식을 손찌검해도 모른 척하기 일쑤였습니다.

디즈니가 4세 때, 부친은 대도시 시카고에서 살기 어렵게 되자 미주리주 시골마을 마셀린으로 이주합니다. 이즈음 디즈니의 세 형 중 첫째와 둘째 형은 부친과 다투고 가출해 돌아오지 않습니다.

디즈니는 서툰 그림 솜씨를 재능으로 착각한 천재입니다

마셀린에 온 어린 디즈니는 난생처음 보는 나무와 풀 그리고 곤충과 동물들이 너무 신기해 하루가 어떻게 가는 줄 모르고 들과 숲에서 놀았습니다. 특히 친절한 마을사람들이 어울려 농사짓는 것을 보며 냉혹한 부모와 달리 인간의 본성은 본디 따뜻하다고 믿었고, 기차가 도착할 즈음이면 역으로 달려가 여행객을 구경하며 바깥세상에는 흥미로운 일이 많을 것 같다고 상상했습니다. 훗날 디즈니가 만든 캐릭터 오스왈드 래빗과 미키 마우스는 이때 본 토끼와 쥐에서 영감을 얻었으며, 그가 제작한 인간미 넘치는 작품도 이곳 친절한 마을사람과 기차역에서 상상했던 세상을 바탕으로 그렸다고 합니다.

디즈니는 이때부터 그림을 그리기 시작했는데 스스로 그림에 재

월트 디즈니는 이념과 국경을 넘어 세계 만민을 즐겁게 한 최초이자 최고의 흥행사다. 어릴 적 행복했던 추억을 만년에 현실로 만든 그의 상상력과 끝장을 봐야 직성이 풀리는 오뚜기 근성은 천재의 덕목인 천착 근성과 닮았다.

능이 있다고 생각했습니다. 그가 어느 날 잘 그렸다고 여긴 그림을 부친에게 보여주며 자랑했더니 부친은 야멸차게 퇴짜를 놓으며 다시는 그림을 그리지 못하게 했습니다. 그러나 디즈니는 부친 몰래 그림을 그린 뒤 이웃 할아버지에게 보여주며 자랑했습니다. 이 할아버지는 젊은 시절 유능한 의사로 활동하며 그림을 취미로 그렸던 나름 화가였습니다. 디즈니는 그 할아버지의 도움으로 기초를 배우며 화가의 꿈을 꿉니다.

디즈니는 시골생활이 꿈만 같았지만 부친은 농사일이 힘들다며 도시로 되돌아갈 궁리만 합니다. 디즈니가 19세 때, 부친의 결정에 따라 가족은 캔자스시티로 이주합니다. 부친은 이곳에서 신문판매업을 시작했는데, 두 아들을 학교에 보내기는커녕 신문 파는 일을 맡기고는 벌어온 돈을 고스란히 챙겼습니다. 당시 월트 디즈니와 형 로이 디즈니(이하 로이)는 부친을 원망하며 절대로 부친을 닮지 말자고 서로 다짐했다고 합니다.

그런데 11세 때 디즈니는 신문을 팔려고 뛰어다니다 다리를 다쳐 병원에 입원합니다. 디즈니는 심심해서 신문을 읽으며 시간을 보내다가 매일 연재되는 풍자만화를 따라 그립니다. 그는 자신의 재능을 믿고 만화가가 될 궁리를 합니다. 디즈니는 부친에게 애걸해 어렵사리 캔자스 예술디자인학교에 진학해 이론과 실기를 체계적으로 배웁니다. 이 학교를 졸업할 즈음, 부친이 다시 시카고로 이주하는 바람에 뒤따라가야 했습니다. 7년간의 캔자스시티 생활도 훗날 디즈니에게 많은 영향을 미쳤습니다. 캔자스시티는 그가 최초로 제작한 음성녹음 애니메이션 작품 「증기선 윌리」(1928)의 무대가 되었습니다.

어쨌든 시카고로 돌아온 디즈니는 고등학교에 진학했지만 공부에 흥미를 잃고 자퇴까지 생각합니다. 하지만 학교신문의 삽화를 그리는 재미로 학교생활을 이어갔습니다. 16세 되는 해 제1차 세계대전이 발발합니다. 부친의 그늘에서 벗어나야겠다는 일념으로 군에 자원하지만 나이 미달로 탈락합니다. 디즈니는 포기하지 않고 연령을 위조한 뒤 미국적십자사 소속 트럭운전사 조수로 입대해 프랑스와 독일 전선에서 1년간 복무합니다. 그는 복무기간 중 장병의 인물화를 그려주거나 전사한 독일군이 남긴 철모에 그림을 그린 뒤 기념품으로 팔아 목돈을 마련합니다. 디즈니는 귀국 후 이 돈의 일부를 모친에게 부쳤지만 부친에게는 한 푼도 보내지 않았다고 합니다.

디즈니는 좌절을 모르는 오뚝이였습니다

귀국 후 그는 부친이 있는 시카고로 돌아가지 않고 캔자스시티에 머물며 한 상업광고회사의 도안사로 사회생활을 시작합니다. 이즈음 미국에는 만화영화가 등장했습니다. 디즈니는 우여곡절 끝에 「래프-오-그램」Laugh-O-Gram이란 제목의 1분짜리 만화영화를 동료들과 함께 만든 뒤 한 극장 주인에게 보여주었습니다. 극장 주인은 보자마자 바로 그 필름과 향후 연작물 제작 계약까지 맺습니다. 「래프-오-그램」은 당시 사회문제를 풍자한 신문만평을 연속동작으로 그린 뒤 사진을 찍어 이어 만든 초기 만화영화였습니다. 이 만화영화가 성공하며 목돈을 쥔 디즈니는 당시 만화영화의 최대 시장이던 뉴욕으로 가, 스튜디오와 회사를 설립하고 본격적으로 만화영화 제작에 나섭니다. 이 회사는 「신데렐라」「잭과 콩나무」 등 명작동화를 소재로 한 단편 만화영화 6편을 제작해 배급사에 납품했지만 돈을 받지 못해 파산합니다.

디즈니는 포기하지 않았습니다. 그는 만화영화 제작에 전념할 생각으로 영화산업의 메카로 부상한 할리우드로 갑니다. 이때까지만 해도 할리우드에는 만화영화에 관심을 갖는 제작자도 배급사도 없었습니다. 디즈니는 어쩔 수 없이 영화 촬영현장에서 닥치는 대로 일하며 생계를 잇다가, 형 로이를 수소문해 도움을 청합니다. 로이는 제1차 세계대전 중 해군으로 참전했으나 폐렴에 걸려 전역한 뒤 은행에 근무하고 있었습니다. 로이는 동생이 파산 뒤 고생한다는 소식을 듣고 찾아가 만납니다. 로이는 동생이 구상하는 만화영화가 머지 않아 큰 인기를 얻을 것이라고 확신하고 경영을 맡습니다.

디즈니 형제는 오늘날 디즈니 그룹의 원조인 '디즈니 브라더스 스튜디오'를 설립하고 실사와 만화 합성영화인「앨리스 코미디」시리즈를 제작해 첫 성공을 거둡니다. 디즈니는 이때 자신의 작화作畵 실력으로는 뛰어난 만화영화를 만들기 어렵다는 것을 시인하고, 당시 최고의 작화가인 어브 아이웍스에게 작화감독을 맡깁니다. 그러고는 자신은 기획과 제작에 전념하고, 재정과 경영은 형 로이에게 맡깁니다.

디즈니의 상징인 캐릭터 미키 마우스와 오스왈드 래빗이 월트 디즈니가 그린 작품으로 세상에 알려졌지만, 그는 캐릭터의 아이디어를 제공하고 최종 이미지를 결정했을 뿐입니다. 실제 그린 작화가는 어브 아이웍스이며, 그는 이후 디즈니 작품의 흥행에 결정적인 역할을 합니다. 하지만 디즈니는 그를 포함한 제작 참여자의 이름을 밝히지 않고 모든 작품을 자신이 만든 것처럼 홍보했습니다.

디즈니는 자연을 차용한 천재 사업가였습니다

1927년, 디즈니가 26세 때 첫 캐릭터 만화영화 오스왈드 래빗이 인기를 끌었지만 발주-배급사인 유니버설 픽쳐스에게 캐릭터 소유권을 빼앗기는 수모를 당합니다. 디즈니는 다시는 하청 제작을 하지 않기로 결심하고 어브 아이웍스와 함께 오스왈드 래빗을 수정해 미키 마우스를 만든 뒤 이듬해 디즈니 프로덕션 제작으로「미친 비행기」를 선보여 잇달아 흥행에 성공합니다. 이후 도날드 덕, 구피 등 인기 캐릭터들을 내세운 애니메이션을 줄줄이 제작해 큰 성공을 거두며 디즈니 프로덕션은 승승장구합니다.

1937년 첫 장편 만화영화「백설공주와 일곱 난쟁이」의 흥행 대박 덕에 빚더미를 청산한 뒤 우량기업으로 등극했고, 1940년 독자 배급사를 세워 제작-배급을 계열화합니다.

플로리다 디즈니랜드 내 테마파크 매직 킹덤.
디즈니랜드는 월트 디즈니가 기획하고 조성한 '꿈의 나라'다.
오늘날 디즈니랜드는 5개국에 여섯 곳이 있으며 그 안에는 모두
열두 곳의 테마파크가 있다.

그러나 제2차 세계대전이 발발한 이후 전시체제에 돌입하면서 흥행시장은 급격히 식었고, 이 기간에 제작한 「피노키오」(1940), 「덤보」(1941), 「밤비」(1942) 등은 줄줄이 적자를 기록합니다. 디즈니는 임금 삭감과 감원으로 대처했지만 그동안 저임금에도 밤낮없이 일했던 노동자의 불만이 터지면서 심각한 노사분규가 벌어졌고, 악덕 기업주로 몰린 디즈니 형제는 결국 제작과 경영에서 손을 떼고 퇴진합니다.

그가 물러난 뒤 제2차 세계대전이 종전되자 흥행시장은 되살아났고, 디즈니 형제가 없는 디즈니 그룹이 제작한 「신데렐라」(1950), 「이상한 나라의 앨리스」(1951), 「피터 팬」(1953) 등이 잇달아 흥행에 성공하며 회사도 흑자로 되살아났습니다. 하지만 디즈니는 자신이 만든 게 아니라는 이유로 시큰둥했고, 이때 새로운 사업에 전념해 만화영화에는 관심조차 없는 듯했습니다.

10년 뒤인 1955년 그는 '꿈의 나라' 디즈니랜드를 캘리포니아 오렌지카운티에 멋지게 지어 개장합니다. 디즈니는 불우했던 유년시절을 되돌릴 수 없지만 '꿈에 그리던 세상'을 만들 수 있다고 호언장담했는데, 50대에 이것을 현실로 만든 것입니다.

디즈니는 테마파크 사업을 성공시킨 뒤 영화사업으로 돌아와 63세 때 합성영화 「메리 포핀스」를 제작해 아카데미상 후보에 오르기도 했습니다. 하지만 65세 때 「정글북」을 제작하던 중 폐암을 진단받았음에도 열정적으로 일하다가 병이 악화되어 끝내 숨졌습니다.

어릴 때 5년간의 전원생활이 세상을 바꾸었습니다

디즈니는 어린 시절을 이렇게 회상했답니다.

"내 생애 가장 행복했던 때는 마셀린에서 보낸 5년입니다. 그곳에서 보고 함께 놀았던 모든 것이 디즈니 영화에 녹아 있습니다. 다정한 시골사람과 목가적인 풍경 그리고 작은 동물과 기차는 나를 꿈꾸게 했지요."

혹자는 묻습니다. 월트 디즈니는 과연 천재인가? 그렇습니다. 디즈니는 대중에게 돈을 받고 즐거움을 파는 흥행사입니다. 이런 사람이 천재가 될 수 있느냐는 반문은 타당합니다. 그러나 천재는 과학자·철학가·문학가·예술가의 전유물이 아닙니다.

디즈니는 분명 우리의 일상과 삶을 바꿔놓은, 뛰어난 재능을 가진 천재입니다. 그가 만든 만화영화는 세상의 모든 아이와 어른을 동화세계로 이끌어 감동하게 했고 그 감동은 앞으로도 우리와 함께할 것입니다. 그가 만든 테마파크 '디즈니랜드'는 꿈꾸면 이룰 수 있음을 일깨운 현실 속의 환상세계입니다. 어떤 과학자도 문학가도 철학자도 화가도 만들 수 없는 것을 그는 만들었고 우리는 그곳에 흠뻑 빠지고 말았습니다.

어릴 적 시골에서 산다고 모두 천재가 되지 않습니다. 디즈니는 무엇이 달랐을까요? 디즈니의 천재성은 어릴 때 꾸었던 꿈을 현실로 만들려는 열정 그리고 끈질긴 승부 근성에서 비롯했습니다. 첫 번째 캐릭터 오스왈드 래빗과 미키 마우스는 어릴 때 본 토끼와 생쥐에서 비롯했고, 만년에 세운 디즈니랜드도 어릴 적 꿈꾸던 환상의 세계에서 비롯했으니 말입니다. 디즈니는 마셀린의 자연에서 잠재된 재능을 일깨우고 그 자연을 사업에 차용하는 천부적 재능을 가진 천재였습니다.

아인슈타인
에디슨
잡스

천재 13: 알베르트 아인슈타인

알베르트 아인슈타인Albert Einstein, 1879-1955은 천재의 전형이지요. 하지만 그는 어릴 적에는 지진아였습니다. 아인슈타인은 태어났을 때 머리는 너무 컸고 심각한 비만으로 기형에 가까웠으며, 만 두 살에도 말을 못 해 부모는 그가 벙어리인 줄 알고 걱정했다고 합니다. 다행히 점차 말을 했지만 더듬고 같은 말을 반복했으며, 갑자기 화를 내며 난폭해져 두 살 아래 여동생에게 물건을 던져 상처를 입히기도 했습니다.

아인슈타인은 초등학교를 자퇴한 자폐증후군 아이였습니다

그랬던 아이가 10세를 넘기면서 천재성을 드러내기 시작했습니다. 세상에 이런 반전이 어린아이의 뇌에서 일어난다는 사실을 어떻게 이해해야 할까요? 그래서 아인슈타인의 뇌는 연구대상이며, 그의 천재성은 아이를 낳고 키우는 세상 모든 부모에게 우상이 되었는지도 모르겠습니다. 아인슈타인의 부모를 보면 다분히 타고난 천재처

알베르트 아인슈타인의 천재성은
비범한 호기심과 상상력에서 나왔다.
이런 탁월한 재능은 부모의 정성과
가정교육에서 발현되었다.

럼 보입니다. 부친은 수학에 탁월한 재능을 보인 전기기술자고, 모친
은 음악과 시를 좋아하는 지혜롭고 자상한 여성이었습니다. 아인슈
타인의 두 가지 재능, 물리학과 음악은 다분히 양친에게서 물려받은
것처럼 보이지요.

그러나 아인슈타인에게 이런 재능이 발현되기까지 양친이 보인
관심과 정성을 보면, 그냥 물려받은 재능은 아님을 알 수 있습니다.
부친은 나침반의 침이 왜 한쪽 방향으로만 향하는지 알려고 나침반
을 요리조리 뒤집는 네 살짜리 아인슈타인을 보고, 아이에게 남다른
재능이 있음을 확신했다고 합니다. 이후 부친은 각도기, 삼각자 등
기하학 도구와 측정기구를 장난감처럼 갖고 놀게 했고, 아인슈타인
이 궁금해하며 물으면 하나하나 설명해주었습니다. 유대인인 부친

이 아인슈타인을 가르치는 방식은, 대대로 이어진 유대인 가정교육 방식 그대로였습니다. 부친과 마찬가지로 유대인인 모친도 그러했습니다. 아인슈타인이 말을 더듬거나 발작하면 다그치지 않고 바이올린과 피아노를 연주해 음악을 들려주고, 하늘과 벽을 멍하니 보고 있으면 시를 읽어주었답니다. 그러자 아인슈타인의 말더듬증과 발작은 점차 사라졌습니다.

양친은 아인슈타인이 9세가 되자 여느 아이처럼 김나지움[9년제 초·중·고교 과정]에 보냅니다. 아인슈타인은 엄격하고 암기 위주인 학교에 적응하지 못해 12세 때 자퇴합니다. 그의 성적표에는 이렇게 적혀 있었습니다. '지나치게 산만해 성공할 가망성이 낮아 미래가 걱정되는 아이.' 수업시간에 가만히 있지 못했고 궁금한 게 있으면 교사에게 질문을 쏟아내며 수업을 방해하는 일이 잦아서 아인슈타인을 이렇게 평가했던 것입니다. 당시 아인슈타인은 요즘 아동심리학에서 말하는 아스퍼거 증후군 학생이었습니다.

아인슈타인은 집에서 지내자 안정을 되찾았고 심심하면 부친의 책을 꺼내 보기 시작했습니다. 처음에는 그림만 보더니 점차 글을 읽었고 하루가 다르게 변했습니다. 16세가 되자 부친 서가에 꽂힌 뉴턴 저서를 꺼내 읽고는 미적분 문제를 풀고, 특히 유클리드의 『기하학』을 읽은 뒤 문제풀이에 몰입했습니다. 훗날 아인슈타인이 분석과 논리보다 직감을 통해 얻은 형상에서 수리적 법칙을 도출하는 발상은 이때 익힌 미적분과 기하학적 상상력에서 비롯한 것이라 합니다.

아인슈타인의 천부적 재능은 또 있습니다. 아인슈타인은 6세 때 모친의 연주를 흉내 내며 피아노와 바이올린을 연주하기 시작했는데, 13세 때부터 바이올린에 심취하는 것을 본 모친은 음악교사를 두고 기초부터 가르치게 했습니다. 그러나 교사는 며칠 안 돼 화를 내며 가버렸습니다. 아인슈타인은 악보를 펴놓고 이론수업을 고집하는 것이 맘에 들지 않는다며 교사를 내쫓은 것입니다. 아인슈타인은 바이올린 연주를 독학으로 익혔지만 교향악단과 협연할 수 있는 수준이었고, 평생 바이올린을 끼고 살며 힘들 때면 모친을 생각하며 연주했다고 합니다.

대학생 아인슈타인의 꿈은 고교 물리교사였답니다

16세 아인슈타인은 부모로부터 독립하기로 결심합니다. 부친의 사업이 여의찮아 가족들은 삼촌이 있는 이탈리아 밀라노로 이주하게 되자, 그는 혼자 뮌헨에 남습니다. 당시 다니던 학교를 졸업한 뒤 뒤따라가겠다고 했지만 아인슈타인은 독립할 궁리를 하고 있었던 것입니다. 이듬해 뮌헨에서 학교를 졸업하자 부모님을 설득해 중립국 스위스로 가서 대학에 진학하기로 합니다. 이탈리아에서도 독일처럼 파시즘이 극성인 데다, 유대인 차별이 심해 중립국 스위스를 택한 것입니다. 그는 스위스 명문 취리히 연방 공과대학에 시험을 쳤지만 수학과 물리학 외에는 다른 과목의 성적이 좋지 않아 떨어집니다. 다행히 한 교수가 아인슈타인이 수학과 물리학에 뛰어난 재능이 있는 것을 보고 고교 3년 과정을 취리히 한 고교에서 재수한다는 조건으로 이듬해 입학합니다.

그는 취리히 연방 공과대학에서 4년 동안 수학과 물리학 공부에 전념하려 했습니다. 하지만 교수진이 기대 이하였고 대학생활도 만족스럽지 않았다고 회고했습니다. 그 때문인지 대학 졸업 후 그의 꿈은 뜻밖에 고교 물리교사였습니다. 호반도시 취리히는 혼란스러운 정치도시 뮌헨과 달리 한적하고 여유로웠습니다. 아인슈타인은 대학 수업보다 도서관에서 책 읽기와 산책에 더 많은 시간을 보냈습니다. 그러다 보니 성적에는 소홀했고 결국 교사자격증 시험에도 떨어져, 졸업 후 보험회사에 취업해야 했습니다. 게다가 박봉이라 생활비를 보태기 위해 야간에 부업으로 개인교사를 했는데, 이게 빌미가 되어 얼마 후 보험회사에서 쫓겨납니다.

이듬해 삼촌 지인의 소개로 스위스 특허사무소[오늘날 스위스 특허청]에 일자리를 얻게 돼, 취리히보다 더 한적한 강과 숲의 도시 베른에 정착합니다. 이곳에서 아인슈타인은 출원된 특허를 심사하는 일을 했는데, 우수한 수학과 물리학 실력 그리고 치밀한 분석능력으로 뛰어난 실력을 보였고 보수도 넉넉해 생활에 안정을 찾습니다. 특히 그의 사무실 창 너머로 내려다보이는 아레강江과 강변공원의 멋진 숲길은 책을 읽고 사색하기에 그저 그만인, 그의 산책길이자 지적 놀이터였습니다.

그의 결혼은 한 쌍의 천재가 선택한 지적 결합이었습니다

아인슈타인은 이즈음 취리히 연방 공대 동기생이었던 헝가리 출신 천재 수학자 밀레바 마리치를 다시 만나 사랑에 빠져 결혼합니다. 놀랍게도 결혼 후 그의 천재성은 폭발합니다. 결혼 2년째인 1905년, 그가 26세 때 취리히 연방 공대에서 박사학위를 취득한 데 이어 세상을 놀라게 한 논문 네 편을 잇달아 발표합니다.

첫째 박사논문은 1921년 41세 때 그에게 노벨 물리학상을 안겨준 「빛의 발생과 변환에 관한 발견에 도움이 되는 관점에서」(일명 '광전효과 이론')이며, 둘째는 원자의 존재를 증명한 「정지액체 속에

스위스 수도 베른은 인구 13만의 작은 도시이며,
시가지를 굽이쳐 흐르는 이레강을 두고 울창한 숲에 싸인 도시다.
아인슈타인은 이곳에서 천재성을 드러내 현대물리학의 지평을 열었다.

떠 있는 작은 입자들의 운동에 관하여」('브라운 운동')이고, 셋째는
아인슈타인의 천재성을 전 세계에 알린 「움직이는 물체의 전기역학
에 관하여」('특수상대성이론')이며, 넷째는 훗날 원자탄 개발의 이
론적 근거가 되는 질량과 에너지의 등가성을 규명한 「물체의 관성은
에너지 함유량에 의존하는가」('일반상대성이론')였습니다. 이상 논
문 네 편은 19세기 물리학의 난제를 일거에 푸는 동시에 20세기 현
대물리학의 새로운 지평을 열었으며, 우주를 향한 인류의 열망과 구
상을 보다 명확하게 정립했다는 평가를 받았습니다.

아무리 천재라 해도 20대에, 그것도 한 해에 경천동지할 논문 네
편을 잇달아 발표할 수 있느냐는 의혹이 제기되었습니다. 이런 주장

첫 부인 밀레바 마리치와 아인슈타인.
마리치는 헝가리 출신의 천재 수학자로 아인슈타인의 천재성이
폭발하는 데 도움을 주었으나, 둘은 성격 차로 불화를 빚다 결국 이혼했다.

에는 아내이자 천재 수학자인 마리치의 도움 없이는 불가능한 일이
며, 심지어 아인슈타인의 수학 실력이 아내에 비해 한 수 아래였던
점을 들어 네 편의 논문 중 일부는 마리치의 업적이었으나 가로챘다
는 의심도 깔려 있었습니다. 훗날 아인슈타인이 조강지처 마리치를
버리고 사촌누이와 염문을 뿌리고 재혼하자 이런 의혹은 더욱 기승
을 부렸지요.

　그러나 아인슈타인은 마리치와 별거한 이후에도 놀라운 논문을
이어 발표했습니다. 36세 때는 논란의 여지가 있었던 일반상대성이
론을 보완해 완결된 장방정식場方程式을 최초로 구현한 데 이어, 이
듬해 발표한 「일반상대성이론 기초」에서 "중력은 뉴턴의 주장과 달

리 같은 힘이 아니라 시공時空 연속체 속 질량에 의해 생긴 굽어진 장場"이라며 명확한 논거를 제시했습니다. 또한 같은 한 해에만 우주론 등 10여 편의 논문을 발표하기도 했습니다. 이런 점을 보면 마리치의 도움은 일부 있었지만, 논문의 핵심과 입증은 아인슈타인의 천부적 재능에서 나온 게 틀림없습니다.

특히 아인슈타인은 1919년(40세) 아프리카 기니 프린시페섬에서 있었던 과학탐사에서 일식 촬영으로 일반상대성이론의 예측을 검증한 계산값을 완성해, 천재 과학자로서 명성을 굳혔습니다. 그러나 노벨위원회는 노벨상을 상대성원리가 아닌 광전효과를 입증한 업적을 평가해 수상자로 정했고, 이는 두고두고 논란을 낳았지요. 아인슈타인은 마리치의 업적을 도둑질했다는 비난을 듣고는 "만일 노벨상을 받으면 상금 전액을 그녀에게 주겠다"고 밝혔고, 그는 이후 그 약속을 지켰습니다.

아인슈타인에게 나치 독일은 지옥과 다름없었습니다

아인슈타인의 명성이 높아질수록 그를 평생 괴롭힌 인종차별과 파시즘의 위협은 거세졌습니다. 양친에게 유대인 혈통을 이어받은 아인슈타인은 어릴 적 김나지움에 다닐 때부터 멸시와 괴롭힘을 당했습니다. 아인슈타인이 성장기에 살았던 뮌헨은, 한때 레닌이 살면서 공산당을 창당한 극좌파 본거지였고, 이후 나치즘이 극성을 부릴 즈음에는 극우파의 본거지로 변해 히틀러가 폭동을 주도하다 검거되기도 했습니다. 20세기 초 뮌헨은 유럽 대륙을 휩쓴 정치적·사회적 혼돈의 진앙지였습니다. 그가 독일 국경을 넘어 스위스에 닿았을 때 남긴 말은 "다시는 돌아오지 않을 것"이었습니다. 그러나 조국의

프린스턴대학교 고등연구소.
아인슈타인이 미국에 정착한 뒤 사망할 때까지 이곳에 머물렀다.

명운을 가를 수 있는 그의 능력은 그를 가만두지 않았습니다.

아인슈타인은 결국 1913년(34세)에 프로이센 과학원과 베를린 대학의 초빙을 받고 독일로 돌아갑니다. 이듬해 제1차 세계대전이 발발하자 그는 제국주의를 반대하며 사회주의 단체에 가입했고 이 단체가 발표한 반전反戰 성명서에 서명한 게 트집거리가 되어 죽을 때까지 공산주의자로 몰리는 고초를 당했습니다. 유대인 건국운동 [시오니즘]을 지지한다는 이유로 박해와 테러 위협도 받았습니다. 결국 그는 독일을 떠나 세계 여러 도시를 순회하며 강연과 연구를 이어가며 일반상대성이론을 완성시켜야 했지요.

제1차 세계대전이 끝나고 3년 뒤 아인슈타인은 노벨상을 받았지만 나치즘의 박해가 더욱 심해지고, 1933년 히틀러가 독일 총리에

임명되자 미국으로 망명해, 76세로 죽을 때까지 프린스턴대학교 고등연구소 교수로 재직했습니다.

아인슈타인의 천재성이 유대 혈통의 부모에게 물려받은 것이라는 주장은 나름 설득력이 있습니다. 세계 인구 대비 유대인의 비중은 0.2퍼센트에 불과하지만, 노벨상 수상자 중 유대인 비율은 20퍼센트를 웃돕니다. 다른 혈통보다 평균 100배 이상인 셈입니다. 이 정도면 유대 혈통에는 천부적 재능이 있다는 사실을 입증하기에 충분하지요. 그러나 반론은 있습니다. 유대 혈통이 아니라, 유대 가정의 전통적인 교육방식이 낳은 후천적 결실이라는 주장이 그것입니다. 유대인 가정교육의 핵심은 독서, 자율학습, 토론이며 성공하면 칭찬, 실패하면 격려하기입니다. 아인슈타인의 부모도 이렇게 교육했고 아들은 착실히 따랐습니다. 아인슈타인의 천재성이 선천적이냐 후천적이냐는 논란은 이쯤에서 일단 접고, 어디서 어떻게 폭발했는지를 따져보는 게 순서겠습니다.

아인슈타인의 천재성은 왜 결혼 직후 폭발했나?

아인슈타인의 천재성은 스위스, 특히 베른에서 결혼한 뒤 폭발했고, 과학계는 그때를 '기적의 해'라고 부릅니다. 그런데 왜 하필이면 결혼 후일까요? 마리치의 결정적인 도움으로 폭발했을까요? 아인슈타인은 결혼할 즈음 스위스에서 10년 남짓, 그중 베른에서 근 3년간 살며 박사학위 논문 외에는 이렇다 할 연구결과도 연구과제도 없었습니다. 그런 아인슈타인이 결혼 2년 뒤 경천동지할 논문 네 편을 줄줄이 쏟아낸 것을 생각하면, 마리치가 결정적인 도움을 주었기 때문이라는 추측은 매우 타당합니다. 아인슈타인이 일본 순회강연을 할 때 도쿄대학교에서 한 발언을 보면 그 의문이 풀립니다.

"나는 베른의 특허사무소 의자에 앉아 있었습니다. 그때 갑자기 한 가지 아이디어가 용솟음쳤습니다. '자유낙하하는 사람은 무게를 느낄 수 없음이 분명하다'는 생각이었습니다. 나는 엄청난 충격을 받았습니다. 이 간단한 아이디어는 나에게 실로 깊은 인상을 주었고, 그 감격에 의해 나는 중력이론[일반상대성이론]을 향해 나아갈 수 있었습니다."

아인슈타인이 베른 특허사무소에서 근무할 때 머릿속에는 이미 일반상대성이론의 밑그림을 그렸고, 결혼 후 마리치의 도움으로 수리화數理化에 성공해 논문을 완성할 수 있었다고 한다면 전후 관계가 맞아떨어집니다. 그렇다면 아인슈타인의 천재성은 마리치의 도움으로 발현되고 폭발한 게 아니며, 그녀는 논문 작성 과정에서 수리화에 도움을 준 조력자였던 셈이지요.

더욱 흥미로운 점이 있습니다. "베른의 특허사무소 의자에 앉아 있을 때 갑자기 한 아이디어가 용솟음쳤다"고 했는데 그 의자에서 창문 너머 내다보이는 곳은 그의 지적 놀이터인 아레강 강변공원의 울창한 숲입니다. 그는 근무 중 쉴 때마다 사무실 창 너머로 숲을 내려다보았으며 또 이 숲길로 출퇴근하고 산책했습니다. "숲을 보는 것만으로도 인지능력과 창의력이 향상된다"는 연구결과와 맞아떨어지는 대목이지요.

성장기 아인슈타인의 탁월한 재능은 유대인 부모의 정성과 가정교육으로 발현되었으나, 20대의 천재적 재능은 베른에서 얻은 세 가지 요소가 상승효과를 내면서 폭발한 것으로 보입니다. 경제적 안정, 결혼을 통해 얻은 지적 결합, 그리고 숲과 강의 도시 베른의 녹색 효과가 그것입니다.

천재 14: 토머스 에디슨

토머스 에디슨Thomas Edison, 1847-1931은 과연 천재일까요? 그를 두고 벌어진 천재 논란은 지금도 진행 중입니다. 에디슨은 독자적으로 개발한 기술도 제품도 없으니 천재일 수 없으며, 과학적 논리도 제대로 제시하지 못했기 때문에 진정한 과학자도 아니라는 비난까지 받았습니다. 그럼에도 에디슨의 발명품이 현대인의 일상을 송두리째 바꿔놓은 전기기술과 제품을 상용화했다는 점에서 보면 그는 천재입니다.

에디슨은 주의력결핍증후군 아이였습니다

부친은 캐나다에서 미국에 이민한 뒤 여러 사업을 했으나 현상유지에 급급했고, 가정과 자녀에게 관심이 없었습니다. 반면 모친은 교사 경력이 있는 교양인으로 무엇보다 성격이 활달했고 자녀에게 다정다감했습니다. 7남매 중 막내로 태어난 에디슨은 매우 조숙했습니다. 말을 하기 시작하자 세상만사가 궁금한 듯 모친에게 질문을 연신 쏟아냈습니다. 모친은 짜증 내지 않고 하나하나 설명해주었고 책을 읽어주며 호기심을 넓혀주었습니다. 모친은 에디슨에게 특별한 재능이 있다고 믿었습니다.

에디슨은 7세 때 학교에 입학했지만 교사에게도 질문을 퍼붓는 바람에 "너는 저능아"라는 막말을 듣습니다. 에디슨의 질문은 이런 식이었답니다.

"바람은 왜 보이지 않아요?"

"별은 왜 떨어지지 않고 하늘에 붙어 있어요?"

토머스 에디슨은 발명 천재로
알려졌으나 반론도 만만치 않다.
그가 발명했다는 기술은 대부분
도용하거나 응용한 것이었다.
특히 경쟁자를 몰락시키려고 벌인
갖은 해코지와 음해를 보면
발명왕이라는 명성이 무색하다.

"물고기는 왜 물에 빠져도 죽지 않아요?"

"씨앗이 어떻게 꽃으로 변해요?"

요즘 초등학교 1학년이 이런 질문을 했다면 기특하다고 칭찬받을
만도 하지만, 당시 고지식한 교사에겐 언감생심이었습니다. 모친은
막말 교사를 찾아가 항의하고, 입학 3개월 만에 에디슨을 집으로 데
려와 직접 가르칩니다. 오늘날 천재교육의 전설로 칭송하는 에디슨
모친의 홈스쿨링은 이렇게 시작되었습니다. 어린 에디슨은 특히 모
친이 읽어주는 책을 듣고 토론하기를 즐겼습니다. 에디슨이 훗날 당
시 감명 깊었던 책을 회고하며 밝힌 목록을 보면 그의 천재성은 그때
깨어났음을 알 수 있습니다. 윌리엄 셰익스피어, 빅토르 위고, 찰스
디킨스, 마크 트웨인 등의 소설과 심지어 카를 마르크스의 『자본론』

까지, 이런 책을 10세 미만의 아이에게 읽어주었다니 믿기지 않을
만큼 그의 천재성은 발군이었습니다.

한 권의 책이 에디슨을 발명가로 이끌었습니다

에디슨의 일생에 결정적인 영향을 미친 책은, 9세 때 모친이 구해
준 리처드 파커의 『자연철학의 학교』였습니다. 이 책은 기계, 역학,
유압, 엔진, 전기, 전자, 천문 등 거의 모든 분야의 당시 과학기술을
실험으로 설명한 일종의 교과서입니다.

에디슨이 이 책을 읽고는 집 창고를 실험실로 바꾸려 했습니다. 그
러나 돈이 없었습니다. 부친은 사업차 집을 떠난 뒤 소식이 없고, 모
친은 어렵게 살림을 꾸리고 있었습니다. 에디슨은 실험비품과 재료
를 구입하기 위해 텃밭에서 채소농사를 지어 내다 팔았고, 12세 때
는 미시간주 휴런-디트로이트 간 열차 내 판매원에 취업해 돈을 벌
었습니다. 에디슨은 열차가 디트로이트에 도착하면 바로 도서관에
달려가 여덟 시간 동안 책을 읽은 뒤, 휴런으로 되돌아가는 열차가
출발할 때 쫓아와 다시 판매원으로 일했습니다. 휴런은 오대호의 주
요 기착항구 배후 상업도시로 번성했지만 도서관이 없었기 때문에
에디슨은 디트로이트 도서관을 찾아가 왕성했던 지식 욕구를 충족
했습니다.

에디슨은 2년 동안 열차 판매원으로 일하면서 어떤 신문이 많이
팔리는지 알게 되자 직접 신문을 만들어 팔 계획을 세웁니다. 그는
모아둔 돈을 털어 중고 인쇄기를 구입해, 집 창고에서 주간지를 직접
찍은 뒤 판매해 제법 많은 돈을 법니다. 불과 14세 때입니다.

이듬해 에디슨은 철길에서 놀고 있던 어린아이를 구해주었는데

그 아이의 부친이 역장이었습니다. 그 역장은 에디슨이 영특한 것을 알고 전기기술을 가르치고 휴런역 통신소 전신기사로 일하도록 합니다. 에디슨은 이곳에서 전신기술을 익힌 뒤 보스턴에 있는 미국 최대 통신사 웨스턴유니온에 취업했고, 그곳에서 첫 특허품인 자동투표기를 개발하며 꿈에 그리던 뉴욕에 입성합니다. 에디슨은 이후 주식 시세 표시기를 개발한 뒤 특허권을 팔아 거액 4만 달러를 손에 쥐자 뉴저지 멘로파크에 건물을 구입합니다. 그는 그곳에 세계 최초의 민간연구소를 개설하고 파란만장한 발명가의 길을 내딛습니다. 23세 때입니다.

에디슨은 기술 도용과 응용의 귀재였습니다

이듬해 에디슨은 모친의 사망 소식을 듣고 한동안 시름에 빠졌으나 다시 연구에 매진한 끝에 발명품을 쏟아냅니다. 백열전등, 축음기, 영화촬영기와 영사기, 축전기, 전화기 등 오늘날 우리가 생필품처럼 사용하는 전기·전자제품의 대부분이 그의 손에서 개발되고 개량된 것입니다. 그의 특허권은 84세로 죽을 때 무려 1,093건이었습니다. 에디슨을 천재 발명가라고 부르는 이유지요.

이런 찬사 뒤에는 오명과 비난도 숱합니다. 그가 발명했다며 특허권을 따낸 기술 중 상당수는 타인의 원천기술을 도용했거나 일부 응용한 것으로 밝혀지며 송사에 시달렸습니다. 대표적인 사례 셋을 소개하면 이렇습니다. 첫째 백열전등은 스코틀랜드 발명가 제임스 보먼 린제이와 영국 화학자 조지프 윌슨 스완이 개발한 것에 필라멘트의 성능을 향상시켜 제품화한 것입니다. 훗날 스완의 고소에 맞섰지만 패소했습니다. 그후 에디슨은 스완과 합작회사를 만들어 수입을

미국 오하이오주 시골마을 마일런에 있는 에디슨 생가. 에디슨은 이곳에서
유년기를 보낸 뒤, 일곱 살 때 미시간주 항만도시 휴런으로 이사했다.
이때부터 그의 천재성은 돈벌이 수단이 되었다.

나누기로 했지만, 이 약속도 어기고 자신의 필라멘트에 새로운 특허
를 내 합작을 깨고 사업을 독점했습니다.

둘째는 영화촬영기와 영사기입니다. 에디슨은 뤼미에르 형제가 개
발한 영화촬영기와 영사기가 자신의 것보다 실용적이라는 것을 알
고 잔꾀를 냅니다. 에디슨은 뤼미에르 형제의 촬영기와 영사기, 심지
어 형제가 찍은 영화필름까지 들여와 뉴욕에 영화특허회사MPPC를
만든 뒤 동부지역 극장을 독점하는 횡포를 부립니다. 영화제작자들
은 MPPC의 독점 횡포를 피해 서부 할리우드로 가서 영화를 찍어 배
급했습니다. 결국 MPPC는 급성장한 할리우드 영화에 눌려 쇠퇴했
고 법원의 해산 판결로 사라졌습니다. 이게 오늘날 할리우드가 영화

에디슨 첫 특허품 자동투표기 시현 모습.
에디슨은 이후 주식 시세 표시기를 개발해 거액 4만 달러를 손에 쥐고
파란만장한 발명가의 길을 걷는다.

의 성지가 된 배경입니다.

셋째는 에디슨이 니콜라 테슬라와 벌인 '전류 전쟁'입니다. 수하 연구원 테슬라가 에디슨의 직류전원을 보완해 교류전원을 개발하자, 에디슨은 연구를 방해하고 발표를 못 하게 압박했습니다. 테슬라는 교류전원 특허를 가로채려는 에디슨의 속셈을 알고 단호히 거부하며 웨스팅하우스와 합작해 맞섭니다. 에디슨은 고압전류를 송전하는 교류전원의 위험성을 세상에 알려 테슬라와 웨스팅하우스를 파멸시킬 계획을 세웁니다. 에디슨은 고압 교류전기가 흐르는 사형집행용 의자를 직접 만들고 사형집행 실황영화를 찍은 뒤 극장에서 상영하는 악랄한 여론전을 벌였습니다. 고압전류에도 쉽게 죽지

않아 발버둥치는 사형수와 코끼리의 모습을 본 사람들의 비난이 쏟아지자 슬그머니 필름을 회수한 뒤 시치미를 뗐습니다. 웨스팅하우스가 나이아가라 폭포에 고압 교류전류용 수력발전 사업을 수주하자 범죄조직 마피아를 끌어들여 방해했다는 의혹까지 제기되었고, 결국 에디슨은 자신이 세운 제너럴일렉트릭GE에서도 쫓겨나고 맙니다. 그후 자신의 연구소에 묻혀 연구에 전념했지만 이렇다 할 발명품은 없었습니다.

에디슨은 아인슈타인의 실패 버전과 다름없었습니다

에디슨은 유년기 주의력결핍 및 과다행동장애, 즉 ADHD 증후군 아이였습니다. 그래서 초등학교 입학 3개월 만에 퇴교했지요. 그러나 자상하고 지성적인 모친의 홈스쿨링 덕분에 에디슨은 영특한 아이로 성장했고, 10대에 최연소 신문발행인으로 자립했으며, 약관의 나이에 특허권을 팔아 거액을 손에 넣고 세계 최초의 민간연구소를 개설했습니다. 그후 그의 업적은 앞서 밝힌 바와 같습니다.

에디슨의 유년기는 아인슈타인과 닮은 점이 많습니다. 에디슨이 ADHD였다면, 아인슈타인은 아스퍼거 증후군 아이였습니다. 아인슈타인에게 박식한 부친과 자상한 모친이 있었다면, 에디슨에게는 자상하고 지성적인 모친이 있었습니다. 둘은 모두 유년기를 넘기고 성장기에 들면서 남다른 독서와 비상한 발상으로 아이답지 않은 재능을 보였습니다.

그런데 20대 이후 드러나는 둘의 천재성은 전혀 딴판입니다. 아인슈타인은 수학과 물리학 문제풀기에 흥미를 갖고 집중하며 명문 대학에 진학한 반면, 에디슨은 과학실험에 흥미를 갖고 돈벌이와 명성에 매달렸지요. 그 결과는 우리가 읽었듯이 아인슈타인은 불세출의 천재로 뉴턴을 능가한 업적을 남겼습니다. 반면 에디슨은 발명왕의 명예와 함께 '치졸한 기술 절도범'이란 오명까지 껴안아야 했습니다. 둘은 왜 20대 이후 이처럼 다른 길을 걷다 극명히 엇갈린 평가를 받게 된 것일까요?

둘의 성장환경을 살펴보면 그 답이 보입니다. 에디슨은 오하이오 주 마일런에서 태어나 ADHD를 겪는 아이로 자란 뒤, 7세 때 미시간주 휴런으로 이주해 성장했습니다. 19~21세 때 보스턴에 머물다 이후 뉴욕에 온 뒤 발명가로서 성공가도를 달렸습니다. 그가 태어난 마일런은 이리호湖 남쪽 분지盆地 숲이 울창한 소도시였는데, 부친은 이곳에서 목재소를 경영했다고 합니다. 목재소는 숲 가까이에 있었고, 천방지축 ADHD 소년은 숲 주변을 돌아다니며 놀았을 게 분명하지요.

에디슨이 7세 이후 10대를 보낸 휴런은 마일런과 전혀 달랐습니다. 미시간주 북쪽 꼭대기 항구도시인 휴런은 미시간호湖와 휴런호湖를 연결하는 지리적 이점 때문에 발달한 물류도시로, 한마디로 사람도 차량도 분주하고 번잡하지만 삭막했습니다. 환경이 바뀌면 인심도 바뀐다는 옛말처럼 에디슨도 서서히 바뀌었습니다. ADHD가 사라질 즈음 『자연철학의 학교』를 읽은 에디슨은 뭐든 만들어보고 싶었지만 돈이 없었습니다. 돈 벌러 간 부친은 소식이 없고, 모친에게는 돈이 없다는 것을 에디슨은 잘 알고 있었습니다. 불과 10세 때 돈이 있어야 하고픈 것을 할 수 있다는 냉혹한 현실을 알게 되었습니다. 물류도시 휴런은 에디슨에게 돈맛과 출세욕을 일깨워준 곳이었습니다. 아인슈타인이 유클리드의 『기하학』을 읽고 수학과 물리학에 흥미를 가져 명문 대학에 가서 공부를 더 하겠다고 나선 것과 에디슨을 비교하면 그 답은 더욱 선명하게 드러납니다.

에디슨은 돈맛에 빠진 IT 영재들의 타산지석입니다

아인슈타인은 10대를 19세기 말 살벌했던 정치도시 뮌헨에서 보냈으나, 20대에는 숲의 도시 취리히와 베른에서 얻은 정신적 안정과 폭넓은 독서 그리고 숲길 사색의 몰입으로 천재성을 숙성하고 폭발시켰습니다. 에디슨은 아인슈타인과 반대입니다. 에디슨은 마일런 숲 마을에서 태어나 천방지축 놀며 자랐지만, 성장기에 삭막한 물류도시 휴런에서 돈맛을 알면서 그의 잠재된 천재성은 숙성하지 못하고 탁월한 잔재주로 가라앉고 말았습니다. 두 잠룡 중 하나는 하늘로 날아오른 비룡이 되었지만, 나머지 한 잠룡은 날지 못하고 이무기가 된 셈이지요.

에디슨이 이무기로 전락한 가장 큰 이유는 성장환경 탓이지만 그역시 자초한 것입니다. 만약 에디슨이 마일런 숲에서 뛰놀며 자연을 관찰하고 상상하며 성장한 뒤 보스턴대학으로 진학을 선택했다면, 아인슈타인과 비교하긴 어렵겠지만 '치졸한 기술 절도범'이란 오명을 쓴 발명왕에 그치진 않았을 것입니다. 또한 20세의 에디슨이 개발한 주식시세 표시기가 4만 달러의 대박을 터뜨리지 못했다면 성공과 돈에 그다지 집착하지 않았을지도 모르겠습니다. 어쨌든 일찍부터 돈맛에 길드는 것은 재능 발현에도 인생에도 좋지 않다는 교훈을 에디슨은 우리에게 남겼습니다. 덧붙이자면 돈벼락에 휘청대는 요즘 IT 영재들의 성공신화에 타산지석이기도 합니다.

천재 15: 스티브 잡스

스티브 잡스Steve Jobs, 1955~2011는 토머스 에디슨만큼 논란이 많은 천재입니다. 그의 괴팍한 성격과 친딸에게 보인 위선과 막말 그리고 동료의 도움은 뭉개고 자신의 능력은 앞세운 얌치없음 때문일 성싶습니다. 그러나 잡스가 에디슨, 디즈니와 함께 현대인의 일상을 바꾼 천재 중 하나라는 데는 이의가 없는 듯합니다.

출생 콤플렉스가 잡스를 양극적 인간으로 만들었습니다

스티브 잡스는 친부모에게 버림받고 양부모 슬하에서 성장했지요. 그는 평생 출생 콤플렉스에 시달리며 친부모를 증오한 반면, 양부모를 편향적으로 사랑하는 양극심리를 보였습니다. 훗날 자신을 찾은 친부모에게 "당신은 나의 정자와 난자 은행일 뿐"이라며 막말을 퍼부었으나, 양부모에게는 "나의 1,000퍼센트 부모님"이라고 칭송했습니다.

잡스의 괴팍한 성격은 초등학교에 입학할 무렵 나타났는데, 양부모가 이즈음 그에게 입양된 아들이란 사실을 알려주었다고 합니다. 이후 그는 양부모에게는 착한 아들이었지만 그 외 모든 사람에게 적개심을 보였습니다. 초등학교에 입학한 잡스는 걸핏하면 학교에 가지 않았고 교사를 골탕 먹이는 등 문제아였습니다. 4학년 때 다정다감한 여성 담임교사의 관심 덕에 잡스는 학교생활에 점차 적응했으나 여전히 말썽꾸러기였답니다. 이즈음 잡스는 친구가 선물해준 전자제품 조립용 부품 세트인 '히스키트' 조작에 푹 빠지면서 반항심이 잦아들었고, 특히 전자제품의 작동원리를 익히면서 그의 재능이

스티브 잡스는 창의적인
엔지니어가 아니라
탁월한 사업가였다.
그가 개발했다는
IT 제품은 대부분 팀워크의
산물이었고, 그의 성공도
신기술 발명보다 인수합병으로
이룬 것이기 때문이다.

드러나기 시작했습니다.

그는 불과 12세 때 전화번호부를 뒤져 휴렛팩커드사(社)에 전화를 걸어 최고경영인CEO 빌 휴렛에게 주파수 계수기를 만들고 싶은데 남는 부품이 있으면 줄 수 있는지 물어보았습니다. 빌 휴렛은 그런 그를 기특하게 생각해 부품을 주었는데, 이런 인연으로 잡스는 여름방학에 실리콘밸리 팰로앨토에 있는 휴렛팩커드사에서 임시직원으로 일했습니다. 이때 훗날 애플을 공동창업한 프로그래밍 천재 스티브 워즈니악을 만납니다. 이즈음부터 잡스가 학교생활에 적응하면서 학업성적이 쑥쑥 올라 한 학년을 월반합니다. 그리고 우수한 성적으로 고교를 졸업한 것을 보면 학습지능이 뛰어난 영재임은 틀림없어 보입니다.

졸업 후 잡스는 중고 자동차 판매상을 하는 양부의 등록금 부담이 걱정된다며 대학 진학을 포기하려 했지만, 양부는 친부모와 한 약속이라며 진학을 고집하자 마지못해 따릅니다. 그런데 잡스는 친부모와의 약속이란 말에 보복심리가 발동해서 일부러 등록금이 비싼 사립대학의 철학과에 진학하는 심술을 보였습니다. 그래도 양부모는 기꺼이 등록금을 대주었습니다. 잡스는 등록금 마련에 전전긍긍하는 양부모를 보고 뒤늦게 양심의 가책을 느껴 1학년 1학기를 마친 뒤 자퇴합니다.

잡스는 동업자의 수당을 독식하고 시치미를 뗀 얌체였습니다

19세 잡스는 자퇴한 뒤 가출해서 히피들과 어울리다가 집으로 돌아온 뒤, 세계 최초로 상업적 성공을 거둔 비디오게임을 개발한 아타리사社에 취업해 열심히 일하다가 불쑥 인도 순례여행을 떠납니다. 잡스는 아타리사에 입사하기 직전 한 사과농장에서 히피들과 생활할 때 만난 일본인 승려를 통해 불교에 심취했던 것입니다.

7개월 만에 인도에서 돌아온 잡스는, 아타리사 CEO가 벽돌깨기 게임의 설계를 맡기며 기본급 700달러에 성과급 5,350달러를 제시하자 자신이 감당할 수 없는 설계라는 것을 알면서도 수락합니다. 난감한 상황에 빠진 잡스는 워즈니악에게 찾아가 받는 돈을 반씩 나누는 조건으로 도움을 청합니다. 워즈니악은 그의 제의를 받고 불과 4일 만에 게임을 완성합니다. 그런데 잡스는 워즈니악에게 기본급의 절반인 350달러만 줍니다. 잡스는 나머지 5,350달러를 챙겼지요.

잡스는 이런 사실을 숨기고 이 돈으로 워즈니악과 함께 애플사社를 설립해 대박을 터뜨립니다. 하지만 매킨토시 프로젝트 등 독자

©Bernard Gotfryd

잡스는 워즈니악과 함께
애플사를 설립해 대박을 터뜨리지만,
CEO와 대립한 끝에
결국 애플에서 쫓겨났다.

적으로 완성하기 어려운 고성능 컴퓨터 개발에 매달리다 적자의 늪
에 빠져 결국 애플에서 쫓겨나는 수모를 겪습니다. 그사이 성과금
5,000달러 독식 사건도 들통났지만 잡스는 시치미를 떼고 부인했습
니다.

　잡스는 이후 옛 동지들을 규합해 넥스트사를 설립해 새로운 개
념의 컴퓨터 운영체제 개발에 전력을 다했으나 고전하다 결국 애플
사에 합병됩니다. 그러던 중 잡스는 영화 「스타워즈」 시리즈로 유명
한 조지 루카스 감독의 영화사 픽사를 헐값에 사들인 뒤 애플 컴퓨
터그래픽 기술로 제작한 작품 「토이 스토리」와 「인크레더블」을 내놓
습니다. 이들 영화가 잇달아 대박 신화를 쓰자 잡스는 군침을 흘리
던 디즈니 그룹에게 픽사를 74억 달러에 지분 7퍼센트라는 파격적

인 조건으로 넘겨 돈방석에 앉습니다. 잡스는 두둑해진 자금으로 애플의 경영권을 되찾고는 아이맥, 아이팟, 아이폰, 아이패드를 잇달아 성공시키면서 '애플 신화'를 썼습니다.

호사다마好事多魔, 성공신화를 쓰는 동안 그의 몸에는 죽음이 엄습했습니다. 췌장암 진단을 받았으나 채식과 대체요법을 고집하며 수술을 늦추는 바람에 결국 죽음을 앞당기고 맙니다. 성공신화의 정점이었던 2011년, 스티브 잡스는 한창 나이 56세로 죽음을 맞았습니다. 신화의 주인공 스티브 잡스가 문제아에서 천재 반열에 오른 전말은 이러합니다.

잡스는 승부사 근성이 있는 탁월한 IT 사업가입니다

잡스의 친부모는 둘 다 유명 대학을 졸업했지만 탁월한 재능을 보이지 않은 선남선녀였습니다. 한편 둘 다 고졸 학력인 양부모는 성실하고 잡스에게 헌신적이었지만 남다른 재능은 없었습니다. 굳이 따진다면 잡스가 품은 완벽에 대한 집착은 양부에게서 배운 듯합니다. 양부는 매입한 중고차를 완벽하게 수리한 뒤 판매해 고객의 신뢰를 얻은 탁월한 세일즈맨이었습니다. 양부는 잡스에게 무슨 일이든 보이는 곳과 마찬가지로 보이지 않는 곳까지 완벽하게 완성해야 한다고 가르쳤다고 합니다.

잡스의 성공신화는 신화라 할 게 없는 IT 세계의 특별한 성공담일 뿐입니다. 신화의 허상을 벗기고 실화를 읽으면 이렇습니다. 선물로 받은 히스키트를 장난감 취급하고 버렸다면, 그의 성공신화는 없었습니다. 12세 때 휴렛팩커드사에 전화를 걸지 않았다면, 대학을 자퇴하지 않았다면, 벽돌깨기 게임 성과급 5,000달러를 독식해 애플을 창업하지 않았다면, 애플에서 쫓겨나지 않았다면, 영화감독 조지 루카스가 픽사를 헐값에 내놓지 않았다면 그리고 다시 애플로 복귀하지 않았다면 등등, 이런 고비마다 그는 정확히 판단하고 옳은 선택을 했습니다. 그의 성공신화의 실상은 바로 이것 이상도 이하도 아니었습니다.

그의 성공신화는 창의성도 천재성도 아닌, 비범한 판단력과 행운이었습니다. 그가 개발했다는 제품을 들여다보면 대부분 그의 작품이라기보다 그의 팀 작품입니다. 그가 보인 탁월한 재능은 대박을 터뜨릴 수 있는 IT 기기의 발상까지였습니다. 워즈니악이 없었다면 애플 창업조차 언감생심이었고, 전설적인 소프트웨어 개발자 웬들 브라운이 없었다면 넥스트의 매킨토시도 아예 불가능했으며, IT 디자이너 조너선 아이브가 없었다면 멋진 아이맥, 아이팟, 아이폰, 아이패드도 세상에 없었을 것입니다. 그리고 마케팅의 귀재 폰 실러가 잡스의 고집을 꺾지 않았다면 아이맥iMac은 맥맨MacMan, 아이폰iPhone은 폰맨PhoneMan, 아이팟iPot은 팟맨PotMan이란 이름으로 세상에 나왔을 겁니다.

월트 디즈니가 초기 제작진의 협업으로 만든 작품을 마치 자신이 만든 것처럼 등친 작태와 다를 바 없지요. 월트 디즈니는 훗날 잘못을 깨닫고 그후 제작한 영화에는 엔딩 크레디트에 제작 참여자 명단을 소상히 밝혔습니다. 하지만 잡스는 인기 절정이던 시절에도 신제품 출시 때마다 마치 자신의 아이디어로 만든 작품처럼 떠벌렸습니다. 그리고 죽음을 앞두고 한 인터뷰에서 애플 신화에 기여한 경영진 한 사람 한 사람의 이름을 들먹이며 공을 치하한 게 다였습니다.

스티브 잡스를 천재라고 부르기에는 부족하지만 탁월한 사업가는 분명해 보입니다. 애플로 복귀해 승승장구할 즈음, 양부가 밝힌 잡스의 어린 시절 이야기를 들으면 고개가 끄덕여집니다.

"나는 어린 잡스에게 기계를 다루는 법을 열심히 가르쳤습니다. 그러나 잡스는 기계보다 내가 중고차를 어떻게 파는지에 더 관심이 많았습니다."

잡스는 IT 개발보다 IT 사업으로 성공신화를 쓴 탁월한 기업인으로 봐야 옳습니다. 그렇습니다. 그는 창의적인 IT 엔지니어가 아니라 탁월한 승부근성을 가진 IT 사업가였습니다. 그가 죽음을 앞두고 지정한 애플의 후계자가 개발담당 CEO가 아닌 재무담당 CEO였던 것만 봐도 그렇습니다.

특히 잡스에게는 천재들의 공통점을 찾기 어렵습니다. 남다른 호기심도 관찰력도 보이지 않았으며, 독서량은 그저 그런 수준이었고, 홀로 산책하며 사색하기보다 그룹 미팅을 즐겨 열고 쉴 새 없이 화이트보드에 아이디어를 휘갈겼습니다. 일단 생각이 굳으면 설사 동료의 아이디어가 좋아도 수용하지 않고 버티다 슬그머니 차용하는 꼼수를 부리기 일쑤였습니다.

숲이 성장기 아이에게 미치는 영향의 극명한 사례입니다

잡스는 평생을 번잡한 도시에서 살다 죽었습니다. 어릴 적에는 중고차 매매상인 부친의 직업 때문에 시골에서 살기 어려웠지요. 성장하고는 IT 산업의 메카인 실리콘밸리를 거의 벗어나지 않았습니다. 잡스가 그나마 자연을 가까이한 것은, 중학교 시절 왕따를 피해 숨어지내던 학교 부근 농장에서입니다. 그가 그곳에서 배운 것은 자연의 가치가 아니라 농장주인이 주입한 유기농 채소와 채식 건강법의 가치였습니다. 잡스는 채식주의자가 되었고 그것은 결국 암 투병에 장애가 되었습니다.

대학 자퇴 후 잠시 사과농장에 머문 적이 있으나 이곳은 마약에 빠진 히피들의 소굴이었습니다. 그리고 7개월간 인도 여행을 떠났는데, 이 여행에서 잡스는 경이로운 대자연과 자연생태의 중심인 숲 체험보다 일본인 승려에게 배운 명상과 정신력 집중에 몰두했습니다. 만약 잡스가 어린 시절 경쟁과 왕따가 없는 시골에서 살며 들과 숲에서 뛰놀며 성장했다면, 자연의 넉넉함을 체득해 출생 콤플렉스의 열등의식과 강박의식에서 벗어나고 돈과 성공에도 그렇게 집착하지 않았을 겁니다.

이 장에서 한 명의 특출한 천재[아인슈타인]와 논란의 여지가 있는 두 명의 천재[에디슨, 잡스]의 생애와 성장환경을 살펴봤습니다. 이들 셋은, 숲이 성장기에 어떤 영향을 미치는지를 확연히 보여줍니다.

나무꾼은
왜 천재가
안 될까

우리는 천재 15명의 생애를 통해 이들의 천재성이 언제, 어떤 환경에서 발현했고 또 어떤 업적을 쏟아내면서 폭발했는지를 살펴봤습니다. 이들 중 진짜 천재 13명의 재능은 숲속 놀이나 정원 가꾸기를 통해 발현하고 폭발했지요. 반면 천재성을 두고 논란이 있는 2명[토머스 에디슨, 스티브 잡스]은 숲도 정원도 가까이하지 않고 번잡한 도시에서 돈과 성공에 매달렸습니다.

숲에서 살면 모두 천재가 될까요?

평생 숲에서 사는 나무꾼이나 심마니에겐 왜 천재성이 발현되지 않나요? 이런 의문과 항변은 지극히 당연합니다. 나무꾼과 심마니라고 천재성이 발현되지 말라는 법은 없습니다. 나무꾼이든 심마니든, 심지어 숲속 전원주택에 사는 석학이라 해도 '4+2 요건'을 갖출 때 천재성이 발현하고 폭발했습니다. 즉 ① 남다른 호기심 ② 관찰력 ③ 끈질긴 탐구심 ④ 천착근성에, ⑤ 숲 놀이나 정원 가꾸기 ⑥ 열정적인 독서가 더해질 때 가능했지요. 일반적으로 나무꾼과 심마니는 이 조건과는 거리가 멉니다. 그저 땔거리와 산삼 찾는 데 여념이 없다면, 천재는커녕 흔한 범재도 되기 어려운 법이지요. 그러면 천재가 될성부른 아이는 어떠한지 다시 살펴보겠습니다.

첫째와 둘째 요건은 남다른 호기심과 관찰력이지요. 호기심은 새롭고 신기한 것을 좋아하거나 모르는 것을 알고 싶어 하는 지적 충동입니다. 세상의 모든 아이들은 태어나면서 본능적으로 새로운 것을 좋아합니다. 험한 세상에서 살아남으려면 이것저것 두루 알아야 하기 때문에 인간이 태어나면서 나타나는 원초적 본능입니다. 그래서 새로운 장난감도 이틀이면 시들해지고 자꾸 새것을 바랍니다. 그러나 성장하면서 이렇게 달라진다면 남다른 재능이 잠재한 아이입니다. 새로운 것 중에서 특정한 것에 흥미를 갖고 좀체 싫증을 내지 않는 아이입니다. 그냥 새로워서 생긴 흥미를 넘어 호기심이 발동한 것입니다.

흥미를 잃었던 장난감을 다시 꺼내 이리저리 살피며 관심을 갖는다면 그 아이는 관찰력이 남다른 아이입니다. 관찰은 그냥 보는 것이 아니라 주의 깊게 그리고 꼼꼼히 살피는 지적 행위입니다. 그런 다음, 장난감을 분해해놓고 다시 맞추려는 아이입니다. 문제를 찾고 해결하는 방법을 찾으려는 의지, 즉 탐구심을 가진 아이입니다. 이런 아이들 대부분은 이내 울음보를 터뜨리거나 부모를 졸라 조립방법을 알아내 해결합니다.

그러나 몇몇은 끝까지 혼자 끙끙대다 조립한 뒤 부모에게 자랑합니다. 이런 아이는 뇌에 잠재한 자신의 재능을 스스로 끌어낼 줄 아는 탁월한 아이입니다. 마지막 단계인 천착근성은, 탐구심의 연장선상에 있지만 조금 다릅니다. 다른 장난감도 꺼내 닥치는 대로 분해하고 조립하다 어느 날 부모의 탁상시계도 망쳐놓습니다. 만약 부모가

화를 내고 꾸짖는다면 재능의 싹을 뭉개는 꼴이 되며, 계속 지켜본 뒤 탁상시계 작동설명서를 찾아내 보여준다면 재능의 꽃이 피도록 돕는 훌륭한 부모입니다. 아이의 부모가 후자라면 그 아이는 머지않아 형과 언니의 책은 물론, 심지어 백과사전까지 꺼내 뒤적이며 흥얼대기 시작할 것입니다. 만약 초등학교 때 이런 일을 벌인다면, 일단 천재의 네 가지 기본요건을 두루 갖춘 아이입니다.

천재가 되려면 '4+2 요건'을 충족해야 합니다

그런데 앞서 살펴본 진짜 천재 13명의 경우, 네 가지 기본요건 이외에 두 가지를 더 갖췄습니다. 하나는 자연과 생명이 숨 쉬는 공간, 즉 숲과 정원입니다. 다른 하나는 책입니다.

레오나르도 다빈치는 14세 때까지 유년기를 고향 빈치 뒷산 숲에서 보냈습니다. 부모도 교사도 심지어 친구조차 없는 숲에서 변화무쌍한 자연의 경이로운 형상을 관찰하고 나름 분석하며 그림을 그렸습니다. 그의 천재성은 그때 그곳에서 그렇게 발현되어 30세 때 폭발했습니다. 찰스 다윈은 16세까지 슈루즈베리 숲에서 멋대로 놀며 생긴 호기심과 관찰력이 천재성을 일깨웠고, 30세 때 세계일주를 마치고 돌아온 뒤 첫 저서 『비글호 항해기』를 내면서 폭발했습니다. 아이작 뉴턴이 어린 시절 외갓집 울즈소프 과수원 농장에서 변화무쌍한 자연의 경이로운 현상을 관찰하며 빈둥대지 않았다면, 사과나무 사이로 쏟아지는 햇빛과 우주의 중력에 관심조차 갖지 않았겠지요.

이밖에 루소·칸트·베토벤·밀·괴테·처칠·세잔·가우디·디즈니·아인슈타인의 천재성 역시 숲과 정원에서 깨어났고 폭발했습니다. 반면 에디슨과 잡스는 불행히도, 평생 번잡한 도시에서 돈과 성

'세상에서 가장 아름다운 도서관' 바이마르 대공비 도서관 내 괴테 장서 코너.
바이마르공국 대공비 안나 아말리아가 장서를 보관하기 위해 건립한 이 도서관은,
괴테가 공국 관리로 근무한 38년간 감독관을 겸하며 독일 3대 도서관으로 키웠다.

공을 좇다 천재성을 발현하지 못한 채 명성과 함께 오명과 비난도 감
수해야 하는 삶을 살았습니다.

　열광적인 독서력도 마찬가지입니다. 13명의 진짜 천재 중 화가였
던 다빈치와 세잔 그리고 디즈니를 제외한 10명은 모두 독서광이었
지요. 천재는 무언가에 호기심이 발동하면 치밀하게 관찰하고 분석
하면서 대상의 근본과 이치를 꿰뚫습니다. 이런 탐구 근성이 지식의
보물창고인 책을 읽게 하는데, 천재들의 독서량은 당대 최고 도서관
의 장서를 아우르는 수준이었지요. 생전 경제적 여유가 있었던 괴테
와 처칠의 경우 당시 엄청 비싼 책을 구입해 읽었는데, 사후 남긴 장
서가 너무 많아 도서관을 따로 마련해야 했습니다. 독서는 천재의 셋

째 요건인 탐구력의 수단이자 넷째 조건인 천착력으로 가는 길라잡이입니다.

이렇듯 천재가 되는 지름길은 '4[호기심, 관찰력, 탐구력, 천착근성]+2[숲, 책] 요건'을 갖추는 것입니다.

누구든 이 '4+2 요건'대로 성장하면 천재가 되나요?

그렇습니다. 이 요건의 효과를 검증하려면 인간의 뇌를 들여다봐야 합니다. 인간의 뇌는 우주만큼 신비합니다. 겉보기에는 지방주머니 같지만 그 속에는 무궁무진한 세계와 가능성을 품고 있습니다. 인간이 태어날 때의 뇌는 신경세포[뉴런]가 엄청난 속도로 발달하는 미성숙 상태입니다. 태어난 후에도 많은 신경세포가 빠르게 만들어져 뇌를 가득 채웁니다. 아이가 만 5세가 되면 뇌는 1초에 700~1,000개씩 가지를 뻗어 여러 신경세포를 잇는 연결망[시냅스]을 구축합니다. 뇌가 성장의 최고점에 도달하는 20세쯤이면 뉴런은 최대 1,000억 개, 시냅스는 100조 개에 이릅니다.

인간의 작은 뇌에 천문학적인 세포가 살아 움직인다니 놀랍기는 하지만 그게 어느 정도의 능력을 갖는지를 가늠하기 쉽지 않습니다. 오늘날 지구촌을 촘촘히 연결한 인터넷의 하이퍼링크가 10조 개가량입니다. 이쯤이면 인간의 뇌에 잠재된 능력은 지구촌을 촘촘히 연결한 인터넷보다 10배나 많은 셈이며, 거의 무궁무진한 우주와 같다 해도 과언은 아니지요. 천재들의 뇌 이야기가 아닙니다. 평범한 사람의 뇌도 이처럼 상상을 초월한 능력을 갖고 있지만, 잠재해 있는 능력을 일깨워 그 분야에 집중하고 천착하지 못해 보통 사람으로 살아갈 뿐이라고 합니다.

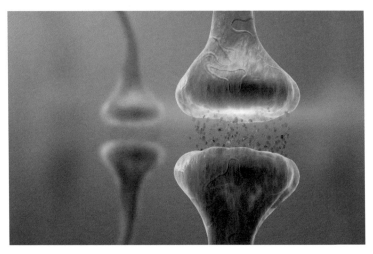

시냅스는 뉴런에 흐르는 전기신호를 화학신호로 변환해 다른 뉴런에
전달한다. 5세 아이의 뇌는 1초에 700~1,000개씩 가지를 뻗어
여러 뉴런과 이어져 천문학적인 연결망[시냅스]을 구축한다.

천재든 아니든 저마다 타고난 재능을 찾는 게 우선입니다

천재가 되려면 '4+2 요건'을 챙기기 전에, 자신의 재능이 어떤 분
야에 뛰어난지를 알아야 합니다. 미국 심리학자 하워드 가드너Howard
Gardner가 제시한 다중지능이론에 따르면 인간의 지능 혹은 재능은
9개 분야로 나뉘는데, 이중 8개 분야는 선천적이며 나머지 하나는 후
천적으로 습득한다고 합니다. 분야별로 보면 ① 언어적 지능(시인,
언론인) ② 논리·수학적 지능(수학자, 과학자) ③ 공간적 지능(건축
가, 기술자) ④ 음악적 지능(음악가) ⑤ 자연탐구 지능(자연과학자)
⑥ 대인관계 지능(종교인, 사업가) ⑦ 신체운동 지능(운동선수, 무용
가) ⑧ 자기이해 지능(소설가) ⑨ 실존적 지능(무속인, 후천적 지능)
입니다. 괄호 안은 해당 분야에서 대표적인 직업입니다.

누구든 위 9개 분야 중 하나 이상에서 재능을 보인다고 합니다. 굼벵이도 기는 재주가 있듯이, 세상의 모든 생명체는 태어난 뒤 살아남기 위해 한 가지 이상의 재주를 갖고 태어나고 또 스스로 익혀야 살아남기 때문입니다. 인간은 세상의 최상위 포식자인 만큼 하나 이상의 재주를 갖고 있는 것은 당연하며, 설사 장애를 갖고 태어났다 해도 예외는 아닙니다. 장애인 중에서 위대한 업적과 놀라운 기록을 남긴 분이 수두룩한 것을 보면 그렇습니다.

어쨌든 천재가 되려면 자신이 어떤 분야에 재능이 있는지를 알아낸 뒤 그 분야에 끈질기게 천착해야 하며, 어쩌면 평생 매달려야 가능합니다. 그렇기에 천재 되기는 결코 쉬운 일이 아니며, 천재가 흔치 않은 이유이기도 합니다. 그런데 어린 자녀는 물론 성인도 자신이 어떤 분야에 재능이 있는지 판단하기 쉽지 않습니다. 어릴 때 꿈이 직장을 얻을 때까지 몇 차례 바뀌었는지를 헤아려보면 알 수 있겠네요. 게다가 어린 나이에 타고난 재능을 알았다 해도 평생 한 분야에 집중하기도 쉽지 않습니다. 적절한 시기에 전문교육을 받아야 하고, 해당 분야에 맞는 직장을 얻고, 평생 한 분야의 우물을 팔 수 있는 경제적 여유도 있어야 가능한 일이기 때문입니다.

신동의 놀라운 재능은 어떻게 해서 가능할까요?

TV에 소개되는 신동은, 일찍 자신의 타고난 재능 분야를 스스로 깨우친 뒤 호기심과 관찰력을 집중해 탐구하거나 연마한 결과입니다. 이들 신동의 탁월한 재능은 특정 분야에서 보이는데, 아쉽게도 대부분 성장하면서 재능을 잃어버립니다. 주변의 지나친 관심에 만족하면서 호기심을 잃거나, 주변의 기대를 계속 이어가지 못해 스스

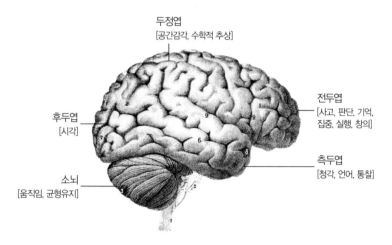

두정엽
[공간감각, 수학적 추상]

전두엽
[사고, 판단, 기억,
집중, 실행, 창의]

후두엽
[시각]

측두엽
[청각, 언어, 통찰]

소뇌
[움직임, 균형유지]

인간의 뇌는 태어난 뒤 성인이 될 때까지 부위별로 다섯 단계를 거쳐 발달한다.
그래서 유아기·성장기·사춘기를 거쳐 성인이 되기까지 성격이 달라지기 일쑤다.

로 실망해서 탐구와 천착을 포기하기 때문이라 합니다. 그래서 신동
과 천재는 같아 보이지만 엄연히 다릅니다.

신동과 영재의 재능 연구 대상으로 흔히 꼽히는 인물은 볼프강 아
마데우스 모차르트입니다. 그는 어릴 때부터 불세출의 재능을 발휘
했지만, 부친 사망 이후 서서히 무너져 끝내 35세에 요절했습니다.
불행한 결혼과 무절제한 생활이 요절을 불러온 것으로 알려졌지만,
그 생애를 살펴보면 신동과 영재도 '4+2 요건'의 예외일 수는 없다
는 사실을 확인할 수 있습니다. 신동 역시 호기심과 관찰을 통해 재
능을 발견하고 연마하고 독서를 통한 탐구와 천착의 과정을 거쳐야
천재의 반열에 오를 수 있기 때문입니다. 만약 모차르트의 부친이 일
곱 살짜리 신동을 앞세워 궁정을 떠돌며 명성과 돈벌이에 급급하지
않았다면, 설사 궁정을 떠돌더라도 틈틈이 전원에서 변화무쌍한 자

연과 무한한 자유를 즐기며 성장할 수 있도록 도왔다면, 또한 독서와 사색으로 예술성을 탐구하고 천착했다면 모차르트는 베토벤의 업적과 명성을 앞서 꿰찼을지도 모를 일입니다. 결국 모차르트는 천재성을 발휘했지만 악성樂聖의 명예를 베토벤에게 넘긴 셈이 되었습니다.

재능이 어린 나이에 발현된다고 꼭 좋은 일도 아니며, 신동이 천재로 성장한다는 보장도 없습니다.

그렇다면 천재의 재능은 몇 살 때 주로 발현될까요?

인간의 뇌가 나이 들수록 어떻게 변하는지를 먼저 살펴봐야 합니다. 뇌는 연령별로 5단계로 발달하며 20세 즈음 뇌가 거의 완성됩니다. 이 때문에 천재성은 20대 이후 발현됩니다. 그래서 10대 이하에서 남다른 재능을 보이는 아이와 청소년을 신동과 영재로 구분합니다. 연령별 5단계를 살펴보면

▶1단계(0~2세): 뉴런과 시냅스가 급격히 발달하는 시기로, 거의 본능적으로 반응하며 오감을 통해 사물을 배우기 시작합니다.

▶2단계(3~4세): 전두엽[주요 기능: 사고와 판단, 기억과 집중력, 실행과 창의력]과 변연계[감정과 행동, 동기 부여와 기억, 후각]가 발달하는 단계이며, 놀이를 통해 사회성과 자아의식을 갖기 시작하고, 특히 말을 하며 타인과 소통하려 합니다.

▶3단계(5~6세, 유치원): 뇌가 폭넓게 발달하면서 감정을 조절하고 말과 행동으로 감정을 표현합니다. 따라서 인지능력과 창의력이 급격하게 발달하고, 주변상황을 종합적으로 사고하고 문제를 해결하려고 합니다. 뇌 발달에 가장 중요한 시기이며, 이 시기의 적절한 스트

레스는 뇌 발달에 오히려 좋은 영향을 준다고 합니다. 아이가 새로운 환경[유아원, 놀이터 등]에서 보채더라도 스스로 적응하도록 두면서 관찰하는 것이 좋으며, 부모와 교사의 개입과 보호는 좋지 않습니다.

▶4단계(7~12세, 초등학교): 전두엽, 측두엽[청각, 언어, 통찰력], 두정엽[공간감각과 수학적 추상력]이 발달하는 시기이며, 뇌가 가장 왕성하게 발달하는 시기입니다. 이때에도 개입과 보호는 좋지 않습니다.

▶5단계(13~19세, 중·고교): 후두엽[시각]이 발달하고 변연계가 활성화되며 뇌가 완성되는 시기로, 시각·도형·공간에 대한 기억력이 발달하고 추상적 개념을 이해합니다. 특히 변연계의 활성화로 감정에 쉽게 휘둘리며 사춘기를 맞게 됩니다.

앞서 살펴본 진짜 천재들의 천재성 발현 나이를 살펴보면 20대에 2명(뉴턴, 아인슈타인), 30대에 3명(다빈치, 다윈, 베토벤), 40대 이후에는 8명(루소, 칸트, 밀, 괴테, 처칠, 세잔, 가우디, 디즈니)으로 나타났습니다. 천재성은 나이가 들수록 많이 발현된 셈입니다. 그 이유는 인간의 인지능력[지능]과 창의력을 좌우하는 뉴런과 시냅스의 변덕 때문입니다.

이런 변덕은 시냅스가 증가하는 나이와 감소하는 나이 사이에서 벌어집니다. 시냅스는 태어나서 6세까지 기하급수로 증가합니다. 이후 14세까지 증가세는 둔화하지만 그래도 빠르게 증가합니다. 다시 20세까지 후두엽 등에서 증가하지만 많지는 않고, 30대부터 죽을 때까지 지속적으로 감소합니다. 20대에 100조 개이던 시냅스가 60대에는 30조 개로 쪼그라듭니다.

그런데 세상을 바꾼 천재들은 뉴런과 시냅스가 증가할 때보다는 감소하거나 완전히 쪼그라들었을 때 천재성이 발현하고 폭발했습니다. 이런 모순은 시냅스의 가지치기에서 생긴 것입니다. 사용하지 않는 시냅스를 잘라내고 많이 사용하는 것만 남겨, 시냅스의 효율성이 극대화되어 창의력이 폭발적으로 활성화한 결과입니다. 인간이 나이가 들수록 현명해지는 이유가 바로 이것입니다. 사람은 늙으면 몸은 쇠락하지만 두뇌는 집중력이 높아지며 현명해지는 셈이지요. 그래서 고대 그리스 비극작가 아이스킬로스가 노인의 충고를 귀담아듣지 않는 세상을 향해 이렇게 일갈했습니다.

"늙어가는 시간이 모든 것을 가르쳤다."

그런데 왜 많은 천재들은 유년기에 불우했을까요?

이 질문을 뒤집으면. 유년기가 불우해야 천재성이 생긴다는 말입니다. 과연 그럴까요? 15명의 천재 중 9명[다빈치, 다윈, 뉴턴, 루소, 칸트, 처칠, 디즈니, 가우디, 잡스]이 행복한 유년기를 보내지 못한 천재에 해당됩니다. 이들의 부모는 일찍 사망했거나 이혼했고, 양친과 함께 살았다 해도 무관심하거나 바빠서 아이를 사실상 방치했지요. 게다가 주변에는 또래 친구가 없거나 있다 해도 왕따 당해 혼자 놀며 시간을 보내야 했습니다.

주변의 관심도 간섭도 없는 환경에서 혼자 놀이에 몰입할 때, 뇌에서 잠자는 재능이 스스로 깨어나고 시냅스 연결망이 확장되어 천재성이 발현된다고 합니다. 13명의 진짜 천재들의 생애를 보면 시냅스 연결망 확장을 촉진시키는 데는 숲이나 정원보다 좋은 공간은 없는 셈입니다.

숲은 대자연의 축소판입니다. 아이들에게 숲은 온갖 형상, 온갖 색깔, 온갖 냄새와 맛으로 가득한 천연 장난감이 널브러진 세상입니다. 아이들은 숲에서 자신만의 세상을 쉽게 만듭니다. 아이들 특유의 자기 몰입과 상상 본능 덕분입니다. 예를 들면 이렇습니다. 아이들은 작은 나뭇잎을 보고 작은 배라고 했다가 금세 비행기라고 바꿔 말합니다. 만약 어른이 이런 말을 하면 바보 취급받겠지만, 아이들이 이런 말을 하면 귀엽다고 칭찬받습니다. 그래서 아이들은 더욱 열심히 자기 몰입을 즐깁니다. 아이들의 뇌는 이처럼 무엇이든 만들고 바꿀 수 있는 유연성과 가변성을 가지고 있지요. 뇌의 이런 유연성과 가변성을 의학용어로 신경가소성可塑性이라 하는데, 5~12세(3~4단계) 어린이의 뇌에서 특히 활발합니다. 그래서 이 시기에 아이들이 스스로 문제를 해결하도록 지켜보고, 특히 개입과 보호를 삼가야 한다고 부모들에게 충고하는 것입니다.

왜 천재 대부분이 유년기에 불우했는지에 대한 답은 1장 '숲, 뇌를 일깨우다'에서 인용한 두 연구결과를 상기하면 찾을 수 있습니다. 네덜란드 라드바우드대학교 연구팀의 연구결과와 칙센트미하이 교수의 연구결과를 요약하면, 유년기에 불우한 가정환경에서 다양한 스트레스를 겪으면 생존을 위해 뇌 신경망의 가지치기가 활성화되기 때문입니다.

그렇다고 불우해야 천재가 되는 것은 결코 아닙니다. 13명의 천재 중 5명[베토벤, 밀, 괴테, 세잔, 아인슈타인]은 그다지 불우하지 않았습니다. 이들은 적어도 부모 둘 중 한 분의 관심이나 사랑을 지나칠 정도로 받았습니다. 이들은 이런 가정환경 때문에 무료하게 숲에서 빈둥댈 틈이 없는데도 어떻게 잠재된 재능을 찾아낼 수 있었을까요?

이들은 부모의 지원을 받아 재능을 찾아내거나 조기교육을 통해 재능을 키울 수 있었습니다.

여러분의 자녀와 학교는 어떤가요?

여러분은 자녀의 재능을 찾았나요? 찾았다면 호기심과 관찰로 재능 분야에 몰입하고 있습니까? 아니면 아직 못 찾았나요? 못 찾았다고 걱정할 필요는 없습니다. 일찍 찾는다고 천재가 되는 것은 아닙니다. 천재는 신동처럼 재능을 일찍 드러내기보다 오랜 노력 끝에 대기만성大器晚成하기 때문입니다.

타고난 재능을 아이 스스로 찾도록 부모가 돕는 게 우선입니다. 돕는 방법은 간단합니다. 뇌 발달 2단계(3~4세)부터 3단계(5~6세)까지 아이가 혼자 또는 또래와 노는 시간을 늘리세요. 재능 찾기에 어른들의 간섭은 되레 방해가 될 뿐입니다. 부모는 지켜보다 위험하거나 잘못된 일을 할 때만 개입하는 게 좋습니다.

4단계(7세)부터는 모든 것을 스스로 해결하도록 한발 떨어져 지켜보면서, 주말이나 방학 때 제법 울창한 숲이 있는 둘레길이나 시골에 데려가 며칠간 멋대로 놀도록 풀어놓으세요. 어느 날 무언가에 매달리거나 사달라고 조르며 몰입하면 그 분야에 재능이 있을 가능성이 높습니다. 이도저도 아니라 해도 아이를 재촉해선 안 되겠지요. 타고난 재능이 특출하든 아니든 언젠가 호기심을 갖고 몰입하면 결실도 따르게 마련입니다.

아이들이 스스로 재능을 찾고 몰입하려면, 학부모와 학교가 변해야 합니다. 과보호와 입시경쟁에 매몰된 대한민국의 교육현실을 보면 학부모도 학교도 한심스러울 뿐입니다. 아이가 며칠이고 혼자 숲에서 멋대로 놀도록 둘 수 있는 부모, 이런 아이를 지켜보며 어떤 재능이 잠재되어 있는지를 살피고 격려하는 학교가 여기저기 생겨나지 않는 한 대한민국의 미래는 답답하다 못해 암담할 수밖에 없습니다.

세상에 이런 부모와 학교가 어디 있느냐고요? 있습니다. 영국 런던 교외 시골마을 아담한 숲에 둘러싸인 서머힐스쿨입니다. 이 학교와 대한민국 학교의 미래에 관해서는 다음 장에서 설명하겠습니다.

학교를
혁신하라

영국 서머힐스쿨Summerhill School은 작은 시골학교입니다. 어쩌면 학교라기보다 초·중·고교 과정의 학생 75명과 교직원 25명 등 모두 100명이 어울려 사는 작은 공동체입니다. 영국 런던 북쪽 서픽주州에 위치한 이 학교는, 아담한 숲에 싸인 대지 4,000제곱미터에 빅토리아시대 때 지은 고풍스러운 저택 건물과 학생들이 가꾸는 정원과 채마밭이 전부입니다. 이 학교에는 이렇다 할 교실도, 운동장도, 변변한 실험실도 없습니다. 교실 대신 저택 거실과 방이, 운동장 대신 숲과 정원과 채마밭이, 실험실 대신 창고[목공 작업장]가 있습니다. 하지만 학생도 교직원도 불평하는 사람은 없습니다.

한국인의 상식으로는 학교라고 부르기도 민망한 이곳이 세계적으로 유명해진 것은, 1990년대 영국왕실교육청이 공교육과정을 지키지 않는다면서 학교등록 취소를 요구하면서입니다. 8년간의 법정싸움 끝에 2001년 우수 등급 학교로 공인받자 세계가 이 학교를 주목한 것입니다. 이후 세계 곳곳에 이 학교를 벤치마킹한 혁신학교가 속속 등장했고, 대한민국에서는 대안학교라는 이름으로 여럿 세워졌지만 대부분 흉내만 내다가 사라졌습니다.

아담한 숲에 둘러싸인 영국 서머힐스쿨은 빅토리아시대에
지어진 고풍스러운 저택 건물과 정원, 채마밭이 전부다.
하지만 학생도 교직원도 불평하는 사람은 없다.

©Summerhill School

서머힐스쿨에서 대한민국의 미래를 찾읍시다

서머힐스쿨은 1921년 영국 교육학자 A.S. 닐이 설립했습니다. 학생은 6세 어린이부터 18세 청소년입니다. 이들 대부분은 일반학교에서 내몰린 문제아입니다. 그러나 이 학교에 문제아는 없습니다. 수업과목은 물론 여가활동까지 모든 학교생활을 학생 스스로 선택하며, 학칙도 교사와 학생이 동등한 한 표로 결정합니다. 학교 내에선 타인에게 피해를 주지 않는 한 모든 자유가 보장됩니다. 만약 의견충돌이 생기면, 옴부즈맨[대리인]으로 선택한 친구나 연장자의 변호를 받으며 타협점을 찾고, 끝내 타협이 안 되면 학교위원회가 결정합니다. 아주 이상적인 공동체인 셈이지요.

설립자 닐의 교육철학이자 이 학교의 교육목표는 단순명료합니다.

서머힐스쿨에는 학생 개개인의 책걸상이 없다. 학생들은 바닥에
둘러앉거나 비스듬히 누워 공부한다. 문제아도 시험도 없는 서머힐스쿨은
학생들이 잠재된 재능을 스스로 찾아내도록 돕는 진정한 학교다.

"인간은 어릴 때부터 자신의 삶을 스스로 선택하고 책임지는 슬기를 배워야 한다. 간섭하기를 좋아하는 부모도, 뭐든 다 알고 있다는 듯 나서는 교육자도 아이들에게 진정한 도움이 되지 못한다."

한국에서 이 주장에 공감할 학부모와 교육자는 몇이나 될까요. 서머힐스쿨에는 학생 개개인의 책걸상이 없기 때문에 바닥에 둘러앉거나 비스듬히 누워 공부하다, 싫으면 숲으로 몰려가 놀기도 합니다. 9세 이하 학년까지는 공부보다 놀기를 권유합니다. 이들의 운동장이자 놀이터는 숲과 들입니다. 그곳에서 자전거 타기, 오두막 짓기, 나무 오르기, 모닥불 캠핑, 상상력 게임을 즐기고 숲 사이 빈터에서 테니스나 농구를 하기도 합니다. 수업과목이 마음에 들지 않으면 바꿀 수 있으며, 심지어 월반과 유급도 학생이 원하면 가능합니다.

"이런 학교를 공인하는 게 가당한가!"

영국왕실교육청이 왕실교육위원회에 폐교를 요청한 이유였습니

영국 서머힐스쿨 운동장. 수업과목은 물론 여가활동까지
모든 학교생활을 학생 스스로 선택할 수 있으며,
학생과 교직원이 동등한 한 표로 학칙을 결정하는 이상적인 공동체다.

©Summerhill School

다. 교육위원회는 폐교를 결정했고, 서머힐스쿨은 이 결정에 불복해
법원에 결정취소청구소를 제기했습니다. 1심과 2심에서 교육위원
회 결정이 승소하면서 폐교 위기에 처했으나 한국의 대법원 격인 영
국 최고법원의 판단은 달랐습니다. 학교의 주체는 국가와 교사가 아
니라 학생과 학부모라고 판단한 것입니다.

최고법원은 재학생과 졸업생 그리고 학부모를 대상으로 만족 여
부를 설문조사했습니다. 모두 '만족'이었습니다. 그리고 학업성취도
를 테스트했더니, 대부분 일반학교의 학생보다 더 높은 점수를 받았
습니다. 재학생도 졸업생도 교사도 학부모도 모두 놀랐습니다. 서머
힐스쿨에선 시험을 한 번도 치른 적이 없었으니, 놀란 것은 당연했습
니다. 저학년 때 실컷 놀고 나면 스스로 공부를 찾아서 하고, 그래서

열중하게 된 결과입니다.

이 학교 졸업생 중에는 대학교수·문필가·운동선수·영화배우·예술인·엔지니어·농업인 등 다양한 분야에서 저마다 창의적 노력으로 명성을 떨치는 인물이 수두룩합니다. 널리 알려진 인사를 꼽는다면 아동문학가 존 버닝햄, 가수 엘튼 존의 음반 프로듀싱으로 유명한 PD 거스 더전, 영화배우 리베카 드 모네이와 제이크 웨버, 프로축구선수 샘 오스틴 등입니다. 이들의 명성보다 소중한 것은 졸업생의 90퍼센트 이상이 스스로 택한 직업에 만족하며 행복하게 살고 있다는 사실입니다.

먼 나라 영국의 서머힐스쿨을 장황하게 소개한 이유는, 앞서 소개한 세상을 바꾼 천재들이 잠재된 재능을 스스로 찾아낸 성장환경이 이 학교와 무척 닮았기 때문입니다. 부모의 간섭도 교사의 지시도 없는 서머힐스쿨은 학생들이 스스로 재능을 찾고 미래를 준비하도록 돕는 진정한 학교입니다.

대한민국의 미래는 침몰하고 있습니다

학교는 자라는 아이들이 미래를 준비하는 곳이며, 교육제도는 아이들이 미래를 제대로 준비할 수 있도록 학교를 도울 때 비로소 존재가치가 있습니다. 하지만 대한민국의 학교는 교육부와 교육청 그리고 교사가 주인인 훈육기관이며, 학생을 쉽게 관리 감독할 수 있게 만든 통제수단에 가깝습니다.

대한민국의 학교는 성적과 입시경쟁에 매몰되어 미래를 외면한 지 오래되었고, 대한민국의 미래를 짊어진 청년층은 내 집 마련에다 자녀 양육과 과다한 교육비 걱정에 결혼과 출산조차 포기한 채 '오늘의 소소하고 확실한 행복 찾기'에 급급합니다. 게다가 2000년대 들어 학교를 이념투쟁의 장으로 만든 전교조와 '금쪽같은 내 새끼'를 감싸기만 하는 학부모까지 설쳐, 오늘날에는 학교가 아니라 난장판과 다름없습니다. 정부는 국가의 미래가 이 지경인데도 근본적인 해결책 찾기보다 땜질 처방과 세금 퍼붓기에 급급해 더욱 답답할 뿐이지요.

서머힐스쿨을 대한민국에 벤치마킹하는 방안을 찾아보았습니다

현행 초·중·고교 12년 3단계 학제(학령 8~19세) 대신, 10년 단일 학제(7~16세)의 시골 기숙학교로 바꾸는 것입니다. 기숙학교는 가급적 숲과 전원으로 둘러싸인 한적한 시골에 건립해 어릴 때부터 아이들에게 변화무쌍하고 경이로운 대자연과 생태계의 조화를 체험할 수 있도록 합니다. 이런 시골학교는 자립심과 창의력을 키우는 데 매우 효과적입니다. 특히 기숙학교는 또래와 어울리며 서로 돕고 경쟁하면서 자신의 재능과 진로를 스스로 찾고, 꿈을 이루기 위해 노력하고 자신감을 갖게 합니다. 입시 위주의 시험과 성적표를 없애고 학생들의 재능과 성실성을 관찰한 평가서로 대신합니다. 부모의 과보호로 자녀를 마마보이로 만드는 한국 가정의 현실을 감안하면 이런 기숙학교는 더욱 절실합니다.

시골 기숙학교는 학생과 학부모가 선택하고, 자신과 맞지 않으면 이웃이나 다른 지역 학교로 전학할 수 있게 합니다. 이런 학교·지역 간 경쟁을 통해 시골 기숙학교의 특성화를 유도할 수 있습니다. 학제를 현행 12년에서 10년으로 축소해 부족해진 수업일수는 기숙학교의 이점과 등하교 시간 활용으로 하루 수업시간을 늘려 보충할 수 있습니다.

학제 축소로 생긴 2년(17~18세)은 졸업 후 성년을 준비하는 휴식년으로 합니다. 이 기간에 저마다 재학시절 꿈꾸고 관심을 가졌던 분야를 찾아 체험하고 여행하며 독서와 사색을 즐긴 후 대학진학 등 인생 진로를 찾는다면 미래의 시행착오를 줄일 수 있겠지요.

그런데 시골학교의 학비와 기숙비용은 물론 휴식년 소요비용을 기꺼이 감수할 학부모가 과연 얼마나 될까요? 지극히 당연한 질문입니다. 모두 국가가 지원해야 합니다. 무슨 돈으로 시골 기숙학교를 건립하고 학비와 기숙비 그리고 휴식년 소요비용까지 충당하느냐고 궁금하시겠지요. 2022년 현재 전국 초·중·고교는 대충 2만 곳을 웃돕니다. 이들 대부분은 그 지역의 중심가나 주택가의 요지에 위치해 땅값이 만만치 않습니다. 이들 학교의 3분의 2를 매각하면, 첨단 실험실과 멋진 취미교실을 갖춘 시골학교와 휴식년 지원시설의 건립비용과 운영기금까지 마련하고도 남을 것입니다. 한편 매각하지 않은 나머지 3분의 1의 학교는, 방학 중 자율학습과 휴식년 지원시설을 겸한 주민 편의시설로 꾸미면 금상첨화일 것입니다.

대학 과정은 현행 제도의 골격을 유지하면서 대학의 자율성을 최대한 보장해, 입학과 졸업에 필요한 시험과 학점제도는 물론 등록금도 스스로 결정하고 경쟁하도록 합니다. 이렇게 하면 학생들에게 외면받는 대학은 점차 도태되고 사회가 요구하는 인재를 키우는 대학은 살아남게 됩니다. 특히 대학에 진학하지 않아도 재능을 살려 미래를 열어갈 수 있도록 돕는 다양한 전문대학을 육성해야 합니다. 대학의 기부금 제도를 장려해 저소득층 학생이 기부금으로 마련된 장학기금으로 학업에 열중할 수 있도록 도와야 합니다. 전문대학의 경우 재학 중 등록금은 국가와 졸업생을 채용할 기업이 반반 부담하는 방안이 좋을 것 같습니다.

교육을 혁신해야 대한민국의 미래가 보입니다

이렇게 학교와 교육제도를 혁신하면, 교육 문제뿐 아니라 대한민국이 당면한 여러 난제를 한꺼번에 해결할 수 있습니다. 크게 4개 부문으로 나누어 요약하면 이렇습니다.

1. 자녀 교육비 지출이 없으면 결혼과 출산은 저절로 상승합니다. 당연히 입시 지옥, 학교폭력, 과외 열풍은 사라지겠지요. 무엇보다 모든 학생이 같은 환경에서 공부하는 기숙학교는 빈부격차로 생긴 학력 격차와 가난의 대물림을 원천적으로 막을 수 있습니다.

2. 청년층의 신혼주택 마련을 도울 수 있습니다. 매각한 학교 부지의 절반에 공공주택을 지어 절반을 신혼부부에게 2년간 무상임대하고 출산하면 3년을 연장해준다면, 청년세대의 주택난 해소는 물론 인구 절벽을 단기간에 막을 수 있습니다. 나머지 공공주택은 서민 주택난 해소에 활용합니다.

3. 특히 아이들이 숲과 자연환경에서 자라면 심신의 건강을 얻을 뿐 아니라 창의적 인재로 성장할 수 있지요.

4. 도시인구집중과 농어촌 노령화 문제도 저절로 해결됩니다. 자녀의 진학을 위해 굳이 서울과 수도권으로 몰리지 않을 것이며, 농어촌은 시골학교 덕분에 학부모의 지방 이주가 늘고 지방경제도 살아나겠지요. 공공기관의 지방 이전보다 지역균형발전에 더 효율적인 정책입니다.

갈 길을 잃은 대한민국 교육의 현주소, 서울 한 고교의 수업시간.
학생 대부분이 자지만 교사는 깨우지 않는다.
깨웠다가 되레 항의를 받고, 때로는 봉변을 당하기 때문이다.

이렇게 학교와 교육제도를 혁신하려면, 인공지능AI 시대에 걸맞지
않은 교육부를 해체하고, 미래인재부(가칭)를 신설해 중장기 교육정
책 수립과 감독만 관장하게 해야 합니다. 한편 단기정책은 학부모와
주민이 주도하는 지역교육위원회와 학교가 자율적으로 정하고 관할
학교운영을 감독하도록 하면 좋겠습니다. 지역교육위원회와 학교에
는 어떤 정치단체도 이익단체도 개입하지 못하게 법으로 규정해야
합니다.

국가가 주도하는 공교육제도는 퇴물이 된 지 오래입니다

국가의 미래를 더는 교육부에 맡길 수 없습니다. 해마다 뜯어고치는
입시제도에 아이들의 미래를 맡길 수 없습니다. 희망이 없는 학교를
자퇴하고 검정고시를 선택하거나 아예 외국으로 떠나는 학생이 급증

하는 것을 보면 더욱 그렇습니다. 국회에 보고된 교육부의 '학업중단 학생 현황'을 보면 2021년도 전국 초·중·고교생 중 자퇴한 학생은 전체의 0.8퍼센트에 해당하는 4만 2,755명입니다. 이들 중 47.1퍼센트인 2만 131명이 고교생이며, 고교생의 학업중단율은 1.55퍼센트로 초·중·고교생 평균보다 2배가량 높습니다. 치열한 입시 경쟁과 희망이 없는 학교에 좌절한 고교생이 그만큼 많다는 뜻이지요.

고교생의 자퇴 사유를 보면 기가 막힙니다. '기타'가 1만 2,337명으로 가장 많고 뒤이어 '부적응(학업, 대인관계 등)'이 4,397명, '해외 출국' 1,814명, '질병' 1,081명 순이었습니다. '해외 출국'과 '질병'이라 답한 자퇴생을 제외한 1만 7,236명(85.6%) 대부분은 학교도 학업도 싫어 자퇴한 경우입니다. 이들이 자퇴 후 사회생활에 적응하지 못하면 '무서운 청소년' 아니면 '은둔형 외톨이'로 전락합니다. 그렇다고 자퇴하지 않고 졸업한 학생이 모두 학교와 교육제도에 만족하는 것도 아니지요. 학교와 학업이 싫어도 마지못해 졸업하는 학생들을 포함하면 좌절한 학생은 재학생의 절반을 훌쩍 넘을 듯합니다. 국가의 미래가 걸린 아이들이 이 지경인데 정부와 국회는 여론 달래기용 땜질에 급급합니다.

경천동지할 교육 혁신 없이는 대한민국의 미래는 없습니다. '천재들의 놀이터'인 숲에 둘러싸인 학교에서 아이들 스스로 재능을 찾고 창의적 사고로 미래 사회를 열도록 돕는 교육제도와 학교를 만들어야 합니다. 그리고 행여나 자식이 잘못될까 남보다 뒤처질까 불안한 나머지 사사건건 간섭하는 부모로부터 아이들을 해방시키지 않는 한, 자립심도 창의력도 일깨우지 못합니다. 서머힐스쿨을 벤치마킹해야 하는 이유입니다.

지구

숲과 인류의
엇갈린 진화와
문명 이야기

- 숲이 '푸른 별'로 가꾸다
- 풀이 숲을 몰아내다
- 빙하기 인류가 똑똑해지다
- 숲과 함께 문명도 사라지다
- '푸른 별'이 '노란 별'로 변하다
- 인류가 뒤늦게 숲을 살리다
- 대자연을 공원으로 가꾸다
- 금수강산 울창할수록 좋은가

숲이
'푸른 별'로
가꾸다

신통방통한 숲은 언제 출현해 어떻게 변모했을까요? 숲은 어떻게 인간의 뇌를 창의적으로 자극할까요? 답을 찾으려면 4억 5,000만 년 전으로 시간여행을 해야 합니다. 너무 아득한 시간에 지레 겁먹지 않아도 됩니다. 이번 여행은 광속으로 날아 네 곳에 기착해 황량했던 지구가 어떻게 '푸른 별'로 변했는지를 둘러본 뒤 목적지에 닿는 순간이동 여행이기 때문입니다. 목적지는 인류의 공통조상인 침팬지가 숲에서 나와 서서 걷고 뛰며 사냥을 시작했던 400만 년 전입니다. 그럼 출발하겠습니다.

태초의 지구에 푸른빛을 입힌 식물은 이끼였습니다

첫 기착지는, 지구 육상에 푸른빛이 감돌기 시작한 고생대 오르도비스기紀(4억 8,000만 년 전~4억 3,000만 년 전) 중기 4억 5,000만 년 전 즈음 바닷가입니다. 하늘에서 본 지구는 온통 뜨거운 원시 바다로 덮였지만 여기저기 크고 작은 육지가 솟아 있습니다. 육지는 황량한 채 여전히 열기가 남아 있고 가장자리 바닷가에는 오늘날 여름철 하천에서 볼 수 있는 녹조 같은 푸른빛 생명체가 잔뜩 덮

오르도비스기 말기 상상도. 바닷가는 대멸종에도 살아남은
이끼로 덮였고 앵무조개의 조상인 카메로케라스의 사체가 드러나 있다.

여 있을 뿐입니다.

지구에 숲이 출현하려면 한참 더 기다려야 합니다. 아직 나무도 풀
도 생겨나지 않아서입니다. 바닷가를 덮은 푸른빛은 태초의 육상 생
명체인 선태류[이끼식물]의 빛깔입니다. 이들은 당시 원시 바다에
다양한 해양생물이 폭발적으로 증식해 자리다툼이 심해지자 육상으
로 서식지를 옮긴 것입니다. 이끼식물은 예나 지금이나 뿌리도 줄기
도 없이 엽록소 덩이를 물 밖에 살짝 드러내고 광합성으로 생존하는
엽상葉狀식물입니다. 이끼식물은 오르도비스기 말에 닥친 빙하기 때
일부만 살아남았지만, 오늘날에는 무려 1만 2,000종으로 번성하는
경이로운 생명체입니다.

지구 나이가 무려 45억 년인데, 태초의 육상 생명이 4억 5,000만
년 전 즈음에 생겨났다면 너무 늦은 것 같지요. 맞습니다. 불덩이였

던 지구가 서서히 식고 무려 1,000만 년간 억수같이 내린 비 덕분에 온통 원시 바다에 잠긴 뒤, 크고 작은 육지가 여기저기 솟기까지 근 40억 년이 소요되었으니 그럴 수밖에 없었습니다.

그런데 원시 바다에 무슨 일이 있어서 갑자기 다양한 생명체가 폭발적으로 증가한 것일까요? 오르도비스기 이전 캄브리아기(5억 4,000만 년 전~4억 8,000만 년 전)에 벌어진 '동물 진화의 대폭발기'에 벌어진 결과입니다. 당시 원시 바다에서 살던 광합성 조류가 크게 번성하면서 이들이 내놓은 산소가 풍부해지자, 대부분 1센티미터 이하였던 작은 다세포 생물들이 너도나도 덩치를 키운 데다 새로운 생명체까지 다양하게 출현하게 된 것입니다.

이게 끝이 아니었습니다. 바닷물에 녹고도 남은 산소는 대기로 퍼졌는데, 대기에도 넘쳐나 상층부로 솟아 오존층을 만들었습니다. 오존층이 '죽음의 빛'인 태양의 자외선을 차단하자 육상에도 생명체가 살 수 있게 된 것이 푸른 별 지구가 탄생하는 결정적 계기가 되었습니다.

복작대는 바다에서 살아남기 어렵게 된 이끼식물은, 자외선이 사라져 안전하게 광합성을 할 수 있는 육상으로 올라왔습니다. 당시 육지는 어떤 생명체도 살지 않는 무주공산이었고, 바다에 잠겨 있을 때 쌓인 영양분이 풍부하게 남아 있어 이곳보다 더 좋은 새 터전은 없었겠지요. 그러나 이끼식물은 수생식물이라 바닷가 습지를 벗어날 수 없었고, 그래서 오늘날에도 물가나 저습지에서 살고 있습니다. 아무튼 삭막했던 지구를 오늘날처럼 푸른 별로 바꾼 것은, 여전히 축축한 저습지에 눌어붙어 사는 이끼식물의 위업이었습니다.

어설프지만 태초의 숲이 생겨났습니다

둘째 기착지는, 태초의 좀 어설픈 숲이 생겨난 고생대 데본기(4억 2,000만 년 전~3억 6,000만 년 전) 말기 3억 5,000만 년 전 즈음 바닷가입니다. 이곳은 첫 기착지와는 풍광이 확연히 다릅니다. 여기 저기 침엽수처럼 키가 큰 나무가 자라 군락을 이루며 좀 엉성하지만 태초의 숲을 이루었고, 이끼식물로 덮였던 바닷가에는 마치 외계식물 군락지 같은 독특한 풀밭도 보입니다.

이런 숲은 데본기 중기 겉씨식물의 시조인 양치식물이 잇달아 출현해 번성하면서 생겨난 것입니다. 양치식물에 속한 석송류[대표 식물: 인목鱗木]·속새류[노목蘆木, 봉인목封印木, 쇠뜨기]·고사리류[고사리, 나무고사리]가 연출한 풍광이지요. 이들은 황량했던 육지를 빠르게 점령하며 영토를 확장했습니다. 겉씨식물은 뿌리와 줄기 속에 관다발이란 독특한 조직을 장착한 덕분에, 메마른 내륙에서도 거뜬히 버티며 좀 어설프지만 그들만의 울창한 녹색 제국을 건설한 것입니다. 고사리류 중 나무고사리의 키는 8미터에 이르렀고, 양치류이면서도 침엽수처럼 생긴 아르케옵테리스Archaeopteris는 무려 30미터 높이로 자랐으니 엉성하지만 숲다운 면모를 갖춘 셈이지요. 이들 주변에는 마치 듬직한 식물처럼 보이지만 균류가 쌓여 만들어진 프로토택사이트도 있었습니다.

한편 바닷가에는 겉씨식물이 출현하기 이전부터 터를 잡은 외계식물 같은 풀이 있었습니다. 이 풀은 오르도비스기에 번성한 이끼식물 중에서 진화해 살아남은 것으로 보이는 관속管束식물입니다. 이들 중 단연 돋보인 식물은 쿡소니아입니다. 관속식물은 엽상식물인 이끼식물과 달리 잎 대신 줄기를 길게 뻗으며 그 속에 1개의 물관을 장

데본기 육상 풍경 상상도.
관속식물이 번성해 이끼식물이 살던 바닷가를 점령했다.

착해 가뭄을 대비한 식물이며, 줄기만 길게 뻗은 뒤 끝부분이 Y자 모양으로 자라는 키 5센티미터가량의 작은 식물입니다. 쿡소니아는 데본기 직전의 실루리아기(4억 3,000만 년 전~4억 2,000만 년 전)에 지구상에 출현한 뒤 이끼식물 군락지 주변에 붙어살았습니다. 그런데 이끼식물이 오르도비스기 말에 닥친 빙하기와 대멸종 여파로 잔뜩 움츠리고 간신히 연명하다 데본기 후반기 기후가 건조해지자 대부분 고사했습니다. 이 틈을 타 쿡소니아가 이끼식물이 살던 바닷가를 점령해 제 세상을 만든 것입니다. 기후변화는 수많은 종種을 한꺼번에 멸절시키지만 새로운 생명의 출현을 촉발하는 기폭제이기도 합니다.

어쨌든 쿡소니아 등 관속식물의 출현과 번성은 육상식물 진화의 첫걸음이자 겉씨식물인 양치식물이 출현하는 진화의 징검다리가 되었습니다. 또한 겉씨식물은 꽃을 피워 씨앗으로 번식해, 훗날 속씨식물 출현의 징검다리가 됩니다. 숲다운 숲을 보려면 다음 기착지로 가야 합니다.

드디어 숲다운 숲, 열대우림이 생겨났습니다

셋째 기착지는 숲다운 숲이 출현한 석탄기(3억 6,000만 년 전~3억 년 전) 중기 3억 3,000만 년 전입니다. 이곳의 풍경은 오늘날 아마존 열대우림과 비슷합니다. 데본기 중엽에 출현해 말기에 번창하기 시작한 양치식물[주로 거대 식물인 나무고사리와 아르케옵테리스]이 석탄기 들어 일찌감치 지배수종支配樹種으로 자리 잡고 숲을 키운 결과였습니다. 거대한 양치식물 외에도 초기 양치식물인 뿌리 없는 솔잎난류가 그나마 남아 있던 이끼식물과 관속식물을 몰아내고 바닷가와 저습지를 점령해 군락을 이루었습니다.

석탄기 중엽에는 종려나무처럼 생긴 석송류 인목과 대형 크리스마스트리처럼 자라는 속새류 노목이 크게 번성하면서 내륙 고지대 여기저기에도 울창한 숲이 생겨났습니다. 인목은 키 20~40미터에 밑둥치 지름이 2미터에 이르는 거목으로 자랐고, 노목의 키는 9미터로 상대적으로 작았지만 말꼬리처럼 생긴 가지를 옆으로 넓게 펼치며 군락을 이루었으며, 고사리와 쇠뜨기는 키는 크지 않았지만 넓은 잎과 가지를 이용해 덤불숲을 만들었습니다. 나무고사리는 아파트 10층 높이(30미터) 이상 자랐습니다. 이처럼 거목이 여기저기 군락을 이루면서 태초의 울창한 숲이 탄생한 것입니다.

석탄기 중엽 이후에는 소철류 그리고 은행나무와 구과식물[소나무, 측백나무]이 등장해 번창하면서 양치식물 일색이었던 숲은 점차

석탄기 육상 풍경 상상도. 따뜻하고 다습한 환경 덕분에
식물이 육지를 뒤덮고 울창한 열대우림을 이뤘다.

침엽수림으로 바뀝니다. 이들은 양치류에 비해 추위에 강했습니다.
석탄기 말 대륙판 이동으로 촉발된 기온 강하로 양치식물은 고사했
지만 침엽수는 살아남아 지배수종으로 등극했고, 이후 세 차례의 대
멸종에도 거듭 살아남아 오늘날에도 울창한 침엽수림의 위용을 지
키고 있습니다.

석탄기 때 무슨 일이 있었기에 열대우림이 생겨났을까요

데본기 중엽부터 기온이 점점 상승한 데다 비가 잦고 다습해 식물
의 생육조건이 좋았기 때문입니다. 게다가 지구 육지를 뒤덮은 식물
이 뿜은 엄청난 산소 때문에 대기 중 용존산소가 지구 연대기상 최고
치인 35퍼센트[오늘날은 21%]로 높아진 게 기폭제 역할을 했습니
다. 이런 생태환경의 영향으로 울창한 열대우림이 탄생했으며, 풍부

한 먹이 덕분에 초식동물도 폭발적으로 늘었고 덩치도 커졌습니다. 당시 길이 75센티미터로 자란 거대 거미와 전갈, 길이 2.3미터 크기의 노래기, 65센티미터짜리 잠자리 등 곤충과 파충류의 대형 조상들이 숲 사이로 떼 지어 다녔다니 상상만 해도 놀랍고 장관이었을 듯합니다.

그런데 높은 용존산소는 번갯불에도 쉽게 산불을 일으켜 빼곡했던 삼림은 삽시간에 검게 그을려 무너지는 일이 다반사였습니다. 게다가 당시 활발했던 대륙판 이동으로 지각활동이 잦아 광대한 숲이 통째로 땅속 깊이 매몰되기도 했습니다. 이때 산불로 탄화된 나무와 지각활동 때 매몰된 숲이 지각의 압력과 마그마의 열에 갇혀 오늘날 석탄이 되었지요. 한편 지각활동 때 쓰러진 울창한 수목이 부패하지 않고 그대로 흙에 묻혔는데, 이것은 오늘날 토탄으로 채굴됩니다. 당시에는 나무를 분해하는 균이 출현하지 않아 쓰러진 수목은 썩지 않았기 때문입니다.

지질연대의 명칭은 대부분 해당 시기의 주요 화석이 발견된 지역이나 부족의 이름으로 명명하지요. 하지만 이 시기를 석탄기Carbon-iferous Period라고 명명한 이유는, 모든 대륙에서 광범위하게 석탄으로 변한 화석이 발견되었기 때문입니다.

백악기는 남극에도 숲이 울창한 녹색 천국이었습니다

넷째 기착지는 녹색 천국이었던 중생대 백악기(1억 4,500만 년 전~6,500만 년 전) 중엽 1억 년 전 즈음입니다.

당시 지구 다섯 대륙은 온통 울창한 숲으로 덮였습니다. 그때의 지구는 오늘날 5대륙과 6대양의 모양을 대충 갖춘 상태였는데, 남극

백악기 육상 풍경 상상도. 녹색 천국 백악기의 다섯 대륙은
오늘날의 모습을 대강 갖추었고, 울창한 숲과 다양한 공룡이 장관이었다.

에도 숲이 생겼으니 그야말로 녹색 천국이었지요. 이뿐만 아닙니다.
양치식물과 침엽수로 빽빽했던 이전의 단조로운 숲과 달리, 다양한
수목에다 울긋불긋한 꽃이 만발했습니다. 당시 출현한 속씨식물 덕
분인데, 이들 중에는 오늘날에도 멋진 자태와 아름다운 꽃을 피우는
식물이 수두룩합니다. 버즘나무·분꽃나무·버드나무·사시나무·녹
나무·감탕나무·두릅나무·생강나무 등입니다. 백악기 직전 쥐라기
(2억 130만 년 전~1억 4,500만 년 전)까지 대충 2억 년간 번성했
던 겉씨식물의 숲은 백악기에 들어 속씨식물의 숲으로 바뀌었고, 후
기에는 속씨식물이 우점종優占種으로 자리를 굳히면서 오늘날에도
번성하고 있지요.

속씨식물은 영리하다 못해 교활하다 해야 옳을 법한 식물입니다.
암수가 다른 겉씨식물은 꽃을 피운 뒤 바람을 이용해 타가수분他家受

粉하고 열매가 맺히면 그냥 땅바닥에 떨어뜨려 번식합니다. 그래서 번식 성공률이 신통치 않았습니다. 하지만 속씨식물은 씨앗을 맺고 퍼뜨리는 번식 방식을 교묘하게 바꿔 겉씨식물이 누리던 우점종 자리를 꿰찼습니다. 속씨식물은 꿀벌을 길들여 암·수꽃을 타가수분시키고, 씨앗을 열매[과일]의 달콤한 과육 속에 넣어 동물이 먹도록 꾀어 멀리 퍼뜨리게 한 것입니다.

속씨식물이 얼마나 교활한지를 알려면 꿀벌과 초식동물을 길들인 과정을 살펴보면 됩니다. 백악기 초기만 해도 속씨식물은 나비, 나방, 딱정벌레, 벌새와 같은 곤충이나 새를 이용해 타가수분을 했습니다. 그런데 이들의 수분활동이 너무 느려 좀체 마음에 들지 않던 차에, 늘 허기진 듯 이 꽃 저 꽃을 부지런히 들락거리는 말벌의 한 무리를 발견하고 이들을 길들이기 시작합니다. 속씨식물은 꽃 속에 말벌이 좋아하는 달콤한 꿀을 넣어 자주 찾도록 유인한 것입니다. 말벌은 본디 육식성이라 식물에는 애당초 관심이 없었지만, 이 말벌 무리는 꽃 속 단맛을 맛보고는 잡기 힘든 벌레보다 가만히 있는 꽃 속 꿀을 사냥하는 것이 훨씬 쉽고 맛있고 저장하기도 안성맞춤이라는 것을 알게 되었습니다. 이렇게 말벌의 일부가 꿀벌로 진화해 속씨식물과 공진화共進化했습니다. 백악기 중엽 1억 년 전 즈음 있었던 일입니다.

속씨식물은 꿀벌 덕에 타가수분을 해 강한 자손[씨앗]을 만들었지만 더한 걱정이 눈앞에 어른거렸습니다. 가을에 이 씨앗이 자기 발치에 떨어지면 이듬해 봄부터 자기 자손과 생존경쟁을 해야 하는 비극을 피할 수 없기 때문입니다. 속씨식물은 또 꾀를 냅니다. 여름 내내 잎과 가지를 뜯어먹는 얄미운 초식동물을 이용하기로 합니다. 씨앗을 딱딱한 껍질 속에 넣어 마냥 땅바닥에 떨어뜨리는 겉씨식물[은행나무, 소나무]과 달리, 속씨식물은 딱딱한 껍질 속의 씨앗을 달콤새큼한 과육으로 감싼 열매[과일]를 맺습니다. 달콤새큼한 과육을 맛본 초식동물은 떼를 지어 몰려와 열매를 통째로 먹고는 멀리 돌아다니다 똥과 함께 씨앗도 배출했습니다.

속씨식물과 꿀벌 그리고 초식동물은 서로 도우면서 더불어 살아가는 자연생태계를 만들었습니다. 이런 상생공존 생태계 덕분에 오늘날 지구에 생존하는 종자식물 25만 9,450종 중 근 98퍼센트가 속씨식물입니다. 더욱이 속씨식물 덕분에 다양한 포유류가 출현했으며, 그 가운데 인류의 공통조상인 유인원도 탄생했다는 사실을 잊지 않았으면 합니다.

이곳 백악기 지구는 공룡 천국이기도 했습니다

당시 지구는 어떤 모습이었을까요? 영화 「쥐라기 공원」을 떠올리면 됩니다. "백악기에 웬 쥐라기?"라고 되물을 수도 있겠네요. 그러나 이 영화에 등장하는 공룡과 숲은 백악기 모습이며, 쥐라기 공룡은 이처럼 다양하지도 크지도 않았습니다. 이 영화의 제목은 흥행을 위해 억지로 갖다 붙인 것입니다. 백악기의 영문 '크리테이시어스' Cretaceous보다 '쥐라식'Jurassic이 발음하기에도 좋고 표기도 멋져 보였던 모양입니다.

어쨌든 백악기는 숲속 수목만큼 동물도 다양했습니다. 육상은 다양한 공룡과 익룡의 세상이었으나, 단공류[가시두더지, 오리너구리], 유대류[캥거루, 주머니쥐], 인류의 아주 먼 공통조상인 원시 설치류도 백악기에 출현했습니다. 바다에는 해양파충류[어룡, 수장

룡], 갑오징어의 조상인 암모나이트, 조개류의 조상인 루디스트 같은 생물이 번성했습니다. 종의 다양화는 백악기의 특징 중 하나입니다. 다양화의 원동력은 두 가지입니다. 하나는 5대륙 분열입니다. 초대륙[판게아]이 지금으로부터 2억 년 전부터 나뉘기 시작해 백악기에 이르러서는 오늘날 지도의 모양을 갖춘 것입니다. 5대륙 6대양의 분열은 각 대륙과 지역에 따라 종분화種分化를 촉발해 종의 다양성이 풍부해졌습니다.

나머지 하나는 기후변화입니다. 백악기의 평균 기온은 섭씨 18도로 오늘날보다 섭씨 4도가 높았고, 대기 중 산소농도는 30퍼센트로 오늘날보다 9퍼센트 높았으며, 대기 중 이산화탄소농도는 1,700ppm으로 산업혁명 직전 농도보다 무려 여섯 배나 높았습니다. 식물도 동물도 생장하는 데 매우 좋은 자연조건이어서 종분화와 진화가 활발했습니다. 게다가 5대륙과 6대양의 분열 이후 대륙에 따라 기후가 달라졌으며, 한 대륙에서도 위도에 따라 계절이 달라 종분화와 진화가 한층 가속되었습니다.

그러나 백악기는 6,600만 년 전 지름 10킬로미터짜리 소행성이 멕시코 유카탄반도에 낙하해 발생한 다섯 번째 대멸종과 함께 끝났습니다. 그 소행성 충돌로 생긴 엄청난 먼지구름이 햇빛을 차단해 광합성을 하지 못한 육상식물과 해양플랑크톤이 대거 고사했고, 먹이사슬의 중심인 식물이 한꺼번에 고사하는 바람에 대형 초식동물인 공룡과 해양생물도 줄줄이 사라졌습니다. 지구 생명체의 75퍼센트가 사라진 대멸절이었습니다. 그러나 25퍼센트는 살아남았고, 그중에는 인류의 공통조상인 원시 영장류와 훗날 '나무의 제국' 숲을 몰아낼 초원의 주인공인 풀이 숨죽여 살고 있었습니다.

숲이 사라진 자리에 광활한 초원이 펼쳐졌어요

이번 시간여행의 목적지인 신생대 플라이오세世(533만 년 전~ 258만 년 전) 중엽 400만 년 전 즈음 동아프리카 대륙에 도착했습니다. 녹색 천국이었던 중생대 백악기와는 완전히 다른 풍경입니다. 지평선을 가득 채운 대초원에는 초라한 숲이 드문드문 보일 뿐입니다. 백악기 말 울창한 숲 가장자리에서 숨죽여 살던 풀이 울창했던 숲을 몰아내고 만든 별세계 사바나 초원입니다. 이곳 초원에는 늑대·말·코끼리·사슴·까마귀·기러기·올빼미 등 오늘날 야생동물의 조상들이 제 세상인 듯 뛰놀고, 강과 바다에는 비버·고래·메갈로돈 [고대 육식성 상어]도 보입니다.

그런데 엉성한 숲 사이로 인류의 조상인 초기 직립원인直立猿人 오스트랄로피테쿠스가 보입니다. 어째선지 무척 불안해 보이는군요. 800만 년 이상 지상낙원 같았던 동아프리카 울창한 숲에서 진화한 침팬지의 후손이자, 훗날 지구 최상위 포식자로 등극할 인간의 공통조상에게 무슨 일이 있었던 걸까요? 그 해답은 다음 장에서 찾겠습니다.

풀이
숲을
몰아내다

동아프리카 대륙 울창한 숲은 지상낙원이었습니다. 아침에 일어나 손만 뻗으면 싱싱한 잎과 달콤한 열매가 지천이었고 향기로운 꽃은 여기저기서 코를 유혹했지요. 그뿐 아닙니다. 울창한 숲을 빼곡히 채운 거대한 나무의 듬직한 가지는 안락한 보금자리를 내주었고, 그들은 그곳에서 사랑을 나누고 새끼를 낳아 키우며 털 고르기로 무료함을 달랬습니다. 그런데 울창했던 숲은 아주 서서히 무너졌고, 여기저기 땅바닥도 점차 갈라지고 벌어져 넓은 협곡이 생겨났으며 또한 치솟은 땅에서 고원과 산이 생겨났습니다.

무너지는 숲, 그 시작은 굉음이었습니다

굉음은 잊을 만하면 요란하게 이어졌고, 그때마다 빼곡한 숲이 통째로 흔들리다 그치기를 반복했습니다. 숲속 땅바닥에서 살던 동물 대부분은 굉음과 함께 이어지는 진동에 불안해서 이곳을 떠났으나, 나무 위에서 사는 침팬지는 남아 가끔 들리는 굉음과 진동을 예사로 여기고 적응했습니다.

마이오세(2,300만 년 전~600만 년 전)에 들어 아주 서서히 무너

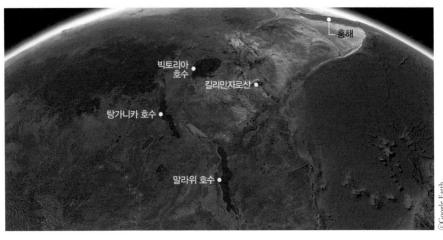

동아프리카 열곡대. 빅토리아 호수 주변 지형은 온통 찢어놓은 듯하며,
지금도 1년에 2~7센티미터씩 벌어지고 있다.

지던 숲은, 400만 년 전 즈음에는 전혀 딴판으로 변했습니다. 울창
한 숲을 이루었던 거대한 나무들이 사라져 그 자리에는 작은 나무만
드문드문 살아남았고, 그 사이는 온통 풀밭으로 변했습니다. 오늘날
동아프리카 대륙을 덮은 사바나 초원입니다. 이곳은 인간에게 멋진
관광지이지만, 숲속에서 몸을 숨기며 사는 침팬지에게는 맹수의 먹
잇감이 되기 십상인 휑한 들판이었습니다.

　땅도 예전 같지 않았습니다. 여기저기 꺼지고 솟구쳐 들쑥날쑥
한 데다 황량하기 그지없었습니다. 동아프리카 지각은 연평균 6밀
리미터씩 서서히 이동했지만 2,200만 년간 움직인 총연장은 무
려 132킬로미터였습니다. 오늘날 동아프리카 대륙 북쪽 에티오피
아와 소말리아에서 남쪽 모잠비크까지 폭 30~60킬로미터 연장
5,000킬로미터에 이르는, 이른바 동아프리카 열곡대裂谷帶는 이렇
게 탄생했습니다. 동아프리카 열곡대는 일반적인 지각이동과는 달

리, 지각 아래 상부 맨틀의 열기가 솟구치면서 생겨 이처럼 오랜 세월 천천히 진행된 것입니다. 이 때문에 주변을 초토화하는 화산폭발과는 달리, 광활한 대륙의 지표면이 찢긴 것 같은 기묘한 형상을 드러내 오늘날 별세계와 같은 자연풍광을 연출해냈습니다. 하지만 침팬지에겐 실낙원失樂園이었습니다.

오늘날 지상 최고의 자연경관은 이때 생겨났습니다

동아프리카 열곡대에는 문자 그대로 땅을 찢어 마치 주름을 잡은 것처럼 겹겹의 긴 골짜기가 생겨났고, 훗날 빗물이 이곳에 고여 큰 강과 넓은 호수를 이루어 장관을 만들었지요. 나일강의 시원始源인 빅토리아 호수, 동아프리카의 젖줄인 탕가니카 호수와 말라위 호수 그리고 세계 최대 홍학 서식지인 붉은빛 나트론 염호鹽湖 등등 지구촌 최고 자연경관 관광지는 이렇게 생겨났습니다. 한편 여기저기 지각이 솟구쳐 올라 골짜기 건너에는 거대한 산과 고원이 생겨났는데 아프리카 대륙의 영봉靈峰 킬리만자로, 오늘날 세계적인 커피 원두 아라비카 주산지인 에티오피아고원과 케냐고원, 탄자니아와 케냐에 걸쳐 있는 세렝게티 국립공원이 그것입니다.

마이오세에 동아프리카 지각만 움직인 것은 아닙니다. 유럽에는 알프스산맥이, 중앙아시아에는 에베레스트산맥과 티베트고원이, 북아메리카와 남아메리카에선 로키와 안데스산맥이 각각 솟았지요, 또한 인도판이 북상하며 아시아판과 충돌한 뒤 그 아래로 말려들면서 인도반도가 생겨났습니다. 태평양판이 남·북아메리카 대륙과 충돌한 뒤 아래로 말리면서 생긴 지각의 섭입攝入 결과였습니다. 한마디로 마이오세 내내 지구는 성장통으로 몸살을 앓았습니다. 그나마

나트론 염호는 탄산수소나트륨의 염기성 때문에 붉은 박테리아만 살아남아 붉게 보인다. 그래서 죽음의 호수라 불리지만, 붉은빛의 신비함 때문에 관광명소가 되었다.

동아프리카 대륙의 지각운동은 과격하지 않은 덕에 신비한 열곡대와 광활한 초원이 출현할 수 있었지요.

또한 이 덕분에 유인원類人猿[긴팔원숭이과를 제외한 오랑우탄, 고릴라, 침팬지, 보노보]과 현인류現人類, Homo Sapiens Sapiens의 으뜸 공통조상인 유인원 드리오피테쿠스Dryopithecus가 열곡대에서 출현할 수 있었습니다. 유인원은 본디 마이오세와 플라이오세에 걸쳐 아프리카 대륙에 2,000만 년 넘게 생존하다 여러 대륙으로 이동해 진화했습니다. 그러나 침팬지는 굉음과 진동에도 동아프리카 숲을 떠나지 않고 남았다가 700만 년 전부터 숲이 사라지자 땅바닥으로 내려와 먹이를 구하기 시작했는데, 이들이 드리오피테쿠스로 진화한 것입니다. 이들의 화석은 울창했던 삼림지역에서 발견되어 삼림고원森林

©Lubo Ivanko

킬리만자로산은 아프리카 대륙에서 가장 높은 해발 5,895미터의 화산이다.
정상부 만년설이 사바나 초원과 수목에 덮인 평원과 대조를 이루어 장관이다.

古猿 또는 숲속사람원숭이라고도 부릅니다.

인류가 동아프리카에서 출현한 것은 겁 없는 침팬지 덕분?

동아프리카 열곡대에 광활한 사바나 초원이 펼쳐진 시기는 열곡
대의 지각활동이 주춤해진 400만 년 전이었습니다. 오늘날 소말리
아가 위치한 지각인 소말리아판이 솟구치면서 인도양에서 불어오는
습한 계절풍이 가로막혀 수증기가 유입되지 않자 숲은 사라지고 그
자리에 초원이 생긴 것입니다. 솟아오른 소말리아 고원지대는 끝내
사막으로 변했고, 동아프리카 열곡대는 그나마 남았던 숲마저 가뭄
을 견디지 못하고 말라죽었습니다. 동아프리카 대륙이 연중 건기乾期
와 우기雨期로 확연히 나뉜 사바나 기후대로 변한 이유입니다.

숲이 사라진 자리를 잽싸게 차지한 풀은 어디서 온 걸까요? 백악기 말 숲 가장자리에서 숨죽여 살았던 그 풀의 자손입니다. 풀은 건기에 들면 재빨리 잎을 말려 뒤집어쓴 채 수분 증산을 차단하고 움츠렸다가, 우기에 폭우가 쏟아지면 빠르게 잎을 내고 뿌리를 다시 뻗어 주변을 점령합니다. 하지만 나무는 상대적으로 굼떠 풀에 밀릴 수밖에 없습니다. 마치 다윗이 골리앗을 쓰러뜨린 것과 같습니다.

울창했던 숲이 사라지고 광활한 초원이 펼쳐지자 새로운 동물도 속속 나타났습니다. 너른 초원에는 가젤·영양·늑대·얼룩말·코뿔소, 코끼리 등 오늘날 야생동물의 조상들이 제 세상을 맞았습니다.

반면 울창한 숲속 나뭇가지 위에서 800만 년 넘게 편히 살아온 침팬지는 겁 없이 버티다가 결국 불안한 나날을 보내야 했지요. 천국과 같았던 숲은 사라졌고 안락한 잠자리도, 맛난 열매도, 마땅히 숨을 곳도 없이 휑한 초원이 코앞에 닥쳤기 때문입니다. 침팬지 한 무리가 먹이 경쟁에서 밀려나 숲 가장자리에서 힘겹게 살던 끝에 나무에서 내려와 먹이를 찾았지만 땅바닥에도 떨어진 열매는 없었습니다. 숲은커녕 반반한 나무조차 없으니 낙과落果가 없는 게 당연하지요. 이 침팬지 무리는 고사한 나무 밑둥치 틈새에서 개미굴을 발견하고는 꼬챙이를 집어넣은 뒤 꼬챙이에 붙은 개미를 핥아먹고 허기를 달랬습니다.

다른 침팬지 무리는 한 걸음 나아가 초원의 풀을 뒤져 부드러운 잎과 꽃 그리고 작은 열매를 따먹으며 허기를 채웠습니다. 이들 침팬지는 굶어죽지 않기 위해 새끼들을 데리고 초원으로 나와 새로운 보금자리[숲]를 찾아 떠날 수밖에 없었습니다. 1992년 에티오피아 아와시강 중류 아라미스 유적지에서 화석으로 발견된 아르디피테쿠스

사바나 초원은 건기와 우기가 확연히 구분된 적도 열대 기후대에
나타나는 초원이다. 키가 큰 풀이 무성하고 그 사이 드문드문 보이는 관목과
교목의 풍경이 이채롭다. 게다가 다양한 초식동물이 맹수와 어우러져,
사파리 관광지로 인기가 높다.

라미두스가 그들입니다. 440만 년 전에 살았던 것으로 보이는 이들
은 침팬지와 달리 손가락이 길어 나뭇가지나 돌멩이를 잡을 수 있었
고 또 두 발로 서서 엉금엉금 걸으며 먹이를 찾아다닌 것으로 보입니
다. 이들은 서서 2족 보행을 했지만 4족 보행도 했기 때문에 온전한
직립원인은 아니었습니다. 온전한 직립원인 오스트랄로피테쿠스가
출현하려면 40만 년을 더 기다려야 합니다.

울창한 숲이 어떻게 하찮은 풀에게 당했을까요?

백악기 말 숲 가장자리에서 숨죽여 살던 풀이 찾아낸 비장의 생존
비책은 속전속결입니다. 풀은 나무와 달리 줄기가 없습니다. 그래서
나무는 키와 덩치를 자랑하듯 우람하게 성장하지만, 풀은 대개 땅에

붙어 촘촘히 자랍니다. 풀은 줄기가 없으니 그만큼의 에너지를 뿌리 생장에 쏟습니다. 풀씨는 제철에 기온과 습도가 맞으면 보름 안팎에 여러 개의 뿌리다발을 내리고, 새싹을 틔워 터를 잡은 뒤 뿌리를 주변으로 빠르게 뻗으며 영역을 넓힙니다.

반면 나무는 폭풍에 쓰러지지 않으려면 뿌리를 가능한 한 굵고 깊게 박아야 하는 데다, 햇빛을 충분히 받으려면 키도 키우고 잎도 무성하게 내야 합니다. 그래서 나무는 씨앗에서 발아한 새싹이 터를 잡고 어린나무로 성장하는 데만 적어도 2~3년이 걸립니다. 그래서 나무는 성장의 속도 전쟁에서 풀을 이길 수 없습니다.

풀의 이런 비장의 무기도 하늘의 도움 없이는 숲을 무너뜨릴 수 없습니다. 연중 긴 가뭄과 긴 장마가 교차하는 심술 날씨가 적어도 수십 년간 지속해야 합니다. 연중 절반 이상 바짝 가물다가 2~3개월간 긴 장마가 계속되는 사바나 기후가 바로 그런 날씨입니다. 가뭄에 잎이 말라죽은 나무는 이후 비가 내려도 바로 회생하지 못하지만 풀은 며칠 새 푸른빛을 띠며 되살아납니다. 이런 일이 수십 년 계속되면 아무리 울창한 숲도 속수무책 무너질 수밖에 없지요.

다행히 한반도는 우기와 건기가 확연하지 않은 사계절 온대 기후대입니다. 풀과 나무가 어울려 살 수 있어 울창한 산림을 가꿀 수 있지요. 반면 열대 기후대의 정글에서는 풀을 보기 어렵습니다. 백악기처럼 다양하고 거대한 나무가 연중 빽빽하게 자라 그늘진 땅바닥에선 풀이 생존하기 어려워서입니다. 한편 한대 지방에서는 수목한계선樹木限界線을 두고 극명하게 다른 풍경이 연출됩니다. 덜 추운 남쪽에선 침엽수나 자작나무가 울창한 숲을 이루는 반면, 북쪽 아주 추운 툰드라 기후대는 땅바닥에 납작 붙어 짧은 여름철을 보내고 동면하는 풀들의 세상입니다. 열대와 한대는 풀과 나무가 상생공존할 수 없는 기후대인 셈이지요.

아무튼 동아프리카 열곡대에 숲이 사라지자 숲속사람원숭이 드리오피테쿠스는 낮에는 초원에서 먹이를 찾고 밤이면 야행성 맹수를 피해 몇 안 되는 나무를 골라 가지 위에서 고단한 잠을 잤습니다. 점차 이마저도 여의치 않자 이들은 이웃과 함께 아예 새로운 보금자리[숲]를 찾아 무리지어 떠납니다. 이들 무리는 먹이를 찾아 초원을 떠돌면서 진화했지요. 이들은 돌멩이를 이용해 딱딱한 열매와 동물 사체의 뼈를 부수어 알맹이를 발라먹는 재주를 보였는데, 이들이 초기 직립원인이자 초기 구석기 인류 오스트랄로피테쿠스Australopithecus입니다.

이들의 화석은 아프리카 전역에서 두루 발견되었는데, 연대측정 결과 400만 년 전~230만 년 전 사이에 적어도 여덟 종으로 분화하며 살았던 것으로 밝혀졌습니다. 그런데 화석 발견지역과 생존연대를 비교했더니, 이들은 아프리카 대륙 동북부[열곡대 지역]에서 출현한 뒤 남쪽 끝[오늘날 남아공]까지 이동했다가 다시 북상했으며, 일부는 200만 년 전 아프리카 대륙을 떠난 것으로 나타났습니다. 왜 이들은 아프리카 대륙을 종횡무진 옮겨 살다 아예 떠난 걸까요?

기후변화는 고古인류의 대이동과 진화를 촉발했습니다

동아프리카 대륙의 기후는 400만 년 전 열대에서 사바나 기후대로, 230만 년 전에는 사바나에서 건조 기후대로 바뀌었습니다. 이런 기후변화로 동아프리카 대륙은 울창한 삼림지대에서 사바나 초원으로, 사바나 초원은 사막으로 변했습니다. 400만 년 전 기후변화는

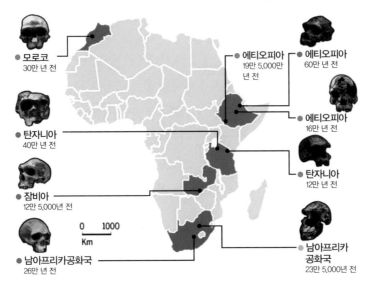

● 모로코
30만 년 전

● 에티오피아
19만 5,000만
년 전

● 에티오피아
60만 년 전

● 탄자니아
40만 년 전

● 에티오피아
16만 년 전

● 잠비아
12만 5,000년 전

● 탄자니아
12만 년 전

● 남아프리카공화국
26만 년 전

● 남아프리카
공화국
23만 5,000년 전

0   1000
Km

©네이쳐

● 호모 사피엔스 | ● 호모 날레디 | ● 호모 하이델베르겐시스 등

아프리카 대륙의 고인류 유골 분포. 지금까지 발굴된 고인류 유골은
고인류가 동아프리카 열곡대에서 출현한 뒤 대륙의 남과 북 그리고 서쪽으로
이동하며 진화했음을 보여준다.

소말리아판의 상승 때문이었지만, 230만 년 전 시작된 기후변화는
플라이스토세(258만 년 전~1만 년 전) 동안 지속된 '마지막 빙하
기' 때문이었습니다. 지질연대 네 번째인 마지막 빙하기는 그린란드
에 대형 운석이 떨어진 뒤 북대서양 해류의 순환이 막히면서 시작되
었습니다. 연안 두 대륙[유럽과 북아메리카]의 기온이 급격히 떨어
지면서 가뭄이 일어났고, 고인류를 포함한 모든 동식물이 멸종의 시
련을 겪었습니다.

북대서양과 멀리 떨어진 아프리카 대륙도 마지막 빙하기의 영향

을 피할 수는 없었습니다. 대서양과 유럽 대륙이 꽁꽁 얼어붙으면 아프리카 내륙까지 기온이 떨어지고 건조해집니다. 새로운 보금자리를 찾아 동아프리카 초원을 헤매던 오스트랄로피테쿠스는 새로운 숲은커녕 초원마저 누렇게 메마르고 사막으로 변하자 200만 년 전 대거 아프리카 대륙을 떠난 것입니다. 고인류의 1차 아프리카 탈출이자 대이동입니다.

이들은 빙하기 당시 해수면이 낮아져 수심이 얕아진 홍해를 건너 아라비아반도 해안선을 따라갔습니다. 숲이나 초원을 만나면 정착한 뒤, 황폐해지면 다시 이동하기를 반복한 끝에 인도 북부[오늘날 펀자브]에 닿아 정착했습니다. 그런데 이곳 인더스강의 범람이 두려웠던지 다시 이동하면서 두 갈래로 나뉩니다. 한 무리는 남하해 당시 육지였던 동남아시아 해안[인도네시아 자바]에 정착했고, 다른 무리는 힌두쿠시산맥과 히말라야산맥 사이 산림지대를 따라 동쪽으로 이동한 뒤 중앙아시아 대륙을 거쳐 당시 따뜻했던 동북아시아 대륙[오늘날 중국 황허강 유역]에 이르러 정착했습니다. 이들 두 갈래의 원인猿人은 대충 70만 년 전에서 30만 년 전 사이 제각각 터전을 잡고 살다 멸종했으며, 이들이 남긴 화석이 자바원인原人과 북경원인原人입니다. 이들은 긴 여정 끝에 두 발로 뛰며 긴 막대를 들고 사냥했던 온전한 직립보행 원인原人 호모 에렉투스Homo Erectus로 진화한 것입니다.

한편 동아프리카 대륙에 남았던 직립원인 오스트랄로피테쿠스도 200만 년 전 새로운 보금자리를 찾아 먼 길을 나섭니다. 일부는 아프리카 대륙 서쪽 끝 해안초원[오늘날 모로코 서부 제벨 이루드 지역]으로, 다른 일부는 남쪽으로 이동해 대륙 중부 광대한 저습초원

[오늘날 칼라하리 사막, 마카디카디 염호, 오카방고 습지]과 대륙 남단 해안초원[오늘날 남아프리카공화국]까지 진출해 정착합니다. 이곳에 정착한 오스트랄로피테쿠스는 8개 종으로 분화하며 번성했으며, 70만 년 전 이후 인류의 공통조상인 구인류舊人類가 이곳에서 줄줄이 출현했습니다. 신인류新人類, Homo Sapiens의 직계조상 격인 호모 하이델베르겐시스, 멸종한 호모 네안데르탈렌시스와 호모 데니소반스와 호모 날레디 등이 그들입니다. 이들의 유골이 동아프리카 대륙 곳곳[오늘날 에티오피아, 탄자니아, 잠비아, 남아공]에서 대거 발견되었습니다. 이곳을 인류 진화의 보육기라 부르는 이유이지요.

우리 직계조상인 신인류[호모 사피엔스]도 마지막 빙하기 중에서 비교적 따뜻했던 제3간빙기였던 30만 년 전 즈음 이곳에서 출현했습니다. 뒤이은 최악의 혹한기였던 제4빙기와 5빙기에 구인류는 줄줄이 멸종했지만, 신인류는 이전 어떤 인류보다 똑똑해진 두뇌로 추위와 배고픔을 극복해 살아남았습니다. 그런데 13만 년 전 동아프리카 대륙에 다시 가뭄이 지속되어 초원지대가 사막화하면서 더는 이곳에서 살 수 없게 됩니다. 제5빙기와 함께 마지막 빙하기가 끝나는 후빙기 들어 기온은 올랐으나 가뭄이 계속되었기 때문입니다. 한때 사바나였던 사하라와 사헬 지역도 오늘날처럼 사막으로 변했고, 강과 호수 그리고 저습지가 많은 중앙아프리카의 초원지대는 푸른빛을 잃지 않았으나 많은 인류가 이곳에 몰려들자 황폐해진 데다 자리다툼이 치열했습니다.

똑똑한 신인류는 생존을 위한 결단을 내립니다

"아프리카 대륙 밖에서 잃어버린 지상낙원[숲]을 찾아내, 고난의

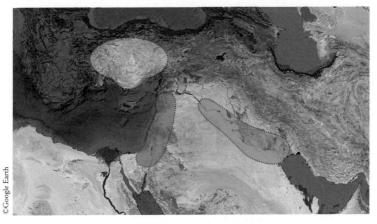

인류문명 발상지. 녹색은 아프리카 대륙을 탈출한 고인류가
처음 정착한 레반트, 파란색은 현생인류가 최초로 문명을 일으킨
메소포타미아, 노란색은 철기문명이 발현한 아나톨리아다.

방랑을 끝내자!"

12만 년 전 2차 고인류의 대이동은 이렇게 시작되었습니다. 아프리카 대륙을 벗어나 이들은 초원이 풍부했던 홍해와 지중해 연안[레반트 지역]에 대거 정착했는데, 10만 년 전 즈음 이곳도 인구증가와 농지부족으로 식량난을 겪게 됩니다. 이웃 간 갈등과 약탈이 빈번해지자 이곳을 떠나는 이들이 무리를 이루었습니다. 이들 대다수는 빈약하나마 숲과 초지가 남아 있는 지중해 연안을 따라 남유럽[튀르키예-그리스-이탈리아-프랑스-스페인]에 진출해 새 보금자리를 꾸렸지만, 일부는 여전히 기승인 빙하기의 혹한을 견디지 못하고 아프리카로 돌아갑니다. 남유럽에 정착한 신인류는 혹한을 견디며 유럽 내륙으로 진출해 번성하는 듯했지만 무슨 영문인지 멸종합니다. 신인류 크로마뇽인과 현인류의 아종亞種인 호모 사피엔스 이달투가 그들입니다.

오늘날 지구촌 80억 단일 종 인간인 현인류Homo Sapiens Sapiens의 조상은, 아라비아반도 홍해 연안과 지중해 연안[레반트-남유럽]에서 어렵게 살아남은 신인류입니다. 레반트 지역은 오늘날 이집트-이스라엘-리비아-시리아-튀르키예를 잇는 아라비아반도의 지중해 연안으로 인류문명의 발상지이기도 합니다. 이곳에 정착했던 인류는 훗날 이집트 문명과 메소포타미아 문명을, 지중해 연안 남유럽에 정착한 인류는 그리스-로마 문명을, 아프리카 대륙으로 돌아간 인류는 다양한 아프리카 토속문명을 일으켰지요.

한편 홍해 연안 초원지대에 정착했던 신인류 역시 9만 년 전에서 8만 년 전 즈음 급격한 인구증가와 농지부족으로 생존이 어렵게 되자 새로운 보금자리를 찾아 다시 이동했습니다. 이들은 아라비아반도 남단 따뜻한 해안을 따라 이란-인도-동남아시아를 거쳐 7만 년 전 즈음 중국 남부[오늘날 광둥성]에 도착한 것으로 보이며, 일부는 오늘날의 인도네시아와 타이완 땅에 정착한 뒤 6만 년 전에는 당시 육지였던 오세아니아의 여러 섬에 이주했습니다. 고인류의 2차 대이동은 이곳에서 막을 내렸습니다. 중국 남부에 정착한 신인류가 기원전 9000년 황허강 하류에서 신석기 문명을 일으킨 한족漢族의 선조인지는 알 수 없으나, 한반도에는 3만 년 전 중앙아시아 초원지대에서 동진한 현인류가 정착한 듯합니다. 한반도 최고最古 구석기 유적인 공주 석장리 유적의 상위층이 2만 8,000년 전의 것으로 분석되어 감안한 연대입니다.

인간과 침팬지의 유전자가 거의 같은 이유는?

현생인류가 고향 아프리카를 떠나 길고도 힘든 여정에 오른 것은, 숲을 찾기 위해서였습니다. 이들의 긴 여정이 울창한 숲이 있는 열대 혹은 해안 온대 기후대로 이어진 것을 보면 알 수 있지요. 400만 년 전 오스트랄로피테쿠스가 초원을 떠돌면서 숲을 찾아 헤맨 것 역시, 침팬지 때부터 유전자 깊숙이 새겨진 '원초적 녹색 본능' 때문이었으리라 짐작됩니다.

침팬지와 사람은 외모도 행동도 지능도 천양지차지만, 침팬지가 무려 800만 년간 숲에서 살면서 생긴 유전자의 98.6퍼센트를 인간에게 남긴 것은 첨단과학이 유전체 정보genome로 입증한 사실입니다. 나머지 유전자 1.4퍼센트는 400만 년 전 침팬지의 후손인 오스트랄로피테쿠스가 숲에서 나와 초원을 떠돈 이후 생긴 것이지요. 원시인류가 정교한 사냥도구와 불을 사용해 기아와 혹한을 이겨내고 살아남아 오늘날 놀라운 첨단과학 문명을 이룬 것이, 침팬지와 다른 유전자 1.4퍼센트의 결실이라면 황당할 따름이지요.

어쨌든 뇌의 지적 능력 차이를 유전자의 비율로 따지는 것은 무의미합니다. 침팬지보다 더 딴판이며 더욱이 공통조상도 아닌 쥐의 유전자가 인간과 99퍼센트 같다는 유전체 정보를 보면 그렇습니다. 뇌의 지적 능력은 유전자 비율로 따질 만큼 단순하지 않다는 것을 보여주는 증거지요. 인류문명을 일으킨 현인류의 뇌는 어떻게 진화했는지 다음 장에서 살펴보겠습니다.

빙하기
인류가
똑똑해지다

　기후변화는 첨단과학으로 무장한 요즘 인류도 쩔쩔매는 골칫거리
지요. 그러나 기후변화가 없었다면 인류도 문명도 없었습니다. 기후
변화는 동식물을 멸종의 수렁에 몰아넣지만, 한편에선 위기를 기회
로 바꾼 동식물이 새로운 세상을 열었습니다. 그중 인류의 조상은 위
기를 기회로 바꾼 진화의 귀재였습니다.

　현인류는 엄청 오랜 세월 혹독한 진화를 거친 뒤에야 출현한 듯하
지만, 요약하면 두 차례 기후변화가 연출한 결과였습니다. 현인류 출
현의 단초는 400만 년 전 동아프리카 열곡대의 기후가 열대에서 사
바나로 바뀐 기후변화였지요. 이로 인해 탄생한 초기 직립원인 오스
트랄로피테쿠스도, 이후 출현한 원인류原人類도, 구인류舊人類도, 신
인류新人類도 모두 기후변화에 맞춰 적응하면 진화해 생존했고 못하
면 멸종했습니다. 유일하게 살아남은 우리 현인류의 미래 역시 예외
일 수는 없습니다. 그렇다고 절망할 필요는 없습니다.

지구가 둥근 덕분에 100퍼센트 멸종은 없었습니다

　다섯 차례 대멸종의 위기에도 지구 생명체의 100퍼센트 멸절은

일어나지 않았습니다. 빙하기가 닥쳐도 지구 반대쪽은 춥지 않아 많은 동식물이 살아남을 수 있었던 것입니다. 그중에서도 30만 년 전 출현한 신인류Homo Sapiens는 좀 특별했습니다. 빙하기에도 추위와 배고픔을 이겨낼 방도를 찾으며 속수무책 당하고 있지 않았습니다. 이전 인류는 모두 혹한이 닥치면 덜 추운 곳을 찾아 헤매다 얼어 죽기 일쑤였고, 먹을 게 보이면 닥치는 대로 먹고 없으면 마냥 굶다가 결국 '마지막 빙하기'에 속수무책 멸종했던 것입니다. 이들도 도구와 불을 사용했고 집단생활을 했는데 말입니다.

플라이스토세(258만 년 전~1만 년 전) 내내 지속된 마지막 빙하기는, 258만 년 전 그린란드에 대형 운석이 떨어지는 바람에 북극권을 덮고 있던 엄청난 양의 빙상氷床과 빙붕氷棚이 붕괴되어 대서양에 유입되면서 시작되었습니다. 뒤이어 대서양 한류와 멕시코만 난류의 순환이 막히면서 기온이 급격히 떨어져 대서양과 맞닿은 유럽과 북아메리카 두 대륙이 얼어붙었고, 또한 대기 중 수증기가 줄면서 가뭄이 지속된 것입니다. 두 대륙 동식물은 대부분 멸종했습니다. 이 당시 두 대륙을 지배했던 털코뿔소 등 대형 한대寒帶 동물은 혹한기를 넘겼으나 간빙기의 기온상승에 적응하지 못해 비실거렸는데, 당시 똑똑해진 신인류의 사냥몰이까지 겹쳐 결국 멸종했습니다. 이때 거대 동물이 멸종된 덕분에 신인류는 그들의 자리를 꿰차고 '최상위 포식자'로 군림할 수 있었지요.

마지막 빙하기는 무려 257만 년간 지속된 데다 무척 짓궂었습니다. 혹한이 일정 기온에서 지속되지 않고 오르내려 동식물이 적응하고 진화하기 어려웠습니다. 크게 오르내린 기간을 나누면 다섯 차례 혹한의 빙기氷期와 그사이 덜 추운 간빙기間氷期와 후빙기後氷期 각각

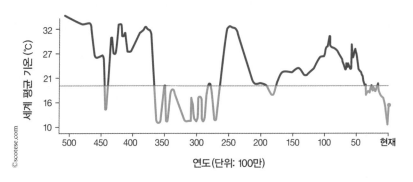

지난 5억 년간 세계 평균 기온

지구연대 평균기온 변화 그래프는 5억 년간 지구 기온이 널뛰기의
연속이었음을 보여준다. 오늘날 평균기온을 대충 15℃로 보면,
지구 기온은 지금보다 높은 기간이 더 많았다.

다섯 차례씩 수만 년간 지속된 데다 매 빙기마다 대서양 한류의 순환
상태에 따라 기온은 들쭉날쭉 춤을 췄습니다. 이 때문에 간빙기에 새
로운 현생인류가 속속 출현했지만 다음 빙기를 넘기지 못하고 멸종
하기 일쑤였습니다.

　다행히도 마지막 빙하기는 북극권 대서양을 중심으로 기승을 부
려 지구 반대쪽인 적도 이남 아프리카 대륙과 아시아 대륙에는 혹독
한 한파가 뻗치지 않았습니다. 이 덕분에 아프리카 대륙의 적도 남쪽
에서 새로운 인류가 잇달아 출현할 수 있었습니다. 그러나 아프리카
대륙의 북·서쪽이 대서양과 유럽 대륙과 접해 마지막 빙하기의 영
향에서 완전히 벗어날 수는 없었고, 혹한이 기승을 부릴 때는 인류
진화의 보육기 역할을 했던 동아프리카 내륙까지 추위와 가뭄이 밀
어닥쳐 숲과 초원은 누렇게 말랐습니다.

마지막 빙하기는 인류 진화의 기폭제와 같았습니다

마지막 빙하기는 지구연대로는 플라이스토세, 인류문명 연대로는 구석기시대로 구분됩니다. 이 시기 원인류는 배고픔과 추위를 이겨내기 위해 돌멩이와 동물뼈를 이용해 사냥도구를 만들었고, 구인류는 불을 이용해 사냥한 고기를 구워 먹었으며, 신인류는 짐승의 털가죽으로 옷과 움막집을 만들어 추위를 견디는 슬기를 발휘했지요. 250만 년간 이런 과정을 거치며 원인猿人은 원인原人으로, 구인류는 신인류로 진화하며 점차 똑똑해졌습니다. 결과적으로 보면 빙하기에 살아남기 위한 처절한 몸부림이 생존은 물론 창의적인 뇌를 키운 셈입니다.

이렇게 똑똑해진 인류를 보면 인간의 뇌가 어떻게 진화하며 발달했는지를 가늠할 수 있습니다. 맨 먼저 소개할 원시인류는 손을 사용하기 시작한 호모 하빌리스Homo Habilis(생존 시기: 230만 년 전~140만 년 전)입니다. 이들은 마지막 빙하기가 시작한 직후 출현한 원인류原人類로, 초기 직립원인 오스트랄로피테쿠스의 후손에서 진화한 첫 사람속屬, Homo입니다. 이들은 뒷다리로 바로 서서 성큼성큼 걷는 한편 앞발을 손처럼 사용해 돌멩이를 다듬어 썼던 초기 구석기 인류입니다.

다음은 호모 하빌리스가 멸종할 즈음 출현한 호모 에렉투스(170만 년 전~10만 년 전)입니다. 이들은 우리처럼 두 다리로 반듯이 서서 걷고 달리며 사냥을 했던 중기 구석기 인류입니다. 이들은 불을 사용해 추위를 견디고 고기를 익혀 먹으면서 두뇌가 발달해 돌도끼나 창 같은 다듬은 석기를 제작했고, 무리끼리 협력해 거대 동물을 사냥했으며, 동물 털가죽을 이어 붙여 만든 옷을 입었고, 괴성과 몸

짓으로 서로 소통했습니다. 또한 장거리 보행에 능해 아프리카 아시아 시베리아 인도네시아 등 여러 대륙에 정착한 결과, 유골 화석을 지구촌 곳곳에 남겼습니다.

마지막 빙하기의 말기(70만 년 전~1만 년 전)에 구인류가 잇달아 출현했지만 신인류만 살아남고 모두 멸종했지요. 이 시기에 출현한 뒤 멸종한 인류는 호모 하이델베르겐시스Homo Heidelbergensis(60만 년 전~10만 년 전), 호모 네안데르탈렌시스Homo Neanderthalensis(8만 년 전~5만 년 전), 호모 데니소반스Homo Denisovan(8만 년 전~4만 년 전) 등입니다. 당시 최후의 원인原人이었던 에렉투스도 유라시아 대륙에서 흩어져 살았으나 역시 멸종했습니다. 이들이 넘지 못한 혹한은 마지막 빙하기 중 가장 혹독했던 제4빙기와 제5빙기였습니다.

비교적 따듯했던 30만 년 전 제3간빙기에 출현한 우리 조상 신인류는 혹독했던 제4빙기와 제5빙기를 슬기롭게 넘겼습니다. 이들은 종족끼리 모여 집단생활을 하며 사냥 등 위험한 일을 함께 극복한 최초의 공동체 인류였으며, 기아로 인한 멸족을 피하기 위해 동굴이나 암벽에 그림을 그려 후세에 사냥 정보를 남긴 문명의 창시자였습니다.

이들은 마지막 빙하기 직후 북아메리카 대륙[오늘날 캐나다]을 덮고 있던 빙상氷床에 소행성이 떨어지는 바람에 대서양이 다시 얼어붙으면서 닥친 소빙기영거 드라이아스Younger Dryas(1만 2,900년 전~1만 1,700년 전)에 멸종 위기에 처했지만, 똑똑해진 뇌 덕분에 슬기롭게 극복해 중석기中石器시대(1만 년 전~4,700년 전)를 열었습니다.

빙하기 현인류는 모두 생존방식을 바꾼 천재였습니다

　반듯하게 서서 앞다리를 손으로 사용한 호모 하빌리스나 불을 사용해 추위를 몰아내고 고기를 익혀 먹은 호모 에렉투스는, 숲속에서 발견한 자연형상을 본떠 온갖 발명품을 창안했던 레오나르도 다빈치나 떨어지는 사과를 보고 만유인력을 발견한 아이작 뉴턴에 버금가는 '세상을 바꾼 천재'입니다.

　수백만 년 전 무엇이 이들을 천재로 만들었을까요? 당연히 뇌가 똑똑해진 덕분입니다. 마지막 빙하기에 출현한 인류는 혹독한 자연환경에서 살아남기 위해 끊임없이 뇌를 사용해 생존방식을 혁신했지요. 그들의 뇌 용량을 보면 400만 년 전 초기 구석기 인류인 오스트랄로피테쿠스는 420~550cc, 손을 사용한 중기 구석기 인류 호모 하빌리스는 590~800cc, 뒷다리로 반듯하게 걷고 뛰었던 호모 에렉투스는 850~1,100cc인 데 비해 후기 구석기 인류인 호모 사피엔스는 1,500cc였습니다. 근 400만 년 사이 뇌 용량이 세 배 이상 증가한 셈입니다.

　그런데 2021년 발표된 한 연구결과에서 매우 흥미로운 사실이 밝혀졌습니다. 미국 다트머스대학 인류학과 제러미 데실바 교수 등 연구팀은 1,000만 년 전 침팬지부터 600만 년 전 숲속인간원숭이[드리오피테쿠스] 그리고 현인류까지 모두 985개 두개골을 대상으로 분석한 결과, 1,000만 년간 뇌 용량은 무려 네 배나 커졌는데, 그 사이 뇌 용량은 서서히 확장되다 급격히 증가한 뒤 갑자기 축소되는 세 차례 전환기가 있었다는 사실을 밝혀낸 것입니다. ① 1,000만 년 전 침팬지가 600만 년 전 오스트랄로피테쿠스로 진화하는 동안 둘의 뇌 용량은 서서히 증가했으며, ② 210만 년 전부터는 가파른 증가세

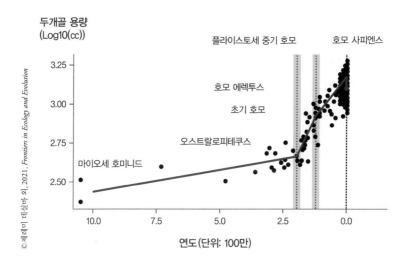

두개골 용량
(Log10(cc))

플라이스토세 중기 호모   호모 사피엔스

호모 에렉투스

초기 호모

오스트랄로피테쿠스

마이오세 호미니드

연도(단위: 100만)

인류 뇌 용량 진화 그래프. 인류의 뇌 용량은 1,000만 년 전 이후
서서히 커지다가 210만 년 전부터 급격히 팽창했다. 3,000년 전부터 증가세는
크게 꺾였으나 여전히 팽창했다. 그런데 10만 년 전부터 뇌 용량은
계속 줄고 있다. 놀랍게도, 인류는 이 기간에 똑똑해졌다.

를 나타냈고, ③ 150만 년 전부터는 약간 꺾이긴 했지만 여전히 빠르게 증가했습니다. ④ 그런데 3,000년 전 증가세는 급격한 감소세로 바뀌어 오늘날 인간의 평균 뇌 용량은 1,350cc로 줄었습니다.

첫 전환점인 210만 년 전은 제1빙기[250만 년 전~86만 6,000년 전]가 시작된 직후였습니다. 동아프리카 열곡대의 사바나 초원과 사하라 초원지대에 살던 오스트랄로피테쿠스가 가뭄과 사막화로 멸종했고, 막 출현한 호모 하빌리스는 사막화가 일어나 풀잎과 풀씨로 연명하기 어렵게 되자 뒷다리로 서서 걷고 앞다리를 손으로 사용해 뾰족하게 다듬은 석기를 들고 사냥에 나섰습니다. 당시 호모 하빌리스는 이런 자연환경의 변화를 면밀히 관찰하고 대응하기 위해 두뇌의 용량을 늘린 것입니다.

둘째 전환점인 150만 년 전은, 제1빙기 중 기온이 한창이 떨어질 때였습니다. 200만 년 전 아프리카 대륙을 탈출했던 오스트랄로피테쿠스는 혹한에 떨면서 따뜻한 초원과 숲을 찾아 빨리 걸어야 했습니다. 그 과정에서 장거리 여행에 능숙한 호모 에렉투스가 출현했는데, 놀랍게도 이들의 뇌 용량도 급격히 커졌습니다. 매일 낯설고 위험한 환경에서 살면서 더 똑똑한 뇌가 필요했기 때문입니다. 그런데 우리가 1부에서 살펴본 천재 중에서 여행과 산책으로 창의력을 발휘한 분이 여럿입니다. 다빈치, 괴테, 루소, 칸트, 밀, 베토벤, 아인슈타인 등입니다. 이들은 걷기, 특히 숲길 산책을 통해 천재성을 발현하고 폭발했지요. 문명과 첨단과학 시대를 연 현인류의 뇌와 창의성은 호모 에렉투스 때부터 발현되었으며, 천재들의 숲길 산책 사랑은 원초적 본능의 발현이라 해도 지나치지 않을 법합니다.

마지막 전환점인 3,000년 전은, 기원전 1,000년 무렵으로 동서양 곳곳에서 왕국과 제국이 생겨나 고대 문명[메소포타미아, 이집트, 그리스, 인더스-갠지스, 황허강]이 한창 꽃피울 즈음입니다. 이즈음 뇌 용량이 감소한 것은, 문자 사용과 공동체 생활의 보편화로 급격히 늘어난 정보를 개개인의 뇌에 모두 저장하기 어려워지자 문자로 기록하거나 역할 분담에 따라 서로 나누어 기억한 결과이며, 개개인의 뇌에 저장할 정보가 그만큼 줄어들었기 때문이지요. 이 연구에 참여한 미국 보스턴대학의 제임스 트라니엘로James Traniello 교수는 "현인류는 집단지성에 점점 더 의존하면서 뇌 크기를 줄일 수 있었고, 결과적으로 보면 개인보다 집단이 더 똑똑해지는 효과를 얻을 수 있었다"고 밝혔습니다.

인류의 뇌는 왜 3,000년 사이에 작아졌나

뇌 용량이 감소했는데도 현인류가 더 똑똑해진 것은 대뇌가 획기적으로 커졌기 때문입니다. 오늘날 인간의 대뇌는 뇌량腦量의 90퍼센트를 차지하며 전두엽[운동, 언어, 감정, 상상, 추리, 기억, 사고, 문제해결]·측두엽[청각]·두정엽[감각 신호 및 해석]·후두엽[시각] 등 4개 엽葉으로 구성된 뇌의 중추입니다.

침팬지의 뇌 용량은 우리 뇌의 30퍼센트에 불과하며 그중 대뇌는 20퍼센트 이하로 아주 작은 비중을 차지합니다. 침팬지는 온통 녹색인 숲에서 지극히 단조로운 생활을 했으니까 그 정도의 뇌로 족했겠지요. 그러나 400만 년 전 오스트랄로피테쿠스는 지상낙원이었던 숲이 사라져 맹수가 우글대는 초원을 떠돌면서 밤낮없이 주위를 경계하고, 또한 대륙을 넘어 먼 거리를 이동하면서 시시각각 주변을 살피다 보니 대뇌가 커질 수밖에 없었습니다. 그러나 마지막 빙하기 이후 떠돌이 생활을 끝내고 정착해 농경생활을 하게 되자, 큰 뇌가 오히려 부담스러워 점차 줄이는 방향으로 진화한 것입니다. 인체 체중의 2퍼센트에 불과한 뇌는 전체 에너지의 20퍼센트를 소모합니다. 그리고 두개골이 클수록 출산 때 유산 위험도 커 크기를 최대한 줄이는 한편, 사실상 대뇌 기능의 핵심인 대뇌피질의 굴곡[연면적과 용량]을 넓혀 기능을 보강하는 쪽으로 진화했습니다. 이것이 신인류Homo Sapiens의 뇌(1,500cc)보다 10퍼센트 작지만 더 똑똑한, 오늘날 우리 현인류Homo Sapiens Sapiens의 뇌(1,350cc)입니다.

숲과 함께 문명도 사라지다

인류문명은 농업에서 싹을 틔웠습니다. 그래서 예로부터 농자천하지대본農者天下之大本이라 했습니다. 농업이 천하 사람들이 살아가는 큰 근본이라 했지만 무분별한 농업은 자연생태계의 중심에 있는 숲과 초원을 파괴했고, 결국에는 어렵게 이룬 문명까지 몰락시켰습니다.

인류문명사를 빛낸 메소포타미아, 이집트, 황허, 그리스-로마, 인더스-갠지스, 마야, 앙코르 문명이 모두 그러했습니다. 이들 문명이 어떻게 발흥해 쇠락했는지를 들여다보면 우리는 결코 호모 사피엔스 사피엔스[슬기롭고 슬기로운 인간]가 아니며, 이렇게 살다가는 미래가 없음을 깨달아야 합니다.

메소포타미아 문명은 야만에 가까웠습니다

인류 최초 문명인 메소포타미아 문명은 한마디로 시작은 좋았지만 끝은 처참했습니다. 이 문명은 비옥한 유프라테스와 티그리스 두 강 유역에서 발흥했으나 번성할수록 황폐해지다 모래바람에 송두리째 묻혀 사라졌으니, 이 문명사는 암흑사라고 불러야 옳습니다.

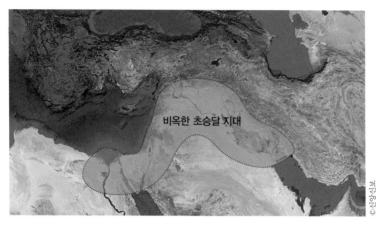

인류문명의 발상지 '비옥한 초승달 지대'는
이집트 나일강 삼각주, 레반트, 메소포타미아를 연결하면
지도상에서 마치 초승달을 닮았다 해서 붙여진 별명이다.

메소포타미아 문명을 처음 일으킨 수메르인은, 기원전 5500년
무렵부터 유프라테스강 하류 광활한 초원지대에서 씨족 혹은 부족
끼리 공동체를 이루며 흩어져 살았습니다. 이후 1,500년간 이들 공
동체는 늘어나는 인구의 식량을 마련하기 위해 초원을 개간하는 한
편, 이웃 부족왕국을 약탈하고 침략하는 전쟁으로 날밤을 지새웠습
니다.

마침내 이곳 우루크에서 수메르 최강의 왕국이 등장합니다. 메소
포타미아 문명 최초 도시왕국 우루크(기원전 4000~기원전 3100)
입니다. 우루크 왕국이 유프라테스강 하류 비옥한 삼각주 초원지대
를 장악한 뒤 맹위를 떨칠 때만 해도 이 문명이 몰락할 줄은 누구도
몰랐지만, 평화가 계속되자 인구는 급증해 비옥했던 초원지대가 속
속 황폐해졌습니다. 한편 유프라테스강 중류와 티그리스강 하류 초

원지대에는 셈족族 일파인 아카드인人이 크고 작은 도시왕국을 건설하고 우루크를 호시탐탐 노리고 있었습니다.

유프라테스강 중류 초원지대까지 장악한 아카드인은, 하류 수메르 도시왕국을 정복한 뒤 인류 최초의 제국을 건설합니다. 메소포타미아 지역을 최초로 통일한 아카드 제국(기원전 2350~기원전 2193)이 그것입니다. 이 제국은 다른 민족에게 적대적이었고 가혹하게 수탈했으며, 왕과 귀족이 평민과 노예를 지배하는 중앙집권형 전제국가의 시조였습니다. 이후 우르 왕국, 초기 아시리아 왕국, 초기 바빌로니아 왕국, 히타이트 왕국, 카시트 왕국, 히타이트 제국, 신아시리아 제국(기원전 911~기원전 605)이 두 강의 상·중·하류 유역을 오르내리며 차례로 발흥했는데, 이들은 한결같이 거대한 성곽도시를 건설하고 막강한 군대를 앞세워 정복과 수탈 전쟁을 벌였습니다. 그런데 우루크 왕국 멸망 이후 신아시리아 제국이 몰락하기까지 약 1,500년 사이, 비옥했던 메소포타미아 지역은 황폐해졌고 더는 농사를 지을 땅이 없었습니다.

그사이 무슨 일이 있었기에 이 지경이 되었을까요? 초원지대를 닥치는 대로 개간해 농사를 짓다 수확량이 떨어지면 팽개치고 이웃 초원을 개간하는 악순환이 계속되다 보니 벌어진 일이었습니다. 이 때문만은 아니었습니다. 거대한 도시와 웅장한 궁성을 건설하기 위해 두 강 상류 산림지대[유프라테스강 상류 타우루스산맥과 티그리스강 상류의 자그로스산맥 기슭]의 울창한 숲을 파괴한 것이 결정적이었습니다. 여기서 두 가지 의문이 생깁니다. 하나는 비옥했던 땅을 개간한 농지에서 왜 수확량이 감소하고 황폐해졌는지이며, 나머지는 발굴된 유적을 보면 대부분 흙벽돌로 건설했는데 파괴한 산림에서 얻은 많은 목재는 어디에 쓰였는지입니다.

두 의문의 답을 찾으려면 왕국과 제국이 흥성할 즈음부터 살펴봐야 하는데, 첫 의문의 답은 이렇습니다. 제국을 세우고 지키려면 무엇보다 강한 군대가 필요했고, 많은 군인과 백성을 먹여 살릴 넉넉한 군량미를 확보하기 위해선 대규모 초원 개간은 불가피했겠지요. 그런데 매년 같은 종류의 곡식을 경작하다 보니 점차 생장이 예년 같지 않은 데다, 병해충 피해도 잦아 수확량이 눈에 띄게 줄어듭니다. 한 농지에 같은 작물을 연이어 경작하면 나타나는 연작連作피해 현상입니다. 당시에는 이런 사실을 알지 못해 생산량이 떨어지면 그곳을 버리고 다른 초원을 개간했고, 더 쉬운 방법은 이웃 왕국을 침략해 노략질하는 것이었습니다. 이러다 보니 두 강 유역의 비옥한 초원지대는 속절없이 황폐해지며 흙먼지를 일으켰고, 결국에는 힘든 농경보다 쉬워 보이는 약탈에 매달리게 되었습니다. 그래서 메소포타미아 문명은 문명이라기보다 야만에 가깝다는 것이지요.

둘째 의문에 대한 답도 왕국과 제국의 흥성 단계에서 찾아야 합니다. 제국의 권력자는 제국을 지키기 위해 튼튼하고 거대한 도시와 성곽과 신전을 건설하고 궁궐을 호화롭고 웅장하게 꾸몄습니다. 예나 지금이나 메소포타미아 지역은 두 강 유역 저습 초원지대를 제외하면 서쪽은 모래사막[아라비아 사막]이고 북·동쪽은 험준한 산악지대[타우루스산맥, 자그로스산맥]이며, 남쪽은 바다[페르시아만灣]입니다. 그래서 강변에 흔한 진흙으로 만든 흙벽돌로 성곽과 궁궐을 짓고, 내부 장식에 필요한 목재는 티그리스강 상류 자그로스산맥[오늘날 이란과 이라크의 국경지대]과 유프라테스강 상류 타우루스산맥[오늘날의 이라크와 시리아, 튀르키예 국경지대] 기슭의 울창한

유프라테스강 중류에 있는 메소포타미아 키시 유적.
아랫부분은 전벽돌로 지어져 비교적 온전하지만,
윗부분은 흙벽돌로 건축되었기 때문에 풍화되어 제모습을 잃었다.

산림을 벌채해 사용했습니다. 왕궁 치장용 목재 수급을 위해 수목을
벌채할 때까지만 해도 산림은 그런대로 제 모습을 유지했습니다. 그
런데 때를 가리지 않고 부는 폭풍과 가끔 몰아치는 비바람에 흙벽돌
이 견디지 못하고 무너져 내리자, 왕과 권력자는 고심 끝에 질그릇처
럼 흙벽돌을 불에 구워 만든 전벽돌을 사용해 궁성의 기초와 외벽을
쌓았습니다.

제국과 궁성은 튼튼해졌으나 재앙이 들이닥칩니다

신아시리아 제국(기원전 911~기원전 605)이 등장할 무렵 유프

라테스강과 티그리스강이 약속이나 한 듯 봄이면 범람해 제국의 수도가 홍수에 잠기고, 농번기 여름에 때아닌 가뭄이 닥쳐 강바닥을 드러냈습니다. 설상가상 겨울에는 돌풍과 함께 모래폭풍이 제국을 덮쳤습니다.

웬만한 신전 하나를 건설하는 데 필요한 전벽돌을 구우면 울창했던 산골짜기가 벌거숭이로 변했습니다. 구약성서에 등장하는 환락의 도시 소돔과 고모라, 하늘을 찌를 듯했다는 바벨탑, 노아의 방주 등은 당시 벌어진 실제상황을 차용해 쓴 것임을 감안하면, 당시 벌어진 숲 파괴와 홍수가 얼마나 심각했는지를 짐작할 수 있지요.

유프라테스강 중류 옛 바빌로니아 왕국의 도시였던 키시Kish에서 발굴된 사원 유적을 보면 이곳을 지배했던 수메르인들이 어떻게 산림을 파괴했는지 엿볼 수 있습니다. 아랫부분은 전벽돌로 쌓은 덕에 2,000년 넘게 땅에 파묻혔는데도 형체가 뚜렷하게 보존되었습니다. 그러나 이후 모래바람이 덮치며 지반이 높아지자 그 위에 증축한 윗부분은 모두 흙벽돌로 쌓아 윤곽만 간신히 남았습니다. 맨 처음 아랫부분을 지을 때만 해도 울창한 숲을 벌채해 전벽돌을 구워 사용했으나 점차 숲이 사라지자 흙벽돌로 쌓아올렸음을 보여주는 증거입니다.

아무튼 이런 일이 근 1,500년간 지속된 끝에 유프라테스와 티그리스 두 강 상류의 울창한 숲이 사라졌고, 중·하류 유역은 해마다 가뭄과 홍수가 잇달아 닥치게 되었습니다. 문명이 번창하기 전 두 강모두 봄이면 상류 거대 산맥의 고봉설산 만년설이 녹으면서 5월부터 8월 사이에 강물이 중·하류 저습 초원지대를 넉넉히 적셨습니다. 이때 상류 산악지대에서 내려온 부유물이 침전돼 매년 토양을 비옥하게 만들었지요. 그런데 상류 숲이 사라지자 봄이면 만년설 녹은 물이 한꺼번에 쏟아져 내려 홍수를 일으키고, 농사가 한창인 여름에는 강바닥을 드러내 이듬해 5월까지 가뭄이 지속되었습니다. 게다가 여름철에 상류 산악지대에서 폭우가 쏟아지면 중·하류는 홍수바다로 변해 그해 농사는 망치게 되고 봄이면 굶어죽은 시신이 즐비했습니다. 신아시리아 제국 말기에 나라가 이 지경에 이르자 망할 수밖에 없었습니다.

뒤이어 등장한 신바빌로니아 제국(기원전 700~기원전 550)은 달랐습니다. 2대 왕 네부카드네자르는 홍수와 가뭄을 대비해 유프라테스강에 대운하를 건설하고 관개수로를 확충한 결과, 안정적인 식량 생산에 성공합니다. 고대사 10대 불가사의 중 하나로 알려진 바빌론의 공중정원도 대운하와 연결된 수로를 활용해 당시 건설된 것입니다. 신바빌로니아 제국은 네부카드네자르의 탁월한 치수·관개 사업 덕분에 메소포타미아 문명의 꽃을 뒤늦게나마 활짝 피웠으나, 지나친 운하 확대로 생긴 수질 악화에다 기원전 600년 즈음 한랭기 추위와 가뭄까지 덮치자 제국의 화려한 영광은 급속히 그 빛을 잃었습니다. 기원전 550년 페르시아 제국의 침략에 맥없이 무너진 뒤 명맥만 유지하다, 기원전 330년 마케도니아 정복왕 알렉산드로스가 이곳에 도착했을 때 제국의 수도 바빌론은 폐허인 채 텅 비어 있었다고 합니다.

기원전 600년부터 기원전 400년 사이 200년간 지속된 이른바 '그리스 한랭기'는 지중해 수온 하락과 대기 건조화로 시작되어 동쪽으로 확장되었는데, 아라비아 사막에 강력한 모래폭풍을 일으켜 인접한 메소포타미아 유역을 송두리째 덮었고 이때 6,000년 문명도 모래

그랜드 에티오피아 르네상스 댐 위치도. 이집트를 남북으로 길게 관통하는 나일강은 이집트 문명의 젖줄이다. 그런데 상류 청나일강에 메가와트급 르네상스 댐이 생기면서 그 젖줄이 끊길 위기에 놓였다.

©Google Earth

에 덮여 사라졌습니다. 오늘날 관광지가 된 황량한 유적은 19세기 서구열강의 고고학자들에 의해 발굴된, 몰락한 문명의 흔적입니다. 이 모든 게 무분별한 농지개간과 숲 파괴에서 비롯되었습니다.

이집트 문명은 숲이 없어서 살아남았습니다

이집트 문명은 오늘날에도 살아남은 전대미문의 문명입니다. 기원전 6000년 무렵 나일강 중류[오늘날 수단 북부]와 하류[오늘날 이집트 수도 카이로 일대] 강변 저습지대에서 발흥한 이집트 왕조는, 기원전 30년 로마제국의 정복과 프톨레마이오스 여왕 클레오파트라의 자살로 막을 내렸으나 찬란했던 문명은 오늘날에도 면면히 이어지고 있습니다.

이집트 영토는 예나 지금이나 온통 사막입니다. 그러나 연중 마르지 않는 나일강과 비옥한 하구 삼각주가 있어 농업강국으로 번성할 수 있었습니다. 나일강은 상류[오늘날 수단과 에티오피아] 열대우림에서 발원해 장장 6,650킬로미터를 흘러 지중해에 닿기까지 강변 굽이굽이와 하구 삼각주에 엄청난 유기물을 내려놓습니다. 나일강의 풍족한 강물과 유기물이 오늘날까지 이집트가 유구한 문명을 품고 농업국가로 승승장구한 비결이지요.

이집트 영토에는 고대에도 울창한 숲과 초원은 없었습니다. 숲도 초원도 없었지만 태양신이 선물한 양질의 돌산이 나일강 변에 널렸지요. 이집트 제왕들은 나무 대신 돌로 왕궁과 신전을 지었고, 식량은 비옥한 삼각주와 나일강 변의 습지를 개간하고 뛰어난 측량기술로 관개시설까지 갖추었습니다. 연중 비를 구경하기도 어려웠지만 마르지 않는 나일강 덕분에 고대 이집트는 매년 풍년을 누렸고, 강한 군대를 키워 한때 메소포타미아와 히타이트[오늘날 튀르키예 아나톨리아고원]를 정복할 정도로 강력한 제국을 건설했습니다. 피라미드와 스핑크스 그리고 암굴신전과 거상 등 모든 거대 건조물을 돌을 깎아 세웠고, 내부에 그들의 문명을 벽화로 새겨 남긴 덕분에 오늘날에도 찬란한 문명의 빛을 볼 수 있습니다.

인접했던 메소포타미아 문명과는 달리, 이집트 문명이 오늘날까지 살아남은 것은 역설적으로 그들의 영토에 숲과 초원이 없어서입니다. 만약 이집트에 숲과 초원이 있었다면 메소포타미아처럼 닥치는 대로 개간하고 벌채해 잇따른 가뭄과 홍수의 재앙을 자초했을 것이며, 그 후과는 왕조와 함께 그들의 문명도 흙모래에 파묻혀 사라지는 것이었음이 분명합니다.

그러나 이집트는 현대에 와서 존망의 위기에 놓였습니다. 나일강 물의 84퍼센트를 흘려보내는 상류 청나일강에 2011년 에티오피아가 거대한 댐을 착공하면서 벌어진 일입니다. 이 댐은 한국 소양 강댐의 30배 규모인 시간당 6,000MKW의 전력을 생산하는 슈퍼 메가톤급입니다. 2020년 이 댐이 완공된 뒤 물을 채우려 수문을 닫으면서 나일강 수위가 급속히 낮아지자 농업국가 이집트는 치명적인 타격을 받게 되었고, 에티오피아에게 전쟁도 불사하겠다며 겁박했습니다. 전쟁 직전에 이르자 미국 등이 나서 댐의 방수량을 양국이 협의해 조정하기로 중재해 일촉즉발의 긴장은 진정되었습니다.

하지만 수천 년간 이집트를 못마땅하게 여겨온 에티오피아가 언제든 댐 수문을 닫을 수 있어 이집트의 앞날은 풍전등화입니다. 나일강 수량이 지금의 절반 이하로 줄어들면 이집트 농경지의 대부분은 사막으로 변하고, 이집트 국가경제가 파탄하면 지금껏 보존되던 거대한 석조 기념물과 벽화의 보존도 쉽지 않을 게 분명합니다. 이집트 유물의 대부분이 지금도 국제사회의 지원금을 받아 유지되고 있는 점을 감안하면 더욱 그렇습니다.

중국 황허 문명은 이집트 문명과 닮았지만 결과는 달랐습니다

황허 문명도 몰락은 피했습니다. 황허강은 나일강보다는 짧지만 연장 5,464킬로미터로 세계에서 다섯 번째로 긴 강인 데다, 상류 숲이 험준한 산악에 있어 파괴를 피할 수 있었습니다. 또한 상류 쿤룬 산맥의 만년설은 봄이면 어김없이 녹아 마르지 않았습니다. 그러나 춘추전국시대 이후 황허강과 양쯔강 중·하류 일대의 수많은 궁성도시 난립과 황허강 북쪽 광활한 초원의 농지개간으로 사막화를 불러

황투고원은 중국 문명의 발상지인 중원의 곡창지대였으나, 무분별한
숲 파괴와 농지 개간 그리고 기후변화로 오늘날에는 황막고원으로 변했다.

와 오늘날에도 심각한 환경재앙을 겪고 있습니다.

중국 황허 문명은 기원전 9000년 무렵 황허강 북쪽 타이항산맥에
서 발원한 쉬수이강 변[오늘날 허베이성 바오딩시 일대]에서 발흥했
습니다. 이곳 난좡더우 유적에서 많은 신석기 토기와 개를 기른 흔적
이 발견되었는데, 인류역사상 가장 앞선 신석기 문명입니다. 당시 중
국 대륙은 마지막 빙하기와 영거 드라이어스기期 영향권 밖에 있어
서 신석기 문명이 앞선 것은 당연했을 법합니다. 이후 근 8,000년간
황허강과 양쯔강 그밖에 수많은 강과 하천 유역에 신석기 인류가 정
착해 농경문명을 일으키며 저마다 왕국을 세웠으나 숲과 초원의 대
규모 파괴는 없었습니다. 중국 대륙이 광활한 데다 크고 작은 강이
숱하게 널린 데 비해 당시 인구가 많지 않았기 때문으로 보입니다.

그러나 근 800년 전 히타이트인에 의해 발명된 철기 제조기술이 뒤늦게 중국에 전달되면서 상황이 급변합니다. 기원전 403년 전국시대에 들자 180개 주周 제후가 저마다 철기로 무장한 군대를 경쟁적으로 키웠고, 황허강과 양쯔강 중·하류 요충지마다 위세를 다투듯 화려한 궁성과 웅장한 도시를 세웠습니다. 이때부터 주변 숲은 속절없이 무너졌고 반듯한 초지는 닥치는 대로 농지로 개간되었으며 궁성도시는 확장되었습니다.

이게 끝이 아니었습니다. 전국시대를 끝낸 진秦에 이어 대륙을 통일한 한漢(기원전 202~기원후 220)은, 북방 흉노족을 격퇴하기 위해 황허강 이북의 광활한 초원지대[오늘날 내몽골]에 한족漢族을 이주시킨 뒤 농지개간을 대대적으로 벌였습니다. 한이 멸망할 즈음 이곳은 무분별한 경작 끝에 황폐해졌고, 이후 5호16국시대(301~439)에는 북방 5호족胡族[흉노, 선비, 갈, 강, 저]이 번갈아 16개 이상의 나라를 세우고 몰락하면서 인구가 급증하고 궁성과 도시가 난립했습니다. 그 통에 그나마 남아 있던 북방 초원도 농지로 개간되어 황폐해졌습니다. 이곳은 오늘날 인구 수백만의 거대 도시로 변했고, 중국은 세계 최악의 도시인구 밀집 대륙으로 변했습니다.

전국시대에 황허강 중류 평야[중원, 황투고원]는 울창한 숲과 초원지대였고, 이곳에는 대형 초식동물인 코끼리와 코뿔소 그리고 사슴이 무리 지어 살았습니다. 영국 출신 중국사학자 마크 엘빈의 저서 『코끼리의 후퇴』는 지난 3,000년간 중국 대륙에서 벌어진 자연파괴가 얼마나 가혹했는지를 사실史實을 근거로 적나라하게 보여줍니다. 이 책은 고대 상商나라(기원전 1600~기원전 1046) 유적지에서 출토된 코끼리 유골과 중국 대륙 곳곳에서 무리 지어 살던 코끼리가 민가를 습격해 소탕전을 벌였다는 상나라 기록을 근거로, 당시 중국 대륙이 울창한 산림과 드넓은 초원이었음을 입증했습니다.

그러나 전국시대 법가 한비자(기원전 280?~기원전 233)가 "요즘에는 코끼리를 보기 힘들다"고 탄식한 기록을 들어 기원전 200년대 양쯔강 이북의 산림과 초원은 거의 파괴되었으며, 소설『삼국지』의 무대인 기원후 200년대에 이르면 대륙의 남쪽 끝 남만南蠻[오늘날 윈난성과 베트남 북부]까지 숲과 초원의 파괴가 확산되어 코끼리가 사라졌음을 고증했습니다.

중국 대륙의 사막화는 춘추전국시대 이후 2,500년간 무분별한 농지개간과 대규모 건축·토목 사업에서 비롯되었으며, 중국 8대 사막 중 네 곳[쿠부치, 텅거리, 우란부허, 훈산다커]이 이렇게 사막으로 변했습니다. 황허강 문명이 아시아 대륙에 사막화라는 치명상을 남긴 셈입니다. 그 결과 오늘날 중국 국토의 27퍼센트가 사막입니다. 1990년대 이후 중국 정부의 대대적인 사막녹화사업에도 불구하고 매년 사막이 7,000제곱킬로미터씩 늘어나 수도 북경을 덮칠 기세고, 더욱이 봄이면 황사가 한반도까지 날아와 우리를 괴롭힙니다. 황허 문명은 황허강이 마르지 않은 덕분에 간신히 살아남았지만, 숲과 초원을 파괴한 대가는 피할 수 없었습니다.

인더스-갠지스 문명은 멋진 도시건설 끝에 몰락했습니다

인더스 문명의 찬란했던 영광은 두 도시왕국의 유적지에 고스란히 남아 있습니다. 인더스강 중류 편자브에서 번성한 하라파 왕국(기원전 3300~기원전 1700)과 하류 삼각주에서 흥성한 모헨조다로 왕국(기원전 2600~기원전 1900) 유적지가 그곳입니다.

인더스 문명 황금기에 건설된 모헨조다로 유적은 4,000년의 세월에도
제모습을 간직하고 있다. 구워 만든 전벽돌로 지은 덕분이지만,
이 때문에 인더스강 상류의 산림이 파괴되고 끝내 홍수와 가뭄을 겪다가,
문명은 몰락하고 웅장했던 왕국은 토사에 파묻혔다.

두 도시의 유적을 보면 당시로서는 상상을 초월하는 규모의 궁성
을 비롯해, 상·하수도와 공중목욕탕 등 도시민의 편익시설까지 갖
춘 완벽한 계획도시였습니다. 이곳보다 2,000년 뒤 건설된 로마제국
도시와 비교해도 손색이 없는 수준의 도시입니다. 당시 어떤 기술과
자재로 이렇게 빼어난 도시를 건설할 수 있었을까요? 석재는 웅장한
기념물에 적합하지만 짜임새 있는 도시를 건설하기 어려우며, 목재
로는 도시기반을 건설하는 게 애당초 불가능합니다. 흙벽돌로 지으
면 메소포타미아 유적처럼 비바람에 풍화되어 정교한 건축이 어렵
고 오랜 세월 유지도 불가능합니다.

하라파와 모헨조다로 두 도시는 도시기반시설과 건축물을 모두 구운 벽돌인 전벽돌로 지었습니다. 이 두 도시를 전벽돌로 조성할 경우 도시 규모와 시설을 감안하면 산림을 얼마나 벌채했을지 짐작조차 어렵습니다. 그러나 인더스강 상류에는 힌두쿠시산맥의 남쪽 기슭을 덮은 울창한 산림이 있었기에 가능했습니다. 당시 권력자들은 상류 숲이 가뭄과 홍수를 조절해준다는 사실을 몰랐으니 닥치는 대로 벌목했겠지만, 그 대가는 혹독했습니다.

기원전 1500년 무렵 상류 숲이 사라지자 고봉설산의 빙설이 녹는 봄부터 홍수가 덮쳤고, 한창 농사를 지어야 하는 여름에 가뭄이 계속되었습니다. 한여름 상류 힌두쿠시산맥에 폭우가 쏟아지면 인더스강이 갑자기 범람했는데, 이때마다 큰 홍수와 함께 중·하류의 강줄기가 바뀌는 바람에 농사는커녕 정착해 살 수도 없게 되었습니다. 상류 숲의 파괴로 인더스강의 유수량 조절 기능이 상실됐기 때문입니다. 결국 두 왕국은 쇠락했고, 화려하고 웅장했던 두 도시는 범람한 흙탕물과 진흙탕에 묻힌 뒤 사라졌습니다.

하라파와 모헨조다로 왕국이 쇠락할 즈음인 기원전 1000년경, 중앙아시아 유목민족 아리아인s이 철기로 무장하고 이곳을 손쉽게 정복했습니다. 이들이 들은 소문과 달리 비옥하다는 농지는 황폐했고 멋진 도시와 편의시설도 여름이면 홍수에 잠겨 살 곳이 못 되었습니다. 아리아인은 이곳을 버리고 동쪽 갠지스강 중류 유역으로 이동해 정착합니다. 이들은 두 도시의 장인과 백성을 데려와 이곳에도 하라파와 모헨조다로와 닮은 도시를 건설했습니다. 도시건설에 필요한 전벽돌은 갠지스 상류 히말라야산맥 남쪽 울창한 숲을 벌목해 구워 만들었습니다.

아리아인은 하라파와 모헨조다로를 흉내 내며 한동안 번성했으나, 기원전 700년 무렵 여러 왕국으로 분열된 뒤 역사에서 영영 사라졌습니다. 오늘날 인도가 이곳의 갠지스 문명을 계승했다지만, 당시 유적은 여태껏 땅속에 묻힌 채 발견되지 않아 아리아인이 어떤 문명을 누렸는지를 알 수 없습니다.

하라파와 모헨조다로의 유적을 발굴한 고고학자들이 납득할 수 없는 게 있었습니다. 멋지게 건설한 거대 도시에 외적의 침입을 막을 성곽이 없다는 것 입니다. 두 도시는 동·서 무역의 거점으로 번성한 개방도시였기 때문에 굳이 침략할 이유가 없었고, 그래서 성곽을 세울 이유가 없었던 것입니다. 오늘날 인도 국민이 다민족·다종교에다 유달리 기업 경영과 IT 분야에 탁월한 재능을 보이는 것은, 동·서 무역으로 거대 도시를 건설하고 번영을 누린 선조의 탁월한 두뇌를 물려받은 결과라고 합니다.

마야 문명은 열대우림 파괴로 샘물이 말라 몰락했습니다

마야 문명은 기원전 2000년부터 기원후 900년 사이에 중부 아메리카 유카탄반도 내륙 열대우림에서 꽃피운 문명이지요. 이곳은 설산도 고산도 없는 평원이며 큰 강은커녕 작은 강도 없었습니다. 많은 비가 내리지만 대부분은 땅속에 스며들기 때문입니다. 그런데도 문명이 발흥할 수 있었던 것은, 많은 빗물이 지하 석회암 동굴에 저장되어 생긴 거대한 샘 세노테Cenote 덕분이었습니다.

북아메리카에서 이주한 초기 마야인은 이곳 열대우림을 베어낸 뒤 농지로 개간해 옥수수와 콩을 심었고, 건기에는 세노테에서 퍼올린 물로 농사를 지어 제법 넉넉한 생활을 하며 부족왕국을 세웠습니

치첸이트사는 1800년대에야 세상에 알려진 마야 문명의 유적 도시다.
멕시코 유카탄반도 북서부 밀림지대에 있는 이 유적에는 수많은
거대 석조물[피라미드]과 대형 우물[세노테]이 있는데,
사진 속 유적은 치첸이트사 중심에 있는 엘 카스티요 사원이다.

다. 기원후 250년 무렵까지 무려 2,500년간 마야인은 부족끼리 광활한 열대우림 속 여기저기에 흩어져 부족왕국을 건설하고 농지를 개간하며 풍요를 누렸지만 이후에는 전혀 달랐습니다.

기원후 250년 무렵 개간할 밀림이 바닥나고 식량이 부족하자 이웃 부족왕국을 약탈하고 아예 정복하는 일이 자주 벌어졌습니다. 결국 강력한 군대를 가진 한 왕국이 이웃 작은 왕국들을 정복한 뒤 스스로 제왕이라고 자칭하며 군림했습니다. 이들은 자신의 권위를 높이기 위해 석조 신전을 세우고는 내부를 회반죽으로 치장한 뒤 제왕의 족보와 업적을 그 위에 새겼습니다.

광활한 밀림이 제국으로 통일되자 전쟁은 그쳤고 인구는 급증했

습니다. 도시마다 더 많은 식량을 얻기 위해 그동안 접근하기에 두려웠던 깊은 내륙의 열대우림에 불을 놓아 파괴한 뒤 농지로 개간했습니다. 제왕은 그곳에 거대한 피라미드 신전을 짓고 태양신의 노여움을 달랜다며 사람을 제물로 바쳤습니다.

600년 무렵 유카탄반도의 열대우림은 거의 사라졌습니다. 내륙에 숲이 없으면 나무의 수증기 증산이 없어 구름이 생기지 않는 데다, 대류의 힘이 약해져 해양 수증기도 끌어들일 수 없게 되지요. 그래서 짧아진 우기에는 폭우가 쏟아진 반면, 길어진 건기 때문에 가뭄이 심해 세노테는 바닥을 드러냈습니다. 농사는커녕 식수도 구하기 어려울 지경에 이르자 제국은 스스로 붕괴했고, 제국의 백성도 부족끼리 뿔뿔이 흩어졌습니다.

900년 즈음 마야 문명은 몰락한 채 명맥만 유지하다, 1523년 스페인 정복군에게 멸망된 뒤 기독교 문명에 흡수돼 사실상 사라졌습니다. 열대우림 파괴가 몰고 온 문명의 몰락입니다. 오늘날 관광지가 된 밀림 속 마야 유적 대부분은 1839년 미국 작가 존 로이드 스티븐스가 현지를 답사하고 발표한 여행기 덕분에 세상에 알려진 이후 발굴된 것입니다.

앙코르 문명은 왕국의 염원을 기원한 사원 때문에 몰락했습니다

크메르[오늘날 캄보디아]는 예나 지금이나 메콩강과 톤레삽 호수 그리고 밀림 없이는 존립할 수 없는 나라입니다. 물고기와 과일이 지천인 이곳이 나라의 곳간이기 때문입니다. 802년 크메르 2대 왕인 자야바르만 2세는 앙코르[오늘날 시엠립]를 왕도로 삼고 세력을 키웁니다. 당시 앙코르는 온통 습지였습니다. 습지에 나라를 세운 데는 이유가 있었습니다. 우선 적의 침입이 어려웠고, 수로를 이용해 물고기와 과일의 수확은 물론이고 교역을 하기에도 좋았으며, 평지는 농지로 활용해 식량을 확보할 수 있었습니다. 이런 전략이 적중해 크메르는 점점 부강해졌습니다.

황금기를 연 17대 왕 수리야바르만 2세(재위: 1113~45)는 인도차이나반도를 통일하고 제국을 건설하면서 엄청난 토목사업을 벌입니다. 그는 앙코르를 명실상부한 제국의 수도로 꾸미기 위해 동서 1.5킬로미터 남북 1.3킬로미터 규모의 왕궁[와트]을 건설합니다. 뒤이은 자야바르만 7세(재위: 1181~1219)는 와트 중앙에 사원[톰]을 건립합니다. 습지를 석재로 매립한 뒤 수십 킬로미터의 배수로와 해자垓子 그리고 거대한 집수호集水湖를 설치하고 그 위에 웅장한 석조 신전을 세웠습니다. 석재는 40킬로미터 떨어진 쿨렌산山에서 채석했습니다. 개당 1~1.5톤짜리 석재를 수송하기 위해, 수로의 폭을 넓히고 바닥을 깊이 파냈습니다. 수리야바르만 2세 이후 17명의 왕 역시 권좌에 오른 뒤 선왕의 토목사업을 흉내 내며 습지를 매립해 사원을 잇달아 건설했는데, 지금까지 발견된 유적만도 무려 1,200곳에 이른다고 합니다.

이렇게 많은 사원을 건설할 때마다 주변 숲은 사라졌고, 특히 석재 운송을 위해 수로변 숲이 무참히 잘려 나갔습니다. 광활한 열대우림에 이 정도의 벌채는 대수롭지 않아 보였으나 그게 아니었습니다. 수로 확대로 물 흐름이 빨라지자 우기에는 홍수가 덮치고, 건기에는 수로의 바닥이 드러납니다. 해마다 겪는 물난리와 가뭄에 제국이 혼란에 빠지자 이 틈을 타 인접 부족이 넓혀진 수로를 이용해 침입했습니다. 크메르 제국은 이렇게 안팎으로 시달리다 1431년 멸망했습

크메르 제국 수도 앙코르의 사원 유적. 열대우림을 파괴하고
거대한 석조물을 세웠다. 이런 유적을 무려 1,200여 곳에 건설한 끝에
홍수와 가뭄을 겪다가 제국은 몰락했다.

니다.

이곳을 차지한 아유타야 왕국은 수위 조절 기능을 잃은 수로를 감
당하기 어렵게 되자 앙코르를 버리고 수도를 프놈펜으로 옮겼습니
다. 이후 무려 400년간 밀림의 원숭이가 앙코르의 주인 노릇을 했습
니다. 1861년 프랑스 식물학자 앙리 무어가 전설의 제국을 탐사하
고 세상에 알렸습니다.

수도 앙코르에 있던 왕궁과 주택은 목재로 지어져 사라졌지만, 와
트와 톰은 석조 건축물인 데다 외곽의 해자와 내부의 배수로 덕분에
나무뿌리의 공격을 막을 수 있었습니다. 그러나 몇몇 석조물은 바람
에 날려온 씨앗에서 자생한 나무줄기에 칭칭 감긴 채 발견되어 신비

©Alessandro Lucca

앙코르 타프롬 사원. 바니안[벵골고무나무]의 뿌리와 줄기가 휘감은
석조 사원의 모습이 자못 기이하다. 이 때문에 으스스한 영화 촬영지로
각광받는다. 이 나무는 바람에 날려온 씨앗이 자란 것이다.

감을 더했고, 오늘날 낯선 풍경의 이색 관광지로 사랑받고 있습니다.
그래서인지 죽음과 무덤을 연상하는 영화의 촬영지로 각광받은 곳
이기도 합니다. 할리우드 영화 「툼레이더」와 홍콩 영화 「화양연화」
가 앙코르와트의 신비로운 풍광을 배경으로 촬영한 것입니다.

그리스-로마 문명은 몰락 후 간신히 되살아난 문명입니다

먼저 서양문명이 태동한 나라 그리스를 살펴보겠습니다. 그리스에
는 큰 강도 울창한 숲도 넓은 농지도 없고, 예나 지금이나 온통 바위
산입니다. 그래서 파괴할 숲도 초원도 없었습니다. 그리스인은 강과
숲 대신 에게해海를 장악하고 무역으로 번성했고, 뛰어난 문명을 일

구었습니다. 미노스-키클라데스-미케네-아테네-마케도니아로 이어진 도시국가 문명이 그것이지요.

그리스 문명은 놀랍게도, 로마제국에 정복되었는데도 몰락하지 않고 오히려 로마 문명을 흡수해 그리스-로마 문명으로 거듭나 오늘날에 계승되었습니다. 계승되었다고 말하지만 속사정은 좀 다릅니다. 그리스-로마 문명은 로마제국의 몰락과 함께 중세 천년간 사실상 사라졌다가 르네상스 때 문자 그대로 부활한 것입니다. 오늘날 서구문명의 뿌리인 그리스-로마 문명의 유물과 유적지 대부분도 땅에 묻혔다가 16세기 이후 발굴되었거나 복구한 것입니다.

로마 문명은 발흥부터 다른 문명과는 사뭇 달랐습니다. 로마제국의 수도 로마에는 테베레강이 있지만 문명을 일으킬 만한 큰 강은 아닙니다. 큰 강도 울창한 숲도, 제국의 백성과 군대를 먹여 살릴 넓은 농지도 없는 도시국가 로마가 어떻게 천년 제국을 구가했을까요? 로마제국에는 탁월한 지도자가 있었습니다. 그리고 일당백의 전투력과 놀라운 토목기술을 함께 가진 보병군단이 있었습니다. 제국 건설에 부족한 것은 모두 이들의 정복 전쟁을 통해 구했습니다. 그런데 이들은 약탈 대신 정복지에 거대한 도시와 대규모 농장을 건설했고, 피정복민을 문명인 즉 로마인으로 교화하는 고차원의 통치술을 발휘했습니다. 이 덕분에 천년 제국을 누린 것입니다.

문제는 로마제국이 영토를 넓히는 만큼 지구가 더 황폐해졌다는 사실입니다. 정복지마다 수많은 거점도시를 건설하면서 주변 숲을 무참히 파괴했습니다. 특히 제국의 식량 확보를 위해 대규모 농장을 조성할 때마다 초원은 사라졌습니다. 라티푼디움Latifundium이 그것입니다.

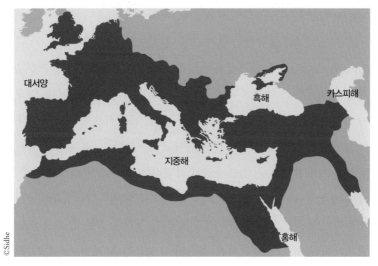

기원후 117년 로마제국의 영토가 가장 넓었을 때 지도(붉은색).
로마제국 식민지 대부분은 오늘날 사막이거나 사막화 지역이다.

게다가 도시와 라티푼디움에 필요한 많은 물을 주변 강에서 끌어다 쓰는 바람에, 하류도 황폐화를 피할 수 없었습니다. 정복지 곳곳에 남아 있는 수도교水道橋 유적이 그 증거입니다. 정복지는 속속 황폐해졌고 기원후 1세기 이른바 '로마 온난화'가 덮치자 일대가 급속히 사막화한 데 이어, 수차례 지진이 덮쳐 대부분의 도시가 사라지거나 폐허로 변했습니다. 남은 유적도 중세 천년 동안 건축자재로 재활용되면서 파괴되고 제대로 남은 게 없었습니다. 그리스-로마 문명은 이렇게 사라졌고 남은 것은 사막입니다. 기원후 2세기 로마제국의 영토와 오늘날 사막화 지역은 거의 일치합니다. 로마제국과 문명이 지구 사막화에 치명타를 날린 셈입니다.

숲을 파괴하면 문명도 인류도 살아남지 못합니다

문명은 서서히 몰락하는 예가 드뭅니다. 숲도 마찬가집니다. 둘 다 어느 한계에 이르면 갑자기 쇠락합니다. 문명은 인류가 강변 초원을 개간해 의식주를 해결하고 도시를 건설하면서 흥성했습니다. 인구가 늘고 도시가 커지면 식량과 목재 수요는 폭발적으로 증가합니다. 식량 증산을 위해 초원을 마구 개간하고, 도시건설을 위해 숲을 파괴하면 돌이키기 어려운 자연재앙이 닥칩니다. 한번 망가진 숲은 되살아나기 어렵습니다. 단 한 번의 폭우에도 근토층根土層이 유실되기 때문이지요. 근토층은 풀과 나무의 뿌리가 자리를 잡는 데 필요한 표토表土 아래 30~50센티미터 깊이의 토양층인데, 토양미생물이 풍부해 토착식물이 뿌리를 쉽게 내리고 건강하게 자라도록 돕습니다. 근토층이 파괴되면 그 땅은 쉽게 메말라 흙바람을 일으킨 끝에 모래만 남고, 결국 사막화하거나 외래식물의 근거지로 변합니다.

오늘날 지구 육지의 거의 절반은 사막이거나 사막화 지역입니다. 그리고 그 사막의 거의 절반은 인류가 문명의 대가로 파괴한 숲과 초원의 다른 얼굴입니다. 숲과 초원을 파괴하면 문명도 인류도 살아남지 못합니다.

2000년대 이후 늘어난 자연재앙이 그 조짐입니다. 유엔과 환경단체는 화석연료 남용으로 대기 중 이산화탄소가 지구온난화를 일으켰기 때문이라고 주장하지만, 주범은 따로 있습니다. 숲 파괴와 사막화로 인해 솟구치는 북반부 영구동토대의 엄청난 메탄가스입니다.

푸른 별이
노란 별로
변하다

　지구를 흔히 '푸른 별'이라 부르지요. 우주에서 찍은 지구 사진을 보면 분명 파란색인데, 왜 '푸른 별'이라 부를까요? 이런 질문을 받을 때마다 솔직히 당혹스럽습니다. 미국항공우주국NASA이 우주에서 찍은 사진 속 지구를 '파란 구슬'Blue Marble이라 부르는 것을 보면, 우리도 '파란 별'이라고 부르는 게 옳기 때문입니다. 궁금해서 만물박사라는 인터넷 검색은 물론, 환경운동가에게 물어봐도 뾰쪽한 답을 들을 수 없었습니다. 그나마 그럴듯한 답변은 이러했습니다.

　"1970년대 국내 환경운동가들이 지구생태환경을 표현할 상징어를 찾다 육상식물의 푸른 빛깔을 상정하다 보니 그렇게 된 듯하다."

　고개를 끄덕였지만 명쾌한 답은 아닙니다. 그래서 네이버 국어사전의 뜻풀이를 근거로 내 나름대로 해석해봤습니다. 이 사전에는 '푸르다'의 뜻으로 "곡식이나 열매 따위가 아직 덜 익은 상태" 외에 "맑은 가을하늘이나 깊은 바다, 풀의 빛깔과 같이 밝고 선명하다"는 뜻도 있습니다. 그래서 '푸른 별'은 잘못된 표현은 아니라고 보고 그대로 쓰기로 했습니다. 지구가 '푸른 별'이든 '파란 별'이든, 푸른 숲과 초원 그리고 파란 바다가 어우러진 생명의 낙원이라면 표현쯤이

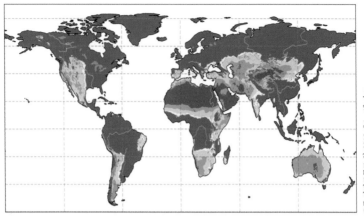

세계사막화지도. 지구 육지의 절반이 사막(붉은색, 갈색)이거나 사막화
지역(노란색)이다. 적도권과 북반부에 사막이 몰려 거대한 벨트를 형성했다.
이 사막벨트의 열기가 바로 위 영구동토대를 녹여
'지구온난화의 핵폭탄'이라 부르는 메탄하이드레이트를 용출시킨다.

야 탓할 게 아니지요.

그러나 지구가 '노란 별'로 바뀌고 있다면 예삿일은 분명 아닙니
다. '노란 별'이 뭐냐고요? 지구 육지의 절반 가까이가 이미 사막이
거나 사막화되면서 숲과 초원이 푸른빛을 잃고 그 자리에 누런 사막
이 덮쳐 붙여진, 가까운 미래 지구의 새로운 별명입니다.

지구온난화의 주범은 이산화탄소가 아닙니다

한 환경단체 지도자에게 이런 사막화의 심각성을 주장했더니 이
렇게 말했습니다.

"사막이 좀 늘어나고 지구가 '노란 별'로 불린다 해서 그게 인류
종말 운운할 재앙인가요? 이산화탄소와 지구온난화가 진짜 심각한

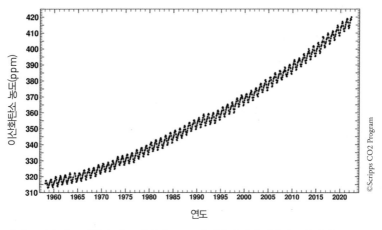

킬링 곡선은 미국 화학자 찰스 킬링이 1958년 이후 하와이 마우나로아 화산 관측소에서 시간대별로 측정한 대기 중 이산화탄소 농도의 변화를 표시한 그래프다. 그러나 이산화탄소가 대량 분출하는 활화산 꼭대기에서 측정한 농도를 지구 대기 중 평균 농도의 근거로 삼은 것부터 잘못이라는 지적을 피할 수 없다.

재앙입니다."

　아마 독자 대부분도 이 말에 수긍할 성싶습니다. 대부분의 과학자들도 지구온난화는 인류의 당면한 재앙이며, 이산화탄소를 그 주범으로 믿는다니 일반인이야 당연하겠지요. 미국 코넬대학교 연구팀이 세계 주요 학술지에 발표한 기후 관련 논문 9만여 편을 분석한 결과, 논문의 99.9퍼센트가 인간의 이산화탄소 과다 배출로 기후변화를 초래했다는 주장에 동조했습니다. 그러나 지구온난화의 '불편한 진실'을 알면 지구온난화의 주범은 이산화탄소가 아니라 사막화라는 사실에 수긍할 겁니다. 그럼 어쩌다가 이런 '불편한 진실'이 첨단 과학 시대에 '보편적 진실'로 둔갑하게 된 것일까요? '불편한 진실'의 내막은 이렇습니다.

이산화탄소가 지구온난화의 주범으로 둔갑한 것은, 미국 화학자 찰스 킬링이 발표한 이른바 '킬링 곡선'에서 시작되었습니다. 킬링 곡선은 찰스 킬링이 미국 하와이 마우나로아섬에 있던 미국 국립해양대기국NOAA 관측소에서 1958년부터 대기 중 이산화탄소 농도가 어떻게 변화했는지를 월별로 측정해 그래프로 표시한 것입니다. 그래프에서 보듯이, 이산화탄소 농도는 가파른 상승곡선을 나타냈습니다. 1990년대 이를 본 환경론자들은 일제히 지난 200년간 기온 상승을 이산화탄소 때문으로 단정하고 '지구온난화=이산화탄소'라는 등식을 만들었습니다. 이후 킬링 곡선은 지구온난화의 주범을 이산화탄소로 몰아갈 때마다 등장하는 단골 메뉴가 되었습니다.

그런데 측정 지점이 도마에 올랐습니다. 관측소가 위치한 마우나로아산山은 산의 부피 대비 면적으로 세계에서 가장 큰 활화산입니다. 활화산에는 엄청난 양의 이산화탄소가 솟구칩니다. 찰스 킬링은 이런 지적에 대해 주변 환경을 세심하게 관찰해 대비했다고 밝혔지만, 풍향에 따라 섬을 휘감는 활화산 가스를 어떻게 대비했는지 알 수 없습니다.

또 있습니다. 2020년 2월 이후 코로나19 팬데믹으로 지구촌의 발이 묶이고 생산활동의 위축 등으로 화석연료 사용량이 급격히 감소했습니다. 그러나 같은 기간의 이산화탄소 농도를 보면 2019년 8월 410.01에서 2021년 2월에는 418.95로, 2022년 5월에는 420.78로 오히려 늘었습니다. 이런 점을 감안하면 킬링 곡선은 태평양 한가운데 적도권 대기 중 이산화탄소 농도 측정으로는 유효한 조사결과일지 몰라도 지구온난화를 주장할 근거로는 부족합니다.

지구온난화라는 명칭도 적확하지 않습니다. 지구의 온난기와 한랭기는 수억 년 지구 역사에서 최소한 수백 년 단위로 나타난 자연현상인데, 기껏 반세기 남짓한 기온상승을 지구온난화로 명명하는 것은 과장을 넘어 허풍에 가깝기 때문입니다.

그럼 지금부터 '지구온난화의 불편한 진실'의 근거 중 쉽게 이해할 수 있는 다섯 가지만 간략히 적시하겠습니다.

첫째, 이산화탄소는 지구온난화를 유발하는 온실가스 중 하나로 배출 점유율은 크지만 온난화 효과로 보면 크지 않다는 사실입니다. 온실가스의 배출량을 점유율(%)의 크기순으로 보면 이산화탄소 (75), 메탄(18), 아산화질소(4) 그리고 과불화탄소 등 순입니다. 점유율로는 이산화탄소가 과반을 넘습니다. 그러나 온난화 효과로 보면 메탄은 이산화탄소보다 20~30배나 강력합니다. 일부 과학자는 영구동토대에 매장된 메탄하이드레이트의 경우 60~80배라고도 합니다. 어쨌든 인류가 배출한 메탄의 온실효과를 이산화탄소의 25배 기준으로 환산하면 그 영향력이 이산화탄소보다 6배나 높습니다. 기온상승을 효과적으로 막으려면 이산화탄소보다 메탄부터 줄여야 하는 이유입니다.

둘째는 대기 중 온실가스 중에서 가장 중요한 하나가 빠졌다는 사실입니다. 수증기입니다. 수증기는 어떤 온실가스보다 더 강력한 온실효과를 갖고 있습니다. 태양복사열을 대기 중에서 바로 흡수하기 때문입니다. 그럼에도 온실가스 목록에서 빠진 것은 과학자들이 계산하기 어려우니 아예 제외시킨 것입니다. 대기 중 수증기의 양은 날씨만큼 변덕스럽습니다. 수증기의 비중은 날씨가 잔뜩 흐릴 때는 대기를 가득 채울 정도인 70퍼센트 이상이었다가 맑을 때는 10퍼센트 이하로 줄어들고, 지역과 지형 그리고 변화무쌍한 날씨에 따라 제각각이라 기후모델에서 빼버렸답니다. 기후와 기온의 변화에 가장 중요한 변수를 빼놓고 예측하는 기후모델이 과연 얼마나 정확할지 의심할 수밖에 없지요.

이 때문에 많은 대기물리학자들은 오늘날 발표되는 기후변화와 관련한 연구결과를 그다지 신뢰하지 않습니다. 노벨화학상 수상자 두 명을 길러낸 미국 스탠퍼드대학교의 화학부 제임스 콜맨James Collman 명예교수는 그의 저서『내추럴리 데인저러스』에서 "온난효과에 지대한 영향을 미치는 수증기를 골치 아프다고 빼놓고 온난화 대책을 내놓는 것을 이해할 수 없다"고 지적했습니다.

셋째는 대기 중 온실가스 총량에서 인간이 배출한 비중은 5퍼센트에 불과하다는 사실입니다. 나머지 95퍼센트는 자연에서 방출된 것입니다. 지구 곳곳에서 벌어지는 화산 활동, 해저와 북반구 영구동토대에서 용출되는 메탄가스, 동물의 트림과 방귀, 유기물의 부패가스 등입니다. 우리가 이산화탄소를 포함한 모든 온실가스를 줄여도 그 효과는 5퍼센트를 넘지 못한다는 계산이지요. 이쯤이면 전 세계에서 운행되는 내연기관 자동차를 모두 폐차하고 전기자동차를 탄다고 해도 지구온난화 해소에 그다지 도움이 되지 않는 셈입니다.

넷째, 세계기상기구WMO는 2021년 10월 대기 중 이산화탄소의 농도는 전년보다 2.5ppm 늘어난 413.2ppm을 기록했다고 발표했습니다. 이 수치는 산업혁명 이전과 비교하면 근 50퍼센트 증가했다며 화석연료 남용에 대한 경각심을 불러일으켰지요. 찰스 킬링이 1958년 하와이 관측소에서 처음 조사한 313ppm과 비교하면 100.2ppm 증가했으며 증가율은 25퍼센트입니다. 증가율만 보면 엄청난 수치입니다. 그러나 이 수치를 이산화탄소의 대기 중 비중(%)으로 환산하면 전혀 다릅니다. 413.2ppm을 대기 중 비중으로 환산하면 0.04132퍼센트입니다. 대기 중 0.04132퍼센트에 불과한 이산화탄소가 지구온난화를 일으켰다면 과연 수긍할 과학자가 얼마나 될까요? 게다가 59년간 0.01퍼센트(100.2ppm) 증가한 이산화탄소가 지구온난화를 유발했다는 것이 과연 설득력 있는 주장인가요?

유엔기후변화정부간협의체IPCC와 환경단체들이 대기 중 이산화탄소 증가율을 발표할 때마다 여러분이 가슴을 쓸어내려야 했던 것은, 어쩌면 ppm[100만분의 1] 단위가 연출하는 마법 같은 숫자놀음일지도 모릅니다.

끝으로, 산업혁명 이전 화석연료 사용이 적었던 950~1250년에 나타난 '중세 온난화'는 어떻게 설명해야 하느냐는 반문입니다. 지구온난화는 태양의 흑점활동이나 지각활동에 의해 발생한다는 게 역사적 사실과 과학적 연구로 이미 입증된 진실입니다. 흑점활동으로 생긴 우주방사선의 산물인 탄소-14 동위원소를 나무화석 나이테에서 검출하면, 흑점활동의 주기와 지구 대기온도의 변화가 거의 일치합니다. 그리고 온난화로 북극 빙하가 녹았던 시기의 태양 흑점활동과 남극 빙핵氷核 층층에 갇힌 성분을 연대별로 비교했는데 이 또한 일치했습니다.

어설픈 논문과 정치인의 쇼가 진실을 불편하게 만들었습니다

첨단 과학시대에도 괴담이 진실로 둔갑하는 어처구니없는 일은 세계 정치의 중심인 유엔에서도 벌어집니다. 괴담의 전말을 요약하면 이렇습니다. 2001년 IPCC가 당시 무명에 가까웠던 미국 펜실베

니아주립대 대기과학과 마이클 만Michael Mann 교수의 논문을 충분한 검토 없이 보고서에 인용하면서 괴담은 진담으로 돌변합니다. 뒤이은 2006년 미국 전직 부통령 앨 고어Albert Gore는 IPCC 보고서를 근거로 지구온난화로 닥칠 대재앙을 경고한 저서 『불편한 진실』을 출간한 데 이어 다큐멘터리 영화를 발표하면서 환경운동가로 변신합니다. 이듬해 2007년 IPCC와 앨 고어는 지구환경보호에 기여한 공로로 노벨평화상을 받았고, 그의 다큐멘터리 영화는 미국 아카데미 등 영화상을 휩쓸었지요. 환경운동가 앨 고어의 명성은 하늘을 찌를 듯했고, 그의 저서와 다큐멘터리는 완벽한 진실처럼 보였습니다.

그런데 앨 고어의 과장된 주장을 선동 정치인의 허세쯤으로 치부했던 세계 과학계는 그가 노벨상까지 받자 사실 여부를 따지기 시작했습니다. 먼저 IPCC 보고서의 근거가 된 마이클 만 교수의 논문에서 신뢰할 수 없는 부분이 여럿 발견된 데 이어, 앨 고어의 저서와 다큐멘터리는 과장과 허풍으로 채워졌다는 사실이 속속 밝혀졌습니다.

마이클 만 교수가 논문에서 제시한 지난 1,000년간 기온변화 그래프는, 기원후 1000~1600년 사이 기온변화가 거의 없다가 1800~2000년 사이에 급격히 상승해 '하키스틱 커브'라고 부릅니다. 엄연히 존재했다는 증거가 넘쳐나는 중세 온난기와 근세 한랭기의 기온변화는 아예 무시했으며, 1800년 이후 기온 급상승의 근거로 제시한 수목의 나이테 자료도 신뢰할 수 없는 수준이었습니다. 미국 한 지역의 특정 나무에 납득하기 어려운 가중치를 주어 나이테를 분석했기 때문입니다. 이후 과학계의 잇단 반론에도 마이클 만 교수는 기존 주장만 거듭했습니다.

마이클 만 '하키스틱' 그래프

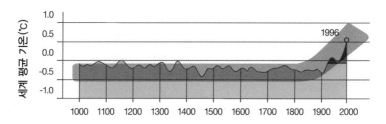

휴버트 램 그래프

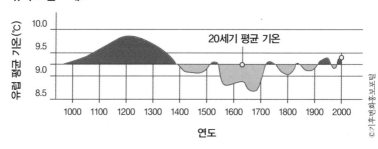

킬링 곡선과 함께 지구온난화의 이산화탄소 주범론 단골 근거가 된
마이클 만 교수의 하키스틱 그래프(위). 과학적으로 검증된
'중세온난기의 기온상승'이 나타나지 않으며
1800년대 산업혁명 이후에 급격히 상승한다. 반면 기후학자
휴버트 램Hubert Lamb이 제시한 그래프(아래)에는 '중세온난기의 기온상승'은 물론,
17~18세기 유럽대륙을 덮친 혹한까지 반영되었다.

 이쯤이면 이 논문을 인용한 유엔과 환경단체는 보고서를 정정하
고 탄소중립정책을 수정할 법도 한데, 전혀 아니었지요. 논란과 반론
을 애써 피하며 오히려 탄소중립을 회원국에게 사실상 강요했습니
다. 대한민국은 순순히 따르다 못해 감당하기 어려운 탄소감축량을
약속하는 모범(?)을 보였습니다.

 유엔은 왜 이런 잘못된 길을 고집한 걸까요? 유엔은 1900년대 들

어 환경보호에 관심이 부쩍 높아진 범세계적인 여론을 무시할 수 없
는 데다, 이참에 미국과 러시아를 포함한 산유국이 주도하는 국제세
력 판도를 바꾸고 싶은 유력한 회원국의 압력에 순응하며 앞장섰기
때문으로 보입니다. 유력한 회원국은 비산유국이면서 신재생에너지
관련 첨단기술 보유 국가이며, 진보성향의 친환경주의 국가입니다.
주로 유럽 국가이며 대한민국도 얼추 포함되지요. 신재생에너지도
좋지만 갑작스러운 탈脫화석연료와 탄소중립 정책 때문에 지구촌 대
부분의 국가가 대체에너지원 개발에 막대한 비용을 치르게 되었고,
그 비용을 결국 국민이 감당해야 했습니다. 더욱이 인간이 배출한 이
산화탄소로 인한 지구온난화 주장은, 이미 상식으로 굳어져 이젠 논
쟁거리도 아닌 게 사실이지요. 특히 이렇다 할 논의조차 없이 IPCC
의 결정에 앞장선 대한민국은 더욱 그렇습니다.

지구온난화의 주범은 영구동토대의 메탄가스입니다

메탄가스가 기온상승의 주범임을 입증하는 근거가 있습니다. IPCC
보고서를 근거로 작성된 '1750년 이전 대비 2016년 주요 온실가
스의 농도와 증가율'(도표)을 보면, 메탄가스가 기온상승의 주범임
을 확인할 수 있습니다. 266년간 이산화탄소는 42.6퍼센트 증가했
지만 메탄가스는 3.6배나 높은 154퍼센트로 급증했습니다. 게다가
같은 농도라 하더라도 메탄가스의 온실효과는 이산화탄소보다 훨씬
강력합니다. 지난 266년 사이 기온 급상승의 주범은 메탄가스라고
볼 수밖에 없지요.

그렇다면 지난 266년간 지속적으로 증가한 엄청난 양의 메탄가스
는 어디서 나왔을까요? 메탄가스는 주로 미생물이 동식물의 사체[유

1750년 이전과 오늘날 대비 온실가스 농도와 증가율			
	1750년 이전 대류권 농도	현재 대류권 농도 (2016년 4월 측정)	증가율
이산화탄소	280 ppm	399.52 ppm	42.6%
메탄	722 ppb	1,834 ppb	154.0%
아산화질소	270 ppb	328 ppb	21.4%
대류권 오존	237 ppb	337 ppb	42.1%

©ballotpedia.org

영국 기상관측청 해들리센터 HadCRUT5가 지난 260년간 실측했다.
이 그래프는 기온 상승의 주범이 이산화탄소가 아니라 메탄가스임을 입증한다.

기물]를 분해하는 과정[부패, 발효]에서 생성됩니다. 그래서 메탄가스가 가장 많이 발생하는 곳은 유기물이 많이 쌓이는 심해와 북반부 육상영구동토대 지하입니다. 해양의 수압이나 육상의 지압에 갇힌 메탄가스는 섭씨 0도 이하에서도 얼지 못하고 물과 얼음 중간의 불안정한 상태를 유지하는데, 이때 물 분자와 결합하면서 응축되어 마치 드라이아이스처럼 변합니다. 이것이 메탄하이드레이트입니다. 지구 북반부를 뒤덮은 해양·육상영구동토대 지하에 묻힌 메탄하이드레이트는, 세계 인구 80억 명이 500년 이상 사용할 수 있는 양입니다. 엄청난 매장량에다 가공할 온실효과 때문에 '지구온난화의 핵폭탄'이라 부르지요.

영구동토대 지하의 메탄하이드레이트가 대량 용출하게 된 발단은 ① 1910~1940년대 양차 세계대전 중 무자비한 자연 파괴 ② 1950년 이후 지구촌 인구급증 등으로 인한 광범위한 숲 파괴와 농지개간 ③ 지구 북반구의 사막화 확산 때문입니다. 앞서 살펴본 하키스틱 그래프와 유럽 기온 그래프의 급상승 시점인 1925년 이후를 보면, 지구 북반구 사막화가 확산되는 시점[양차 세계대전]과 맞아떨어집니다. 이런 일치는 이산화탄소를 기온상승의 주범으로 지목한 마이클 만 교수의 주장이 부정확함을 입증하는 결정적인 자료이기도 합니다.

이런 와중에 2022년 2월 학술지 『사이언스』에 메탄가스와 관련한 흥미로운 연구결과가 발표되었습니다. 프랑스 파리대학교 기후환경연구소 등에서 2019년부터 2020년까지 2년간 유럽 센티넬 위성이 찍은 영상을 분석한 결과, 세계 150곳에서 각각 시간당 10~500톤의 메탄가스가 누출된 노란 띠를 발견하고 추적했더니 놀랍게도 유전과 송유기지였습니다. 이 연구를 주도한 프랑스 파리대 기후환경학과 토마 라보Thomas Lavault 교수는 다음과 같이 밝혔습니다.

"이곳에서 2년간 누출된 메탄가스를 막으면 연간 2,000만 대의 자동차가 배출하는 온실가스를 제거하는 것과 같은 효과를 얻을 수 있으며, 구름 때문에 확인할 수 없었던 중국과 캐나다까지 포함하면 그 이상이다."

유감스럽게도 이 위성의 영상 해상도가 낮아 광대한 북반구 영구동토대 해빙 호수에서 용출되는 메탄가스는 촬영할 수 없었습니다. 만약 영구동토대 메탄가스 용출 현장도 분석할 수 있었다면, 그 양은 유전지대와 송유기지의 굴착된 지반에서 분출되는 양과는 비교할 수 없을 것입니다. 시베리아와 알래스카 그리고 북극 해저의 광활한 영구동토대의 규모를 상상하면 짐작할 수 있습니다. 2,000만 대의 자동차가 운행 시 배출하는 배기가스의 양은, 대한민국에서 운행되는 자동차의 배출량과 얼추 비슷합니다. 2021년 7월 대한민국 자동차 등록 대수(누적)는 2,470만 대인데, 이중 운휴차량 10퍼센트를 빼면 거의 맞아떨어집니다. 불과 150곳의 유전과 송유기지에서 분

출한 메탄의 온실효과가 대한민국 모든 차량의 유발 효과와 맞먹는
다면, 광활한 영구동토대에서 용출하는 메탄가스의 온실효과는 세
계 모든 차량의 유발효과 이상이겠지요.

산업혁명 이후 화석연료 남용으로 인한 이산화탄소 증가가 기온
을 다소 올렸다고 해도, 인류가 배출한 이산화탄소가 기온상승의 주
범이라고 볼 수는 없습니다. IPCC는 2021년 보고서에서 "현재 지
구 기온상승의 30~50퍼센트는 메탄 때문"이라고 발표했습니다. 그
동안 이산화탄소를 주범으로 몰았던 IPCC조차 더는 고집할 수 없
었던지 메탄가스를 슬그머니 종범으로 부각하는 한편, '지구온난화'
대신 '기후변화'라는 용어를 쓰기 시작했습니다.

영구동토대를 녹이는 주범은 사막벨트입니다

그렇습니다. 오늘날 지구 북반구는 거대한 사막을 허리띠처럼 두
르고 있습니다. 이를 '북반구 사막벨트'라고 부릅니다. 사막벨트 바
로 위에는 북극권 영구동토대가 있습니다. 이곳 사막은 낮에는 달궈
진 화덕과 같습니다. 이란에 있는 루트 사막은 여름이면 섭씨 70도
까지 치솟고, 다른 사막도 섭씨 40~50도를 오르내립니다. 북반구
사막벨트의 이런 복사열이 편서풍과 만나면 바로 위 북극권 영구동
토대와 북극 빙하를 녹입니다. 게다가 영구동토대의 해빙 호수에서
치솟는 메탄가스가 가세하면 만년설이 덮인 북극권에서도 갑자기
기온이 치솟아 봄꽃이 만발하는 이변이 일어나는 반면, 지구 반대쪽
에선 한여름에 서리가 내리고 심지어 사막에 폭설이 퍼붓는 기상이
변을 일으킵니다.

최근 북극권에서 빈발하는 기상이변 중 하나를 소개하겠습니다.

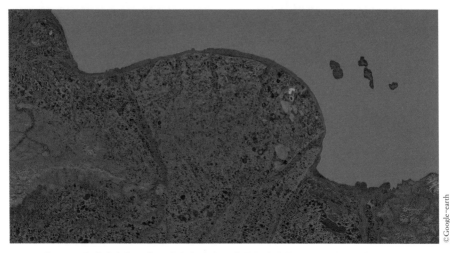

©Google -earth

영구동토대 시베리아는 연중 겹겹의 빙설로 덮여야 하지만 온통 툰트라 초원이고, 곳곳에 해빙호수(검은 점)가 널렸다. 빙설에 묻힌 천문학적인 양의 메탄하이드레이트가 용출하면 이산화탄소보다 온실효과가 20배 이상 높은 메탄가스로 변한다.

2020년 1월 시베리아 북동부 러시아 사하공화국 베르호얀스크의 월 평균기온이 급상승해 영하 25도를 기록했습니다. 이곳 1월 평균 기온은 영하 45도입니다. 무려 20도나 치솟은 것입니다. 그런데 이곳은 화석연료를 사용하는 산업국가가 몰린 대륙도 아니고 산업시설도 전무하며, 더욱이 인구 1,100명에 불과한 북극권 내 작은 마을입니다. 이런 곳의 기온이 왜 20도나 급등했을까요? 이것도 선진 산업국가에서 배출한 이산화탄소 때문일까요? 시베리아 작은 마을에서 이런 뜬금없는 기온 폭등이 왜 일어났는지에 대해 화석연료 과다 사용 탓이라고 주장해온 유엔도 과학자도 환경단체도 침묵하며 미래의 기후위기 자료만 쏟아내 지구촌을 불안하게 합니다.

1970년대 이후 시베리아 영구동토대에는 해빙 호수가 부쩍 늘어나, 수면에서 마치 물이 끓듯 메탄가스가 부글부글 솟습니다. 광활한

©Strelyuk

시베리아 바이칼호에서 솟아오르는 메탄가스가 얼음에 붙잡혀
메탄 거품을 만들었다. 거대한 메탄 저장고인 바이칼호는
영구동토대 남방한계선에 위치해 있어, 사막의 열기에 더욱 취약하다.

시베리아 동토대에서 이렇게 솟구치는 천문학적인 양의 메탄가스는
북극권 기온상승과 함께 제트기류를 약화시켜, 지구촌 곳곳에서 기
상이변을 일으킨 것입니다. 2020년 여름 한반도에 54일간 내렸던
장맛비도, 제트기류의 약화 때문에 북태평양 고기압대가 북상해서
발생한 것입니다. 2010년 1월 한반도 대폭설도, 2017년 일본 큐슈
폭우도, 2019년 유럽 폭염도 이 때문이었습니다.

  광활한 영구동토대의 해빙과 메탄가스의 용출을 막지는 못할지라
도 최소화하려면 편서풍을 타고 영구동토대를 녹이는 화덕부터 없
애야 합니다. 북반구의 광대한 사막지대를 모두 없앨 수는 없지만,
사막의 열기는 줄일 수 있습니다. 사막녹화입니다.

영구동토대의 해빙은 기후변화와 기상재앙의 진원지입니다

오늘날 최악의 사막지대인 북아프리카 사하라-사헬과 중앙아시아 대륙의 절반을 덮은 광대한 사막벨트는, 8,000년 전만 해도 코끼리와 하마가 무리지어 살았던 녹색지대였으나 6,000년 전 지구 자전축의 기울기가 24.1도에서 23.5도로 줄어 태양과 거리가 가까워지면서 사막으로 변했습니다. 그렇다고 사막벨트가 모두 그 때문에 생긴 것은 아닙니다. 적어도 절반은 인류의 무분별한 숲 파괴와 농지 개간이 가세한 결과입니다.

잘 보존된 숲과 초원은 웬만한 기후변화를 버텨내고, 설사 황폐해져도 새로운 식물군이 서식하면서 생태계를 유지합니다. 그러나 일단 파괴된 숲과 초원은 작은 기온변화에도 맥없이 황막화荒漠化되고 기온이 정상화되어도 회복불능의 사막으로 변합니다. 북반구 사막벨트가 확대일로인 것은 이런 악순환이 반복되기 때문이지요. 사막 녹화가 시급한 이유입니다.

그러나 북아프리카-아라비아반도-중앙아시아-몽골에 이르는 엄청난 사막벨트를 녹화하자고 하면 누구든 고개를 젓습니다. 2019년만 해도 저 역시 그러했습니다. 그런데 2020년 들어 생각이 달라졌습니다. 아프리카연합과 유엔이 2010년부터 추진한 '사하라&사헬 이니셔티브SSI' 프로젝트에 기적 아닌 기적이 일어났기 때문입니다.

이 프로젝트는 아프리카 서쪽 끝 세네갈에서 동쪽 끝 지부티까지 총연장 7,800킬로미터 폭 15킬로미터에 나무를 심는, 그야말로 녹색 만리장성 조성입니다. 이 계획이 발표됐던 당시 불가능하다는 여론이 지배적이었고, 저 역시 그렇게 생각했습니다. 그런데 기적 아닌 기적이 일어난 것입니다. 2019년 10년의 노력 끝에 에티오피아, 세

네갈, 니제르 등에서 수만에서 수십만 제곱킬로미터의 사막과 황무지에 수십억 그루의 나무를 심어 녹지를 복원했고, 이곳에서 수백만 톤의 식량을 생산하게 될 것이란 낭보가 외신을 통해 속속 전해지고 있습니다. 2030년이면 제법 울창한 숲이 모습을 드러낼 것이며, 다시 10년 뒤에는 녹색장성의 숲이 대서양과 지중해의 수증기를 끌어당겨 우기에는 단비를 뿌리겠지요.

수증기는 온난화를 일으키는 태양의 적외선 복사열을 대량 흡수하는 최악의 온실가스입니다. 장마철 하늘에 먹구름이 잔뜩 끼면 무더위가 유독 기승을 부리지요. 수증기가 복사열을 잔뜩 흡수한 채 열을 발산하기 때문입니다. 그런데 수증기는 다른 온실가스와 달리, 포화 밀도와 기온이 응결점凝結點에 이르면 물로 바뀝니다. 목욕탕 천장에 닿은 수증기가 모였다가 식으면서 물방울이 되어 떨어지는 현상을 상상하면 쉽게 이해됩니다. 숲과 초원에서 식물이 증산한 수분과 땅에서 증발한 수분이 하늘에서 모이면 비가 됩니다. 수분이 하늘로 올라가며 수증기로 뭉치면 이내 구름이 되고, 냉기류와 만나면 물방울로 변해 비가 되어 쏟아지는 것이지요. 이때 기온은 순식간에 떨어지고 이내 에어컨 찬바람을 쐬는 것 같은 시원함을 느낍니다. 수증기가 품고 있던 복사열이 물로 변하면서 사라졌기 때문입니다.

한마디로 요약하면, 수증기는 복사열[기온]을 품었다가 없애는 마법과 같은 온실가스입니다. 제임스 콜만 교수의 지적대로 지구온난화를 멈추는 데 수증기보다 더 좋은 수단은 없습니다. 그렇다면 공기 중 수증기량을 늘리면 지구온난화를 해결할 수 있겠지요. 그렇습니다. 먼저 공기 중 수증기가 어디서 생성된 것인지를 살펴봅시다. 70퍼센트는 바다·강·호수의 수면에서 발생하고, 20퍼센트는 육상

녹지에서 발생합니다.

내륙 사막에 바다나 강이나 호수를 만드는 것은 불가능합니다. 하지만 나무를 심고 초지를 조성하는 것은 가능합니다. 사막녹화로 녹지를 크게 늘리는 것은 수증기 공장을 짓는 것과 같습니다. 한여름 우람한 단풍나무 한 그루가 하루에 물 18리터가량을 증산蒸散합니다. 증산은 식물의 뿌리에서 올려보낸 수분을 분무기로 미세한 물방울을 뿌리듯 잎 아랫면 숨구멍을 통해 내뿜는 것을 말합니다. 울창한 숲과 너른 초원의 수많은 식물과 광활한 대지에서 증산하고 증발하는 물을 모으면 웬만한 하천의 수량과 맞먹지요.

사막녹화로 영구동토대 해빙부터 막아야 합니다

지구온난화의 가속도를 줄이려면 '지구온난화의 핵폭탄'을 안고 있는 시베리아와 알래스카 영구동토대의 해빙부터 우선해서 막아야 합니다. 화석연료 사용을 줄이겠다며 전기자동차를 만들고 태양광 발전기지를 건설하는 데 막대한 자금을 투자할 만큼 한가로운 때가 아닙니다. 북반구 영구동토대의 메탄가스 용출을 막기 위해선, 북반구 허리띠와 같은 중앙아시아 사막벨트에 녹색장성을 조성하는 일이 시급합니다. 중앙아시아 사막녹화는 북아프리카 사하라-사헬 녹화보다 힘들지 모릅니다. 튀르키예-시리아-이라크-이란-아프가니스탄-파키스탄-키르기스스탄-투르크메니스탄-우즈베키스탄-카자흐스탄-몽골-중국 등 12개국을 동서로 잇는 1만 킬로미터 이상의 녹색장성을 조성해야 하기 때문입니다. 그렇다고 불가능한 것은 아닙니다.

중국 내몽골 마오우쑤 사막에서 20년간 나무를 심어 47제곱킬로

중국 마오우쑤 사막에 사는 인위쩐 부부는 양 한 마리를 판 돈으로 묘목 600주를
사 심고 매일 우물물을 길어, 14년 만에 여의도 54배 넓이의 숲을 조성했다.

미터의 모래땅을 숲으로 가꾼 인위쩐 부부를 보면 결코 불가능한 일
은 아닙니다. 이 부부는 양 한 마리를 판 돈으로 묘목 600그루를 사
서 심고 우물물을 길어 어깨에 지고 날라 가꾼 지 6년 만에, 모래에
묻혔던 고향마을을 숲과 농지로 둘러싸인 사막 속 낙원으로 바꿔놓
았습니다. 이 소식을 듣고 귀향한 마을사람과 함께 14년간 나무를
계속 심었더니 서울 여의도의 54배나 되는 사막에 숲을 조성한 것입
니다.

　만약 유엔이 나서고 국제사회가 협력하면, 맨손으로 이룬 은옥진
부부와 달리, 태양광 발전으로 모터를 돌려 지하수를 퍼서 점적관수
를 통해 물을 주고, 심은 묘목을 체계적으로 관리하면 같은 시간과

같은 인력으로 1,000배 이상의 면적을 녹화할 수 있습니다. 대한민국은 사막녹화에 필요한 전문성을 두루 갖춘 국가입니다. 지난 50년간 헐벗은 국토를 금수강산으로 녹화한 산림청이 있습니다. 또 지난 20년간 해외 사막녹화에 참여한 많은 비정부기구NGO와 활동가가 있습니다. 이들은 유엔과 국제사회가 부르면 기꺼이 달려가 도울 준비가 되어 있습니다.

숲과 초원을 파괴한 문명치고 살아남은 문명은 없었습니다. 지금도 햄버거용 비육우를 키울 옥수수 사료를 생산하기 위해 열대우림을 파괴하고 광활한 초원을 가축사육용 목초지로 개간하고 있습니다. 이런 현대 문명은 과연 얼마나 지속가능할까요? 어쩌면 문명만 몰락하는 게 아니라, 지구생태의 파멸로 인류가 멸절할지도 모릅니다. 날로 잦아지는 기상재앙이 그 경고입니다. 지구촌을 순식간에 마비시킨 코로나19 바이러스의 위세는 최후통첩입니다. 지구생태는 이처럼 경고와 최후통첩을 보내지만 인류는 과학기술에 자만하고 땜질 대응으로 일관하고 있습니다.

유엔은 이산화탄소 감축에만 매달려서는 안 됩니다. 사막화를 방치하면 인류 최후의 날을 피할 수 없을 것입니다. 지구온난화의 핵폭탄이 터지고, 북극 빙하가 사라지는 날이 바로 그날입니다.

인류가
뒤늦게
숲을 살리다

2017년은 지구생태에 희망의 서광이 비친 해입니다. 인류문명 출현 이후 줄어들기만 했던 숲과 초원이 처음 증가한 해이기 때문입니다. 미국항공우주국NASA은 2000년부터 2017년 사이 2개의 인공위성으로 촬영한 지구 영상 중 지표면의 엽록색葉綠色 부분을 분석한 결과, 17년간 엽록색 부분이 5퍼센트 증가했으며 그 부분의 지표면적은 아마존 열대우림 면적과 비슷한 5억 1,800만 헥타르ha에 이른다고 2019년 한 과학저널에 발표했습니다. NASA는 이 같은 엽록색 면적[이하 녹지]의 증가에는 중국과 인도 두 대륙의 녹지 확대가 결정적인 역할을 했으며, 남아메리카와 동남아시아 열대우림의 파괴가 국제사회의 관심 덕분에 상당히 줄어들었기 때문이라고 덧붙였습니다.

들쑥날쑥한 숲 통계, 어떤 걸 믿어야 하나?

이 발표를 읽고 당연히 반겼지만 한편으로는 반신반의했습니다. 그동안 많은 환경단체와 과학자들이 숲이 줄어들고 있다고 주장해온 것과 완전히 배치되기 때문이지요. 상반된 대표적인 발표는, 유엔 식

미국항공우주국은 2017년 인류문명 출현 이후 줄곧 감소하던 숲과 초원이
증가세로 돌았다고 발표했다. 지도상 녹색은 2000~2017년 사이
녹지가 증가한 지역, 노란색은 감소한 지역이다.

량농업기구FAO가 2020년 발간한 산림자원평가보고서입니다. 이 보
고서에 따르면 1990년부터 2020년까지 훼손된 세계 산림면적 중
복구된 산림면적을 제외한 순수 감소 면적은 1억 7,000만 헥타르
로, 지난 30년간 축구장(0.7ha) 2억 3,000만 개 면적의 숲이 사라
졌습니다. 이뿐 아닙니다. 미국 메릴랜드대학 연구진은 인공위성이
2000~2012년 사이 촬영한 영상 65만 장을 이용해 세계 숲 현황을
분석한 결과, 12년 사이에 숲 230만 제곱킬로미터가 사라진 반면,
새로 자란 숲은 80만 제곱킬로미터에 불과했다고 밝혔습니다. 계산
을 해보면 12년 사이에 숲 150만 제곱킬로미터가 줄었습니다. 한반
도(22만 748km²) 면적의 6.6배에 해당하는 숲이 사라진 것입니다.

이처럼 연구기관에 따라 결과치가 다른 것은 산출 시기와 기준 그
리고 분석 방법이 다른 데 있습니다. 예를 들면 NASA는 열대우림
파괴가 줄어든 2000년 이후 17년간 지표면의 엽록색 변화를 영
상분광계MODIS로 분석한 반면, FAO는 열대우림 파괴가 극성이던

1990년부터 30년간 자체 기준에 맞는 숲을 대상으로 표본조사했기 때문에 다를 수밖에 없지요. 숲을 연구하는 전문가나 기관은 대부분 FAO 기준을 따르는데, 그 조건이 상당히 까다롭습니다. 높이 5미터 이상의 나무가 하늘을 10퍼센트 이상 가릴 정도의 울창한 상태로, 0.5헥타르 이상의 면적이어야 숲으로 인정합니다. 0.5헥타르는 축구장(0.7ha)보다 좀 좁은 것을 감안하면 제법 넓은 공원숲이라야 FAO 기준에 맞는 셈입니다.

그러니까 대부분의 삼림 자료는 이 조건의 숲을 대상으로 한 것이라 봐야 합니다. 그렇다고 NASA의 분석이 무의미하다는 것은 아닙니다. 일반인의 눈높이에서 본다면 NASA의 분석이 지구 육지에 녹지면적이 얼마나 증감했는지를 판단하는 데는 더 유효할 법도 합니다. 어쨌든 녹색 공간의 감소세가 증가세로 돌아섰다는 사실만으로도 반갑고 기쁜 일이며, 부디 증가세가 지속되어 기후변화를 멈추는 동력이 되길 바랄 뿐입니다.

그런데 NASA의 발표 이후 중국과 인도 대륙에서 녹지가 크게 늘어난 이유에 관해 주목해야 할 주장이 나왔습니다. 이 주장을 요약하면 다음과 같습니다. 2000년대 들어 두 나라는 모두 경제성장으로 국민소득이 높아지면서 녹지면적이 늘어나긴 했지만 결과는 엇갈렸습니다. 중국은 1978년 개방개혁 이후 농촌인구가 대거 도시로 이주해 많은 개간농지가 방치된 덕분에 녹지로 자연 회복되었고, 도시에선 대기 정화와 경관 미화를 위해 공원 조성과 가로변 녹화사업을 벌인 덕분에 녹지면적이 늘어났다는 고무적인 평가를 받았습니다.

그러나 인도의 경우 고무는커녕 우려가 앞섭니다. 농민들이 돈벌이를 위해 울창한 수목을 베고 그곳을 개간해 목화·황마·커피와 같

산유국 아랍에미리트는 미래 세대를 위해 오일 머니를
사막 녹화에 쏟아붓고 있다. 부족한 물은 해수 담수화로 해결한다.

은 농작물을 대거 재배한 결과, 위성영상을 보면 녹지면적이 늘어
난 것처럼 보이지만 실상은 토양을 황폐화할 우려가 더 커졌기 때문
입니다. 목화와 황마는 매년 잇달아 심을 경우 토양을 망가뜨려 결
국 황막화荒漠化를 일으키는 대표적인 농작물입니다. 특히 인도의 황
마 생산량은 지속적으로 늘어 전 세계 시장의 60퍼센트를, 목화는
27퍼센트를 차지할 정도인 것을 감안하면 상상을 초월하는 면적에
서 머지않아 닥칠 황막화를 걱정하지 않을 수 없습니다.

살기 좋은 나라일수록 숲이 울창합니다

한 나라의 경제가 성장하고 국민소득이 증가하면 그 나라 녹지도
함께 증가합니다. 그래서 잘 사는 나라일수록 숲이 울창합니다. 유럽

국가를 보면 쉽게 확인됩니다. 국토가 숲으로 덮인 독일·프랑스·영국·스위스·스웨덴·핀란드 등은 부유하고 행복지수도 높지만, 사막화 국가로 전락한 스페인·포르투갈·이탈리아·그리스 등은 헐벗은 국토만큼이나 나라살림도 국민생활도 팍팍합니다.

특히 이탈리아반도를 살펴보면 더욱 그렇습니다. 알프스산맥 기슭 울창한 숲에 싸인 북부는 부유한 반면, 온통 헐벗은 바위산인 아펜니노산맥에 둘러싸인 남부지역은 가난합니다. 1980년대 북부지역에서 "왜 우리가 남부지역을 먹여 살려야 하느냐"는 불평과 함께 분리독립을 주장하는 정당이 등장하기도 했지요. 선진 10개국에 속하는 이탈리아의 남·북 빈부격차가 얼마나 컸으면 이 지경에 이르렀겠습니까. 그 해답은 숲의 차이에 있습니다.

이곳뿐 아닙니다. 중동 산유국에서도 국토의 숲 면적에 따라 빈부차이는 극명합니다. 오일달러를 담수화 플랜트에 투자해 얻은 물로 사막을 녹지로 바꾸는 나라는 부유하고 국민의 삶도 넉넉하지만, 같은 산유국이어도 사막녹화에 관심이 없는 국가는 가난하고 민족갈등과 전쟁으로 날밤을 새웁니다.

더 단적인 예는 한반도입니다. 북한은 1970년대까지만 해도 경제적으로 남한보다 넉넉했고, 숲도 남한보다 훨씬 울창했습니다. 1990년대에 들면서 정반대로 바뀌었습니다. 남한은 개발도상국가로 부상하며 부유해지고 헐벗었던 금수강산이 제 모습을 되찾은 반면, 북한은 거꾸로 심각한 경제난을 겪으면서 울창한 숲은 사라지고 황폐해져 이제 사막화 국가로 전락했습니다.

20세기 들어 목재를 대체하는 에너지원과 건축자재 그리고 플라스틱 제품이 속속 개발되면서 강대국의 판도가 변하고 있지만, 광활한 국토와 울창한 삼림은 한 국가의 부를 좌우하는 자연자원이지요. 그뿐 아닙니다. 한 국가의 삶의 질도 숲이 좌우합니다.

숲이 울창할수록 행복지수도 높습니다

유엔 산하 지속가능발전해법네트워크SDSN가 발표한 「2020 세계행복보고서」의 국가별 행복지수 상위 10위 국가를 보면 핀란드·덴마크·스위스·아이슬란드·노르웨이·네덜란드·스웨덴·뉴질랜드·오스트리아·룩셈부르크 순입니다. 이 가운데 북극권 국가 아이슬란드를 제외하면 모두 울창한 숲을 가진 국가입니다. 아시아권에서는 타이완(25위), 싱가포르(31위), 필리핀(52위), 한국(61위), 일본(62위), 중국(94위) 순입니다. 이들도 비교적 숲이 울창한 국가이지요. 반면 세계 최하위 10위권(145~153위) 국가를 보면 인도·예멘·보츠와나·탄자니아·중앙아프리카·르완다·짐바브웨·남수단·아프가니스탄 순으로 대부분 사막국가입니다. 이 행복지수는 각 국가의 1인당 국내총생산GDP, 사회적 지원, 기대수명, 사회적 자유, 관용, 부정부패, 미래에 대한 불안감 등 일곱 가지 지표를 기준으로 산출한 것입니다. 행복지수 평가의 지표에 숲 면적이 포함되지 않음에도 마치 국가별 삼림면적을 기준으로 평가한 것처럼 보입니다. 인간이 숲과 교감하는 녹색 본능에서 발현된 정서적 넉넉함, 심리적 안정감과 국가발전의 원동력인 창의성이 한 나라 국민의 행복감에 반영되었기 때문이지요.

녹지면적이 늘어났다 해도 숲은 여전히 위기에 놓여 있습니다. FAO가 발표한 '2020 산림자원평가보고서'에 따르면 세계 삼림의 총면적은 40억 6,000만 헥타르로 육지의 약 31퍼센트를 차지합니다. 이 수치는 당연히 FAO 기준의 삼림면적입니다. 그러니까 동네 공원에 있는 0.5헥타르 미만의 작은 숲은 포함되지 않은 수치이므로 실제 숲은 대략 40퍼센트로 추정합니다. 그러나 육지의 약 46퍼센트가 사막(33%)이거나 사막화 지역(13%)인 것을 비교하면 오늘날 지구는 숲보다 사막이 더 넓은 셈입니다. 지구생태는 결코 건강하지 않다는 뜻입니다.

숲은 지구생태계의 중심입니다. 육상은 물론 바다에서도 강에서도 중심입니다. 바다에는 해초 숲이, 강에는 수초 숲이 있어야 건강한 생태계를 유지하기 때문입니다.

어떤 숲이든 식물을 중심으로 동물과 미생물-균이 어울려 사는 '상생 공간'이자, 지구생태계가 작동하는 데 결정적인 역할을 하는 '순환 공간'입니다. 물의 순환, 에너지의 순환, 무기물[질소, 탄소 등]의 순환이 모두 숲이라는 녹색 공간에서 이루어진다는 뜻입니다. 다양한 식물이 숲에서 건강한 생태계를 이루지 못하면, 인간도 동물도 미생물-균류도 생존할 수 없습니다. 반대로 동물과 미생물-균류의 도움이 없으면 식물 또한 생존하기 어렵습니다. 동식물과 미생물-균류가 서로 먹이사슬의 고리에 꿰여 순환하기 때문이지요.

무생물도 예외는 아닙니다. 생명의 기본요소인 탄소·질소·칼륨·마그네슘·철·황 등 다양한 무기질도 식물의 뿌리 주변에서 기생하는 토양미생물에 의해 유기질로 바뀌어 식물의 잔뿌리를 통해 흡수되고, 식물이 죽으면 그 유기질은 다시 무기질로 환원하는 순환을 거칩니다. 자연 균형을 이루는 이런 순환체계가 깨지면 자연재앙이 발생하게 되지요.

대자연을
공원으로
가꾸다

오늘날 국립공원은 지구생태계를 지키는 자연유산이자 관광지입니다. 그러나 그 시작은 좋지 않았습니다. 국립공원의 시작은 포퓰리즘이었고, 과정은 원주민 말살이었습니다.

아름다운 국립공원을 즐기려면 지난날 흑역사도 알아야 합니다

널리 알려졌듯이, 세계 최초의 국립공원은 미국 북서부에 있는 옐로스톤 일대입니다. 이곳을 국립공원을 지정한 장본인은 미국 남북전쟁을 승리로 이끈 북군 사령관이자 미국 18대 대통령이었던 율리시스 그랜트입니다. 그는 탁월한 군인이었지만 정치인으로는 순진한지 무능한지 많은 논란을 낳은 인물입니다. 어쨌든 대통령으로서 몇 안 되는 그의 업적을 꼽으려면, 1872년 세계 최초 국립공원 지정을 빼놓을 수 없습니다.

오늘날 국립공원은 세계 모든 국가에서 볼 수 있는 자연공원으로 세계 자연환경보호의 이정표라는 찬사를 받고 있지만 당시에는 반발이 거셌습니다. 조물주가 만든 자연을 국가가 소유하고 관리한다는 게 가당키나 하냐는 항변이었습니다. 그럼에도 그랜트 대통령은

토마스 모란, 「옐로스톤 폭포의 탑」
모란의 풍경화는 옐로스톤을 국립공원으로 지정하는 데 기여했다. 그러나 섣부른
국립공원 지정은 원주민을 내쫓고 학살하는 수단으로 악용되었다.

국립공원을 지정하라는 의회의 압박에 편승했고, 졸속으로 지정된 국립공원은 이후 100년간 방치되어 원주민[인디언]의 강제 이주와 학살의 빌미로 악용되었습니다.

미국 북서부 옐로스톤 일대가 세계 최초 국립공원으로 지정된 이후 100년간 벌어진 흑역사를 요약하면 이렇습니다. 1865년 4년간의 남북전쟁이 끝나자마자 서부개척시대(1865~90)가 활짝 열립니다. 1862년 이른바 홈스테드법[자영농지법]의 제정으로 서부개척의 빗장은 이미 열려 있었습니다. 이 법은 미국에 적대적 행동을 한 적이 없는 21세 이상[해방노예 포함]이면 누구든 미국 서부 미개발 토지를 공짜로 불하받아 대지주가 될 수 있는 절호의 기회를 준다는 것이 골자입니다.

이 법이 공표되자 너도나도 서부로 향했고, 전대미문의 합법적인 '땅 사냥'이 벌어졌습니다. 이들은 드넓은 서부 초원에 도착한 뒤 주인이 정해지지 않은 미개발지를 찾아내 정착을 신고하면 최대 160에이커(약 65만 제곱미터)를 공짜로 받았고, 귀틀집(가로 3.6m, 세로 4.3m)을 짓고 5년간 농사를 지으면 소유권을 인정받았습니다. 1986년 이 법이 종료될 때까지 무려 160만 가구가 토지를 무상 불하받아 정착했습니다. 톰 크루즈와 니콜 키드먼이 주연한 서부영화 「파 앤드 어웨이」가 당시 땅 사냥을 흥미롭게 그린 작품입니다. 또한 골드러시로 여기저기서 벼락부자가 속출하자 서부는 무법자 세상으로 변했습니다. 할리우드 서부영화의 단골 소재이지요.

한편 땅 사냥보다 로키산맥 넘어 서부 오지의 뛰어난 자연경관에 매료되어 탐험에 나선 이들이 있었습니다. 당시 몬태나 준주準州 변호사이자 문필가였던 코닐리어스 헤지는 워시번 탐험대의 일원으로 옐로스톤을 여행하며 감동해서, 이 일대를 누구도 사유私有할 수 없는 공공정원으로 지정할 것을 제안하는 글을 기행문과 함께 신문에 기고합니다. 이 글은 다른 문학가는 물론 많은 사진작가와 화가의 발길을 서부로 이끌었습니다. 특히 당대 저명 사진작가 윌리엄 헨리 잭슨과 화가 토마스 모란이 현장에서 찍고 그린 작품이 주요 도시에 순회 전시되자 미국 국민은 옐로스톤의 신비한 경관과 절경에 열광했습니다. 옐로스톤이 땅 사냥의 표적이 되지 않을까 우려하는 여론이 높아지자, 워싱턴 정치인은 너도나도 코닐리어스 헤지의 제안을 연방법으로 제정할 것을 촉구합니다.

그러나 당시 이 지역은 무상 불하지역이 아니었고, 특히 너무 위험한 오지라 탐험가의 접근도 쉽지 않았던 곳이었습니다. 그러나 일단 국가공원으로 지정해놓고 보자는 여론이 워싱턴 정가를 압도했지요. 이 여론의 밑바닥에는 서부개척의 훼방꾼인 원주민을 이곳에서 내쫓을 합법적 수단을 마련하려는 의도가 깔려 있었습니다. 1871년 때마침 지질조사단이 옐로스톤 일대의 지도와 함께 자원보고서를 제출하자, 연방의회는 상·하원의 압도적인 지지로 법안을 통과시켰고, 그랜트 대통령도 이듬해 흔쾌히 서명했습니다. '옐로스톤강 본류 근처에 있는 특정 토지를 공공정원으로 구분하는 법률'(이하 국립공원법)이 그것입니다.

광대한 지역의 자연환경을 국가가 소유하고 관리하는 전대미문의 법률은 이렇게 탄생했고, 와이오밍·몬태나·아이다호 3개 주에 걸친 옐로스톤 일대는 미국 최초이자 세계 최초의 국립공원이 되었습니다. 한국의 충청남도보다 더 넓은 광활한 땅에서 사적 점유와 개발은 물론 정착·벌목·광물채취·사냥까지 제한했습니다.

이곳에는 4,000년 넘게 살아온 원주민이 있었지만 국립공원 지정과 관련해 이들에게 일언반구도 없었습니다. 국립공원법이 발효되자 연방정부는 곧바로 원주민 보호구역을 지정하고 강제 이주를 시행했지만 정작 미국인의 밀렵과 도벌과 채광은 방치했습니다. 연방정부는 국립공원 관리예산 책정에는 무관심했고, 결국 무급無給 공원관리 책임자와 관리요원이 자리를 지킬 뿐이었으니 그럴 수밖에 없었지요. 그러나 일부 원주민이 열악한 보호구역을 벗어나 살던 곳으로 되돌아가자 군대를 동원해 이들을 무참히 살상했습니다. 세계 첫 국립공원 옐로스톤은 1916년 연방정부 직속 국립공원국의 신설과 함께 육군이 주둔하면서 불법 벌목과 채광과 밀렵이 주춤했지만, 제2차 세계대전이 발발하면서 군대가 철수하자 다시 방치되었습니다.

국립공원 지정은 원주민 추방과 학살을 합법화했습니다

옐로스톤 국립공원이 제대로 관리된 것은 1970년대 들어서입니다. 1950년대 이후 미국 전역에서 철도와 자동차 여행이 보편화하면서 옐로스톤 국립공원이 관광지로 급부상한 데다, 1960년대 잇단 화산폭발과 산불로 옐로스톤 내 야생동물의 개체수가 급격히 줄어들자 그때서야 국립공원 내 자연환경보호에 관심을 갖게 된 것입니다. 특히 1970년대 들어 세계적으로 자연환경과 천연자원의 보호 여론이 거세지면서 미국 정부는 서둘러 옐로스톤 국립공원의 관리체계를 개선해 국제표준을 제시했습니다. 그 덕분에 1976년 10월에는 국제생태보호지구로, 1978년 9월에는 유네스코 세계유산으로 지정되었지요. 그사이 보호구역 강제 이주에 저항했던 원주민 부

1890년 12월 미국 육군 기병연대에게 학살된 수족.
미국 연방정부의 국립공원 지정은 원주민의 보호구역 이주와 학살의 빌미가
되었다. 대책 없이 지정한 국립공원이 제대로 관리되기 시작한 것은 100년 뒤였다.

족은 멸족됐고, 순응한 원주민은 살아남았지만 대부분은 지금도 보호구역에 적응하지 못하고 고통스러운 삶을 이어가고 있습니다.

그랜트 대통령의 국립공원 지정은 과연 옳은 선택이었을까요? 당연히 아닙니다. 성급한 선택이자 졸속한 결정이었기 때문이지요. 100년 뒤에야 관리할 수 있는 광대한 땅을 대책 없이 국립공원으로 지정한 뒤 방치하며, 원주민을 멸족으로 내몬 정치적 결정이 결코 옳은 선택일 수는 없겠지요. 만약 그랜트 대통령이 옐로스톤 일대를 국립공원으로 지정하면서 개인 소유는 금지하되, 원주민에게 영구거주권을 인정하는 조건으로 일대 자연환경의 보호의무와 감독권리를 주었으면 어땠을까요? 당시 상황을 감안하면 언감생심이었겠지만, 만약 그랬다면 옐로스톤의 경관과 자원은 지금보다 더 잘 보존되

고 원주민 학살과 같은 인종범죄도 벌어지지 않았겠지요. 원주민은 돈을 얻으려고 숲과 광물을 파괴하지 않을 뿐 아니라, 털가죽을 위해 마구 사냥하지도 않기 때문입니다.

당시 연방정부가 더욱 한심스러웠던 것은, 옐로스톤 국립공원 지정 후 관리에 사실상 손 놓고 있던 시기인 1950년대까지 북미 대륙에 무려 열아홉 곳의 광대한 지역을 국립공원으로 추가 지정했고 이곳에서도 원주민 이주와 학살이 계속되었다는 사실입니다.

국립공원 지정 남발은 미국에서만 벌어진 일이 아니었습니다. 옐로스톤 국립공원이 지정된 이후 세계 모든 국가에서 여야를 가리지 않고 경관이 뛰어나거나 지질학적 가치가 있을 법한 곳이라면 앞다투어 국립공원으로 지정했습니다. 그리고 대부분 방치했습니다. 원주민 대책 같은 지정 후 관리에는 무관심한 채 국립공원 지정에 찬성한 정치인은 어느 나라를 막론하고 얄팍한 대중심리에 편승해 인기를 얻으려는 포퓰리스트라고 볼 수밖에 없습니다. "멋진 자연풍광을 지닌 광활한 땅이 내 것이 아니니, 남이 가지는 것보다 국가가 소유하는 게 좋다"는 놀부 심리가 선진국과 후진국, 좌파와 우파를 가리지 않고 횡행한 끝에 지구촌 곳곳에 국립공원이 생겨났습니다.

오늘날 전 세계 국립공원은 2019년 기준으로 181개국에 대략 3,300곳에 이릅니다. 하지만 이들이 제대로 보호·관리된 것은 1980년대 이후입니다.

'푸른 별' 지구를 구원한 1등 공신은 조류보호단체였습니다

제1차 세계대전이 한창일 때 애꿎게 떼죽음 당하는 새를 보호하느라 바빴던, 참으로 한가로운 사람들이 있었습니다. 우리에겐 생소한 국제조류보호단체ICBP 회원들이었습니다. 이들은 인류 최초로 자연보호의 일선에 뛰어든 선각자입니다. 이들은 제1차 세계대전의 참상을 겪자 조류가 아닌 다른 모든 동식물도 보호해야 한다는 절박감에 앞장서서, 1948년 국제자연보존연맹IUCN을 결성합니다. 이 연맹은 1945년 창립한 유엔에 범세계적인 자연보호운동을 요구했고, 유엔은 이 연맹을 산하 국제기구로 발족한 뒤 세계 자원과 자연생태 보호 전략을 마련하고 실천하는 일을 맡겼습니다. 그러나 이후 30여 년간 환경보호에 관한 국제사회의 관심 부족과 국제협력의 한계로 제 역할을 못 했습니다.

그러다가 IUCN은 1982년 아프리카 케냐 수도 나이로비에서 열린 유엔환경계획UNEP 관리이사회 특별회의에서 세계자연헌장The World Charter for Nature 채택을 주도하며 그 위상이 크게 높아졌고, 이후 국제환경법의 입법권을 행사하면서 지구촌의 자연환경과 생태계를 체계적으로 조사·보호·감시하고, 또한 위반 국가에 경고와 제재를 가하는 영향력 있는 기관으로 거듭났습니다. IUCN은 2023년 현재 170개 회원국의 1,400여 개 단체가 회원으로 참여한 세계 최대 규모의 환경단체이자 세계 자연환경운동의 중심입니다.

IUCN은 지구 자연생태의 보호영역을 7개의 카테고리로 분류하고 관리하는데, 이것이 오늘날 환경보호의 기준이자 국제표준입니다. 예를 들면, 국립공원은 카테고리Ⅱ에 해당되어 좀 느슨하지만 그래도 엄격한 관리대상입니다. IUCN은 발족 이후 국가마다 중구난방이던 세계 국립공원의 실태를 파악한 뒤 관리·감독체계를 정비하는 한편, 지정 후 방치되던 후진국 국립공원의 관리를 지원했습니다. 그 덕분에 오늘날 3,300곳의 국립공원 생태계가 되살아나 빼어난

노고단에서 본 대한민국 국립공원 제1호 지리산.
국립공원과 그린벨트 정책은 백골강산을 금수강산으로
바꾸는 데 결정적인 역할을 했다. 이 덕분에
대한민국은 세계 유일한 산림녹화 성공 국가가 되었다.

자연경관과 천연자원을 뽐내며 대부분 관광명소로 지구촌에 이름을 알리고 있습니다.

국립공원이 가장 많은 나라는 오스트레일리아로 모두 685곳(국토의 4.36%)을 보유하고 있습니다. 국토 대비 국립공원 면적 비율이 가장 높은 국가는 잠비아로 28곳에 무려 32퍼센트(24만 836km²)를 차지합니다. 한편 대한민국은 22곳으로 모두 6,726제곱킬로미터(국토 대비 6.70%)입니다.

국립공원은 으레 울창한 숲이 잘 보존된 곳으로 알려져 있으나 사실은 그렇지 않습니다. 나무는커녕 풀조차 살기 어려운 극한기후대에 위치한 국립공원도 있기 때문입니다. 세계에서 가장 넓은 국립공원인 북동北東그린란드 국립공원이 그렇지요. 한반도의 약 4.2배인 97만 2,000제곱킬로미터지만 대부분 빙설로 덮여 있고 짧은 여름에 땅에 납작 엎드려 작은 잎과 깜찍한 꽃을 피우고는 이내 겨울잠에 드는 툰드라 식물뿐입니다. 반면 미국 캘리포니아와 네바다주 사막지대에 걸쳐 있는 데스밸리 국립공원은 끝없는 모래언덕과 소금바위 틈에서 생명을 잇는 거대한 다육식물과 덤불식물이 간간이 보일 뿐이지요.

그러나 세계 국립공원 중 70퍼센트는 울창한 숲과 다양한 종을 품은 지구생태계의 보고입니다. 이런 이유로 지구생태계는 IUCN의 국립공원 관리 덕분에 되살아났다 해도 과언은 아닙니다. 반면 울창하고 아름다운 숲 가운데 국립공원이 아닌 곳도 있습니다. 보호할 가치가 있는 자연환경을 갖추었다 해도, 도시 근교에 위치해 보호가 어렵거나 아무리 아름답다 해도 수익을 목적으로 조성한 숲은 국립공원이 될 수 없습니다.

"세상에 가장 아름다운 숲은 어디인가요?"

가끔 이런 질문을 받습니다. 당연히 정답은 없습니다. 숲은 기후대·위도·대륙에 따라 천태만상인 데다 관리·보존상태, 그리고 개인의 취향에 따라서도 다르기 때문이지요. 꼭 아름답고 멋진 숲이 아니라도 좋습니다. 가까운 둘레길을 찾아 숲길을 천천히 걸어보십시오. 이내 몸과 마음, 특히 뇌에서 신통방통한 효험을 느낄 수 있습니다. 우리가 숲을 보호하고, 가까이해야 하는 이유입니다.

금수강산
울창할수록
좋은가

    대한민국은 세계가 인정한 산림녹화 모범국가입니다. 일제 수탈과 6·25 전란을 겪으며 헐벗은 백골강산을 불과 40년 만에 울창한 금수강산으로 되돌려놓았으니, 이 정도의 찬사는 마땅하지요. 특히 1960~70년대 온 국민이 전쟁을 치르듯 나무를 심고 가꾸는 데 들인 노고에다, 강력한 개발제한[그린벨트]정책으로 국민의 재산권 제한까지 감수한 희생을 감안하면 그 정도의 찬사로는 아쉬울 법도 합니다.

금수강산은 이미 속 빈 강정 꼴로 전락했습니다

    아무튼 정부의 강력한 산림녹화 정책 덕분에 백골강산이 금수강산으로 탈바꿈했지만, 이제는 산림이 지나치게 울창해져 속앓이 중입니다. 한반도와 같은 온대지역에서 번성하는 속성활엽수速成闊葉樹는 20~30년이면 성목成木으로 자라고 이후 서서히 노화합니다. 속성활엽수는 잎이 넓고 빨리 자라는 나무를 일컫는데, 우리나라 산림의 압도적인 지배수종인 떡갈나무·상수리나무·갈참나무 등 도토리를 맺는 참나무과 나무이지요. 이런 속성활엽수가 숲을 이루면 윗부

1960년대 산림녹화 현장.
교복 입은 중고생부터 할아버지까지 나무 심기에 나섰다.

분[수관부樹冠部]은 넓은 잎에 덮여 무성해 보이지만, 그 아랫부분은 줄기와 가지로 얽혀 텅 빈 괴이한 모습을 드러냅니다. 속성활엽수가 서로 더 많은 햇빛을 받기 위해 키를 키우고 넓은 잎을 경쟁적으로 내서 생기는 현상이지요. 이런 숲은 생태계를 위태롭게 하고 끝내 숲이 통째로 무너지는 참사를 부릅니다. 속성활엽수의 무성한 잎이 햇빛을 독차지하고 통풍까지 막으면 그 아래 작은 식물이 살지 못해 생기는 생태계의 붕괴 때문입니다. 건강한 숲은 3~5층 구조를 이룹니다. 지표면에서 이끼류·초본류[풀]·관목류[키가 작고 밑동에서 가지를 많이 내는 나무]·교목류[키가 8미터 이상 자라는 굵은 줄기 나무] 그리고 침엽수가 층층을 이루는 구조를 뜻합니다.

이런 다층구조의 숲에는 다양한 수목의 잎과 가지의 모양과 형태가 서로 달라 틈새로 지표면까지 햇빛과 바람을 나눌 수 있습니다. 그래서 다층구조의 숲은 다양한 식물종뿐 아니라 풍부한 토양미생물을 품고 건강한 생태계를 유지합니다. 그러나 속성활엽수로 뒤덮인 숲은 반대로 생태계가 피폐해지고, 끝내 토양이 황폐해져 무너지게 됩니다.

오늘날 대한민국 금수강산은 겉보기에 울창하고 건강해 보이지만, 들여다보면 속 빈 강정과 다르지 않습니다. 왜 이런 일이 벌어진 걸까요? 한마디로 지나치게 산림을 보호하다 방치한 결과입니다. 울창해진 활엽수를 솎아베기[간벌間伐]해서 숲 사이로 햇빛과 바람이 통하도록 숨통을 틔워주어야 하는데, 산림보호라는 미명 아래 방치한 결과이지요. 2000년대 들어 속성활엽수림이 울창해질수록 성장이 느린 소나무와 작은 관목은 그늘에 가려져 고사枯死했고, 2010년대 들어서는 백두대간에서도 소나무를 보기 어려운 게 현실입니다.

한반도 산하를 금수강산이라 부르는 이유는, 산골짜기 여기저기를 메운 큰 바위와 그 틈새에서 멋지게 굽은 소나무 그리고 가을이면 화려한 빛깔을 드러내는 단풍수목이 한데 어우러진 풍광 때문입니다. 소나무와 단풍수목이 사라지고 바위가 활엽수림에 가려지면 더는 금수강산이라 부를 수 없습니다. 어쨌든 더 방치하면 2030년대에는 태백준령까지 금수강산이 속 빈 녹색강산으로 바뀔 게 분명합니다.

속성활엽수의 대대적인 간벌이 시급하지만, 산림청은 인력도 예산도 없는 현실에 사실상 손을 놓고 있습니다. 간벌을 서둘러야 하는 진짜 이유는 따로 있습니다. 산림 잔해가 국민건강과 직결되는 수돗물의 취수원인 다목적댐 수질을 오염시키는 주범이기 때문입니다.

방치된 숲은 겉보기에
울창하지만 속 빈
강정과 다르지 않다.
해마다 발생하는 엄청난
양의 낙엽과 가지 잔해가
이듬해 여름 폭우에
쓸려 내려가면
다목적댐에 모여
쓰레기장을 방불케 한다.

대한민국 식수원인 댐의 상류는 모두 산속 울창한 숲에 둘러싸였습니다. 이곳은 상수원을 보호한다는 취지에서 산림 벌채는 물론 접근까지 금하는 바람에 거의 밀림과 다를 바 없습니다.

이곳 산림에서 해마다 발생한 엄청난 양의 낙엽과 가지 잔해가 이듬해 여름철 폭우가 쏟아지면 휩쓸려 다목적댐에 모입니다. 홍수 뒤 쓰레기장을 방불케 하는 다목적댐은 해마다 단골 뉴스로 등장하지요. 그 쓰레기의 70퍼센트 이상은 산림 잔해입니다. 식물 잔해가 물 속에서 분해되면 녹조의 영양염류인 인燐이 다량 배출되어 수질을 심각하게 악화시킵니다.

문제는 녹조에 시안화수소[청산가리]의 100배 독성을 지녔다고 알려진 발암물질 마이크로시스틴이 함유되어 있다는 사실입니다. 그래서 매년 여름이면 전국 상수도 정수장은 녹조 제거에 전전긍긍이지만, 녹조가 너무 많으면 온전히 여과하기는 쉽지 않아 수돗물 불신을 키웁니다. 해결방법은 먼저 취수용 다목적댐 상류 물길 반경 1킬로미터 내 속성활엽수를 모두 벌채하고 초지를 조성해 산림 잔해물의 댐 유입을 획기적으로 줄이는 것이며, 그다음은 여과처리 시스템을 보다 보강하는 것입니다.

이쯤에서 따져봐야 할 게 있습니다

현실에 맞지 않은 산림보호정책입니다. 국토면적의 63퍼센트(2020년 현재, 628만 6,000ha)를 차지하는 광대한 산림지역을 정부가 이런저런 법규로 규제하고 관리합니다. 심지어 전국 산림의 66퍼센트(415만 2,000ha)에 해당하는 사유림까지 사사건건 규제하고 감독합니다. 1960년대 강력한 산림녹화정책을 펼 때 만든 산림보호정책을 지금도 고수하는 시대착오의 소산이지요. 1980년대까지만 해도 남벌과 도벌이 빈번해 정부가 나서서 감독하고 관리해야 했지만, 이후에는 벌목을 하라고 해도 하지 않는 게 현실입니다.

웬만한 숲은 벌채해도 돈벌이가 되지 않기 때문입니다. 특히 속성활엽수는 목재로도 땔감으로도 수요가 없는데 벌채와 가공비용은 엄청나니 누구도 나서지 않지요.

시대에 맞지 않는 정책을 억지로 고수하면 심각한 부작용을 낳기 마련입니다. 현행 산림정책은 국가가 사유림까지 규제하다 보니 산주의 사유재산권을 제한할 수밖에 없고, 그 대신 국가예산을 지원하며 산주단체인 산림조합에 산림관리를 떠맡기고 있습니다. 사실상 이해관계가 상충되는 관리·감독기관인 산림청과 이익집단인 산림조합이 이렇게 한통속에 묶이다 보니, 간벌이나 새로운 조림사업을 벌일 때면 예산집행을 둘러싸고 마찰을 빚기 일쑤고 때로는 부정한 방식으로 결탁하는 비리도 끊이지 않습니다.

산림보호정책의 획기적인 전환이 시급하지만 그러지 못하는 데는 산림에 대한 국민정서, 특히 환경단체의 과민반응도 한몫했습니다. 그동안 개발제한구역 중 이미 산림보존이 불가능한 지역 등을 수차례 해제했는데, 그때마다 국민여론을 엎은 환경단체의 반대에 부딪혀 곤혹을 치르기 일쑤였던 것을 보면 이해할 법합니다.

산림청은 2020년부터 산림정책의 기조를 '철통 보호'에서 '보존과 활용'으로 전환하고 있으나 그 정도로 금수강산을 지킬 수 없습니다. 국가가 꼭 보존해야 할 국·공유림에 국한해 훼손과 개발을 엄히 제한하는 대신, 사유림은 산주가 최대한 활용할 수 있도록 규제를 과감히 철폐하고 간벌 등 관리책임을 지도록 해야 합니다. 그리고 국·공유림 중에서 보존할 가치가 없는 곳은 과감히 매각하고, 그 돈으로 보존이 필요한 사유림을 매입해 산주의 재산권 행사를 침해하는 초헌법적 권한을 내려놓아야 합니다.

산악국가 오스트리아를 벤치마킹해야 합니다

대한민국은 국토의 3분의 2(63%)가 산림지역이니 누가 뭐라 해도 산악국가입니다. 그래서 대한민국의 자연자산 중 가장 크고 값진 것은 산악과 산림입니다. 이처럼 소중한 자연자산을 국민이 활용하도록 국가가 돕기는커녕 막아서는 결코 안 됩니다.

오스트리아는 대한민국과 닮은 산악국가입니다. 오스트리아에서 국가가 어떻게 험준한 알프스 산악지대를 활용하는지를 살펴보면 납득할 법합니다. 널리 알려졌듯이 오스트리아는 유럽 대륙의 허리라는 알프스산맥을 등지고 있는, 세계에서 가장 아름답고 풍요로운 산악국가 중 하나입니다. 국토면적은 한국의 83.6퍼센트(8만 3,879km²)에 불과하지만 농지면적은 한국의 160퍼센트(2만 7,142km²)입니다. 국토의 3분의 2가 산악이고, 나머지는 크고 작은 강과 하천 주변에 펼쳐진 평지로 이곳에 대부분의 도시와 농지가 산재해 있습니다. 알프스산맥이 태백준령보다 높다는 점만 제외하면 오스트리아와 대한민국 국토의 자연환경은 비슷합니다.

그런데 왜 한국은 오스트리아보다 국토면적은 넓은 데도 농지면적은 절반에도 못 미칠까요? 오스트리아에는 2010년대 들어 농업인구가 증가하는데 한국은 왜 50년째 계속 줄기만 하는 걸까요? 오스트리아 산골마을은 세계적인 관광지로 각광받는데, 대한민국 산골마을은 왜 쇠락한 걸까요? 대한민국은 국가가 산악지대를 산림보호라는 명분으로 국민이 활용을 못 하게 막은 결과입니다. 그 결과는 이미 밝힌 바와 같이, 겉보기만 울창한 속성활엽수 숲입니다. 반면 오스트리아는 경사가 제법 가파른 알프스산맥 기슭 산림지대를 개간해 방목용 초지를 조성한 뒤, 고부가가치농업인 100퍼센트 유기

알프스산맥 가파른 기슭의 자연 초지 방목장. 국토의 3분의 2가 산악인
오스트리아는 방목으로 세계적인 유기농 유제품 생산국이 되었다.

농·축산낙농산업의 기지로 활용했습니다. 오스트리아 농업생산액의
품목별 비중을 보면 1위는 우유/유제품(22%), 2위와 3위는 돼지고
기(15%)와 소고기(13%), 4위와 5위가 주곡主穀인 옥수수(6%)와
밀(5%)입니다. 왜 오스트리아에 농업인구가 증가하는지는 더 설명
할 필요가 없습니다.

끝없이 추락 중인 대한민국 농업과 농촌을 되살리는 길은, 날로 번
성하는 오스트리아 산악 농·축산업의 벤치마킹입니다. 오스트리아
뿐만 아닙니다. 알프스산맥을 끼고 있는 스위스와 이탈리아에서도
산악지대를 활용해 방목축산·낙농업을 육성하고, 특히 멋진 자연풍
광을 활용해 산골 휴양마을을 조성해 관광객을 불러들입니다.

대한민국은 서둘러 규제 일변도의 산림보호정책과 법령을 폐기하

이탈리아 돌로미티산맥 기슭의 산악마을. 산기슭을 초지로 조성하고
유기농 유제품을 생산하는 한편, 자연풍광으로 관광객을 유치해 소득을 올린다.

고 시대에 맞는 법률을 마련해야 합니다. 개정 법령에는 전국 산림지
역과 산림을 등급[보존·보호·개발]과 용도별로 구분해 국민 누구든
이를 근거로 산지를 활용할 수 있도록 해야 합니다. 예를 들면 엄격
히 보존해야 할 산림지역, 보호할 가치가 있는 수림이 숲을 이룬 산
림구역, 벌목 후 초지 조성지역, 휴양마을로 개발가능한 지역 등 고
도高度·지역별 용도를 개정 법규에 명시하는 것입니다.

　법령이 개정되면 먼저 서둘러야 할 일은, 민가나 마을과 접한 산림
의 대대적인 간벌과 초지 조성입니다. 지나치게 울창해진 산림에 불
이 나면 삽시간에 번져, 속수무책으로 인명과 재산을 잃는 참사가 해
마다 반복되기 때문입니다. 벌목 후 조성한 초지에 그 지역 축산농장
을 유치하면, 그동안 주민을 괴롭힌 악취와 오·폐수의 하천 오염을

충청남도 서산시 운산면 한우개량사업소.
50여 년간 한우 씨수소를 방목해온 이곳은 알프스산맥 방목지처럼 잡목을 베고
초지를 조성했다. 쓸모없는 활엽수로 울창한 전국 산지를 벌목해 초지를
조성하고 방목장으로 활용하면 축산산업을 획기적으로 육성할 수 있다.

근본적으로 해결할 수 있습니다. 특히 자연방목으로 키운 축산물은 옥내축사에서 항생제를 먹이며 속성으로 키운 축산물과는 비교할 수 없는 건강한 식품이며, 뛰어난 맛으로 고부가가치를 창출해 장기적으로 우리 축산물과 유제품을 세계적인 브랜드로 육성할 수 있습니다.

한 가지 덧붙이면 지자체가 방목초지 사이에 산채나물·약용식물 재배단지를 조성하면 주변 농민의 짭짤한 소득원이 되겠지요. 그다음 가축이 유유자적 풀을 뜯는 방목초지가 내려다보이는 산 중턱에 아담한 산촌마을이나 노약자 휴양마을을 조성하면, 인구증가로 사라질 위기에 놓인 많은 지자체가 명맥을 이어갈 수 있을 것입니다.

우리나라 산 중턱(해발 600~800m)에는 멋진 솔숲과 아름다운 단풍수림 군락지가 많습니다. 이처럼 보호할 가치가 있는 숲은 남겨놓고 쓸모없는 활엽수림을 벌채한 뒤 그 자리에 풍광 좋은 산골마을을 조성하면 새로운 관광지로 거듭날 수 있습니다. 오스트리아 산악지대 농가의 18퍼센트가 빈방을 이용해 여행객을 상대로 숙박업을 겸하고 있습니다. 사실상 방치된 국토의 3분의 2[산림지대]를 이렇게 활용하면 농촌경제는 물론 국가경제의 활성화에 기폭제가 될 것이며, 새로운 일자리 창출에도 크게 기여하겠지요. 더는 미뤄서는 안 됩니다.

대대적인 간벌에 괜한 걱정은 거두어도 좋습니다

혹시 속성활엽수림의 벌채로 금수강산의 몰골이 휑해지지 않을지 걱정하는 것은 기우입니다. 앞서 밝힌 바대로 추진되면, 10년 후 대한민국에서도 오스트리아·알프스 산골마을 같은 멋진 풍광을 쉽게 볼 수 있을 겁니다. 이런 풍광을 미리 보고 싶다면 충남 서산시 운산면 개심사 가는 길을 따라가보세요. 개심사를 앞두고 나타나는 이국적인 풍광에 감탄해서 차를 세우게 될 겁니다. 이곳은 흔히 서산목장이라 부르는 한우개량사업소 목초지입니다. 이곳을 보면 울창한 산림을 왜 대대적으로 간벌한 뒤 활용해야 하는지를 쉽게 이해할 성싶습니다.

또 다른 기우로 걱정하는 분도 있습니다. 지구온난화를 걱정해서 산림벌채를 사사건건 반대하는 분들입니다. 나무를 베면 탄소를 더는 흡수하지 못하고 품고 있던 탄소를 배출하게 되는 것은 맞습니다. 그러면, 늙은 수목을 벌채하지 않고 마냥 살려두면 어떻게 될까요? 수종에 따라 30~50세가 넘으면 탄소 흡수력은 떨어지고 오히려 배출량은 늘어나 결국 죽게 됩니다. 죽은 나무는 급속히 부패하면서 나머지 탄소를 모두 공중으로 배출하지요. 둘을 따져보면 시간 차이가 있을 뿐 탄소를 저장했다 배출하기는 마찬가지인 셈입니다. 더욱이 속성활엽수림은 겉보기에만 울창하고 그 아래에는 식물이 자라지 못해, 탄소 흡입과 저장에 그다지 효과적이지도 않습니다. 오히려 속성활엽수림을 제거하고 초지를 조성하면 촘촘하게 자라는 풀이 더 많은 탄소를 저장할 수도 있습니다.

그래도 지구온난화가 걱정되어 산림벌채를 반대한다면, 중앙아시아 사막화 지역에서 고투하고 있는 사막녹화단체를 지원할 것을 권하고 싶습니다. 나무가 전혀 없는 곳에 숲을 가꾸는 게 탄소감축에 가장 효과적입니다. 특히 중앙아시아 사막녹화는 지구 북반구 영구동토대의 해빙을 막는 유일한 대안입니다. 그 이유는 앞 장에서 설명한 바와 같습니다.

쓸모없이 울창한 농촌 뒷산은 모두 보물창고입니다

국토의 3분의 2를 덮고 있는 산림과 산지는 대한민국의 최대 자산이자 활용하기에 따라 재물이 계속 나오는 화수분과 같습니다. 마을 뒷산에서 건져낼 첫째 재물은, 겉보기에만 울창한 산악경관을 오스트리아 풍광처럼 멋지게 바꾸는 국토 대변신입니다. 둘째 재물은 그동안 기피 업종으로 경시했던 축산·목재·산골문화산업의 고부가가치화와 농촌지역 일자리 창출입니다. 자연에서 키우는 방목축산업과 100퍼센트 유기농 유제품산업, 목재산업, 임산물[산채·버섯·과실 등] 채취 및 가공업, 산골 휴양·관광산업 등이 그것입니다. 셋째 재물은 국토균형발전입니다. 쇠락한 농촌이 되살아나고 귀촌인구가 늘게 되면 자연스레 얻게 되는 보물입니다. 이밖에도 산골에서 생산되는 건강한 먹거리, 산골에서만 누릴 수 있는 여가생활, 농촌경제의 회생 등 재물은 여럿입니다.

금수강산이 울창하다고 좋아만 해서는 안 됩니다. 산림을 보호만 하면 국토의 생태계가 무너집니다. 지난 반세기 동안 내려온 철통같은 산림보호정책을 대폭 수정해야 할 때입니다.

도시

도시와 숲이
어우러진
공원 이야기

- 숲과 초원이 인간을 보복하다
- 공원이 생명력을 불어넣다
- 숲에서 예술혼이 깨어나다
- 숲은 공해 해결사가 아니다
- 공원보다 텃밭이 절실하다

숲과 초원이
인간에게
보복하다

숲과 초원이 파괴되면 그곳에 살던 수많은 동물은 어디로 갈까요? 숲이 기후변화로 서서히 초원으로 변하면, 숲속 동물은 초원에서 서서히 적응하며 새로운 종으로 진화합니다. 만약 숲과 초원이 인간에 의해 파괴되면 동물들은 어떻게 될까요? 대부분은 멸종합니다. 인간이 벌이는 파괴는 속도가 너무 빨라, 야생동물이 진화는커녕 적응할 시간이 없어 먹이사슬이 끊어지고 결국 굶고 서로 다투다가 떼죽음하기 때문이지요.

숲을 잃은 야생동물 중 인간에게 다가온 녀석이 있었습니다

숲과 초원을 잃고 인간에게 다가온 야생동물이 길들여지면 가축이 됩니다. 최초의 가축은 회색늑대를 길들인 개이며, 이들을 길들인 최초의 인류는 1만 5,000년 전에서 1만 년 전 사이 유라시아 대륙에 살던 후기 구석기 인류였습니다. 이 시기에는 최후의 빙하기가 끝나면서 유럽과 북아메리카 두 대륙의 기온이 점차 올랐으나 여전히 춥고 건조했고, 두 대륙의 반대편 유라시아 대륙은 따뜻해 떠돌던 구석기 인류가 정착하기에 좋았습니다.

회색늑대는 부계 핵가족을 이루는 사회적 동물이며,
인간에게 다가와 애완동물로 변한 개의 조상이다.

 당시 구석기 인류는 가족끼리 모여 살며 사냥과 채집으로 연명하
던 중 주변을 얼쩡대는 늑대를 붙잡아 곁에 두고 가족을 지키는 데
활용합니다. 늑대들은 숲이 점점 줄면서 서식영역과 사냥감이 줄자
무리끼리 먹이다툼을 벌였고, 결국 약한 놈은 숲에서 쫓겨나 굶주리
다 인간이 버린 음식찌꺼기에 끌려 다가왔습니다. 이들은 이미 야성
과 공격성을 잃었기 때문에 먹이를 주는 인간에게 빠르게 순응한 것
입니다.
 당시 늑대처럼 인간 주변을 얼쩡대는 야생동물이 있었습니다. 고
양이입니다. 고양이의 원생지는 동아프리카 열곡대[오늘날 에티오
피아]이며, 조상은 마눌 들고양이입니다. 이들은 최후의 빙하기에 열
곡대 사바나 초원이 메마르자 신인류Homo Sapiens와 함께 아프리카를

©Mikhail Semenov

마눌 들고양이는 동아프리카 에티오피아 열곡대에서 살던
고양이의 조상으로, 고㊀인류와 함께 이동하며 가축으로 진화했다.

떠나 유럽과 유라시아 대륙으로 퍼졌습니다. 왕성한 번식력 탓에 정
착지의 먹이가 부족해지자 무리에서 밀려난 녀석들이 사람에게 접
근한 것입니다. 당시 구석기 인류가 길들인 고양이는 주로 새 사냥에
이용하거나 약용식품으로 썼던 것으로 추정합니다. 고양이는 높은
곳에서 떨어져도 사뿐히 내려앉으며 골절 피해를 입지 않는 것을 보
고 뼈 건강에 좋다고 믿게 됐겠지요.

　기원전 8900년경 소빙기[영거 드라이아스기]가 끝났지만 기원전
7000년부터 기온이 상승해 기원전 6000년 무렵 오늘날과 비슷해
집니다. 이른바 '홀로세㊀ 기후 최적기'가 이때부터 시작되어 기원전
3000년까지 약 3,000년간 지속됩니다. 그사이 지구는 근 260만
년간의 긴 빙하기를 끝내고 녹색 천국으로 새롭게 태어났습니다. 당

시 지구 기온은 중위도[남·북 위도 20~50도 사이] 기준으로 평균 기온이 지금보다 섭씨 2.5도 정도 높았습니다. 이 때문에 북극권 빙하가 녹았고, 영구동토대에는 빙설과 툰드라 대신 침엽수림이 울창했으며, 또한 해빙 때문에 해수면은 빙하기보다 100미터 이상 높았습니다. 황량하던 동아프리카 대륙은 다시 사바나 초원으로, 꽁꽁 얼었던 유럽 대륙은 참나무 등 활엽수림으로, 유라시아 대륙 북반구 만년설이 쌓였던 고원지대도 울창한 침엽수림으로 덮였습니다.

동물들의 세상도 달라졌습니다. 땅굴에서 살던 설치류는 거대 동물이 멸종해 무주공산이 된 초원으로 나와 제 세상을 만난 듯 영역을 넓혔고, 이미 현인류Homo Sapiens Sapiens로 진화한 인간도 동굴과 토굴에서 나와 사냥과 농사로 안정된 정착생활을 하며 씨족끼리 마을을 이루고 또 영토를 넓혀갔습니다.

인류가 도시를 건설하면서 자연은 파괴 대상으로 변했습니다

기원전 6000년 무렵 500만 명이던 세계 인구는 기원전 3000년 무렵에는 1,400만 명으로 늘었습니다. 그사이 인류문명은 구석기에서 신석기를 거쳐 청동기로 변모했습니다. 인류의 정착지도 바뀌었습니다. 기원전 6000년 무렵만 해도 인류는 큰 강 상류 숲과 초원이 펼쳐진 고원지대나 골짜기에서 부족끼리 모여 살았으나, 기원전 3000년 즈음에는 늘어난 인구의 식량을 감당하기 위해 큰 강 중·하류로 내려와 비옥한 삼각주 지대를 개간합니다. 부족장은 애써 가꾼 영토를 지키기 위해 왕국을 세우고 성곽도시를 건설합니다. 이때부터 인구는 급증합니다. 기원전 3000년에는 1,400만 명에서 기원전 2000년에는 2,700만 명, 기원전 1000년에는 5,000만 명으로 증가하다 기원전 500년에는 1억 명을 기록합니다.

인구증가와 도시왕국의 출현 그리고 인류문명의 흥성은 숲과 초원의 파괴로 이어졌고, 이후 인류와 자연의 공존은 불가능해집니다. 그 시발은, 기원전 1100년경 아나톨리아[오늘날 튀르키예 동부 고원지대]에서 야금기술을 최초로 개발한 히타이트인이 철기 문명으로 무장하고 레반트[오늘날 시리아-레바논-요르단]와 메소포타미아 지역을 장악하고 제국을 세운 것입니다. 철기 사용은 전쟁뿐 아니라 물자 운송과 농업에 파격적인 혁신을 가져다주었습니다. 철제 농기구와 철제 수레바퀴는 농지개간과 운하 건설 그리고 식량과 무기의 장거리 대량 운송을 가능케 했고, 이때부터 초원과 숲의 파괴는 걷잡을 수 없는 지경에 이릅니다.

철기 문명으로 무장한 인류는 더는 슬기로운 인간이 아니라, 지구 생태계 먹이사슬의 꼭대기에 올라탄 최상위 포식자일 따름이었습니다. 인류의 숲과 초원 그리고 지구생태계 파괴는 이렇게 시작되었고, 야생동물의 수난은 더욱 가혹했습니다.

숲과 초원이 파괴되면 야생동물은 마을을 덮칩니다

인류가 숲과 초원을 파괴해서 생존영역을 잃은 짐승들은 먹이를 찾아 마을로 내려올 수밖에 없었습니다. 사람들은 이들을 쫓아내거나 죽이려 했지만 야생동물의 강한 야성과 공격성 때문에 쉽지 않았지요.

일찍이 회색늑대와 들고양이를 길들인 경험이 있는 인류는, 이들도 가축으로 길들일 속셈으로 영악한 꾀를 냅니다. 야생동물이 보이면 뒤쫓아가 새끼를 사로잡아 옵니다. 새끼를 키워본 뒤 유순하

고, 적게 먹으면서 빨리 자라고, 새끼나 알을 많이 낳아 스스로 키우
는 녀석을 골라내 길들여 가축으로 만듭니다. 셋 중 하나라도 아니면
새끼를 잡는 족족 죽여 씨를 말립니다. 인간이 벌인 이런 생명의 노
략질은 가축화든 씨 말리기든 영악함의 극치입니다. 이 양수겸장에
걸려든 야생동물은 의외로 많습니다. 들염소·산양·맷돼지·들당나
귀·낙타·말·물소·들소·원숭이·코끼리·곰·순록·알파카·여우·
자칼·코요테(이상 포유류), 적계·솔개·수리부엉이(이상 조류), 누
에나방·꿀벌(이상 곤충) 등입니다.

　이중 가장 성공적으로 가축화된 포유류는 맷돼지이며, 조류는 적
계, 곤충류는 꿀벌입니다. 유라시아 대륙 야생에서 광범위하게 분포
하던 맷돼지는, 중국에서 처음 사육되면서 집돼지로 가축화되었습
니다. 빠른 성장과 큰 몸집 그리고 부드럽고 특유한 살코기 맛 때문
에 최상의 육류 공급원으로 인기를 끌면서 전 세계에 보급되었고, 오
늘날 포유류 가축 중 가장 많이 사육되는 인위변이종人爲變移種입니
다. 적계는 동남아시아 열대우림에서 사는 잘 날지 못하는 새Fowl입
니다. 이들은 주로 정글 땅바닥에 사는 벌레와 떨어진 과일을 쪼아
먹고 살았는데, 숲이 사라지자 먹이를 찾아 마을 주변을 어슬렁거리
다 인간에게 잡힌 뒤 닭으로 가축화되었습니다. 닭은 오늘날 조류를
포함한 육류 중에도 가장 많이 도축되는 인위변이종입니다. 꿀벌은
기원전 3000년경 이집트에서 양봉이 성행할 정도로 일찍이 사육되
었으며, 식물의 꽃 수정에 없어선 안 될 매충媒蟲입니다.

　반면 가축화되지 않은 야생종은 들여우·코끼리·곰·자칼·코요
테·원숭이 등입니다. 이들은 사납거나, 너무 많이 먹거나, 새끼나 알
을 적게 낳아 소득이 적거나 한 것 중에서 하나라도 해당되어 인류가

씨를 말려 없애려 했던 종입니다. 이들 대부분은 오늘날 멸종위기종으로 지정되어 보호받습니다.

가축은 인류의 조력자이자 가공할 살인자입니다

가축은 하찮게 취급되지만 인류문명에 적잖은 영향을 미쳤지요. 기여한 바도 많지만, 가공할 위협이기도 했습니다. 기여한 바는 익히 알듯이 살아서는 인간의 노동력을 덜어주는 등 조력자이고, 죽어서는 식품으로 영양공급원이 된다는 것입니다.

반면 가축의 가공할 위협은, 한번 번지면 떼죽음을 불러오는 인수人獸공통감염병(이하, 인수감염병)의 숙주라는 점이지요. 1958년 세계보건기구WHO와 세계식량기구FAO는 이 병을 이렇게 정의했습니다.

"척추동물과 사람 사이에서 전파하는 성질이 있는 병원체[세균·바이러스·균류]에 의한 감염 또는 다른 생명체[기생충류·곤충류·파충류 등]에 의해 발생하는 질병을 말한다."

인수감염병의 위협은 인간이 야생동물을 길들여 사육하면서 시작되었습니다. 인류가 최초로 길들인 야생동물은 개지요. 그런데 평소 순종적이던 애완견이 느닷없이 미친 듯이 날뛰다가 주변 사람을 닥치는 대로 무는 일이 벌어집니다. 흔히 공수병이라 부르는 광견병에 걸린 개의 광란입니다. 공수병은 물을 삼킬 때 엄청난 통증을 느낀다고 해서 붙여진 이름이에요. 만약 광견병에 감염된 개에게 사람이 물리면 물린 부위에 따라 보름에서 길게는 두세 달을 넘긴 뒤, 오한과 발작과 심한 통증에 시달리다 대부분 죽습니다. 공수병은 바이러스성 뇌 질환으로 치사율이 매우 높습니다. 이 바이러스는 야생 포유류에 잠복했다가 발병하는데, 이들에게 물리면 사람은 물론 고양이·여우 등 포유류끼리도 서로 옮고 옮기는 무서운 인수감염병 중 하나입니다. 다행히 1930년대 조직배양백신PCECV 개발과 접종 확대로 애완견의 광견병은 거의 사라졌지만, 지금도 유라시아와 아프리카, 남북아메리카 대륙 야생 포유류에는 이 바이러스가 잠복해 있습니다. 이 때문에 이 지역에선 감염된 개가 사람을 무는 사고가 심심찮게 벌어지는데, 광견병으로 죽는 사람이 매년 5만 5,000명에 이를 정도여서 지구촌시대에 여전히 안심할 수 없는 인수감염병입니다.

한국에서는 1984년 광견병에 감염된 소가 발견된 이후 사라진 듯했는데, 1993년 광견병에 감염된 개가 강원도 철원에서 발견된 이후 경기도와 강원도 북부 휴전선 인접 지역에서 간헐적으로 발생하고 있습니다. 2000년대 들어서는 북한산과 도봉산 인접 지역에서 야생 너구리에게 물려 감염된 소와 개가 발견되어, 전국 확산을 막기 위해 방역 당국이 나서 백신을 넣은 미끼를 살포하고 있습니다.

광견병은 기원전 2300년 무렵 바빌로니아에서 발생했다는 기록이 있습니다. 늑대가 가축화돼 인간과 함께 산 역사가 그만큼 오래되었다는 방증입니다. 고대 이집트 유적 벽화에 사냥개 그림이 많은 것으로 보면 기원전 3000년 무렵 늑대의 가축화가 성행했던 것으로 추정됩니다.

인수감염병에는 첨단의학도 속수무책입니다

인수감염병은 첨단의학시대에도 기승이고 걸핏하면 대유행으로 번져 팬데믹[WHO 경보 최고단계] 경고등을 켭니다. 인수감염병 병원체의 변이는 빠른 데 반해 백신 개발은 더디기 때문입니다. 세계

덴마크 정부는 2020년 코로나바이러스 팬데믹을 우려해 밍크 1,700만 마리를 살처분했다. 가축 살처분은 대한민국에서도 연례행사처럼 벌어진다.

적인 학술지 『수의학 저널』은 지난 80년간 발생한 전염병의 대부분은 인수감염병이며, 이중 70퍼센트가량은 야생동물에서 감염된 것이라고 밝힌 바 있습니다. 미국질병통제예방센터CDC는 동물에서 인간으로 전파된 인수감염병은 1980년대에는 490건, 1990년대에는 781건 발생했으나 2000~2009년 사이에는 1,602건으로 10년마다 약 2배씩 증가하고 있다고 경고했습니다. 야생동물에서 인간으로 전파되는 인수감염병의 변이와 신종 출현이 얼마나 심각한지를 보여주는 증거입니다.

2000년대 들어 축산물 소비와 함께 가축수가 급증하고, 2010년대 이후 가축을 통한 인수감염병의 변이 바이러스가 더 자주 발견되어 WHO는 긴장하고 있습니다. 2014~2015년 아이티 어린이 세

명에게서 검출된 코로나바이러스 유전자는 조류와 돼지 간에 전염되는 코로나바이러스의 유전자와 일치했으며, 2018년 말레이시아에서 폐렴에 걸린 어린이 여덟 명은 애완견이 전파한 코로나바이러스에 감염된 것으로 밝혀졌습니다. 이대로 두면 가축도 애완동물도 안심하고 키울 수 없는 상황이 올 수도 있습니다. 2020년 세계 최대 밍크 털가죽 생산국인 유럽 덴마크에서 코로나바이러스에 감염된 밍크가 발견된 이후, 사람에게 옮길 것을 우려해 무려 1,700만 마리를 살처분했지요. 돼지·개·밍크는 물론 인간도 같은 태반 포유류에서 진화했기 때문에 바이러스의 변이가 쉬워 방심할 수 없는 처지입니다.

1980년대 이후 팬데믹 경고등을 켠 인수감염병과 그 매개동물을 보면 돼지를 제외하고는 모두 야생동물입니다. 1980년대 에이즈AIDS의 매개동물은 원숭이, 2003년 사스SARS는 박쥐, 2004~2007년 조류인플루엔자는 새, 2009년 신종플루는 돼지, 2015년 메르스MERS는 낙타와 박쥐 그리고 2020년 이후 78억 세계인을 공포에 몰아넣고 지구촌을 마비시킨 코로나바이러스는 박쥐 혹은 너구리입니다.

지구촌시대가 활짝 열린 2000년대 이후 발생한 인수감염병은 이전에 비해 전염속도가 빨라, 일단 퍼지면 지역과 국가를 넘어 대륙으로 번져 팬데믹에 이르는 게 특징입니다. 이 때문에 우리는 팬데믹을 막기 위해 가축이나 애완동물을 무자비하게 살처분하는 최악의 살생극을 벌이는 인류가 되었습니다.

우리는 이쯤에서 두 가지 의문을 갖게 됩니다

하나는 척추동물은 어쩌다 이렇게 지독한 병원체를 갖게 되었는지고, 나머지는 이 병원체는 왜 인체에 잘 감염되고 치명적이냐입니다. 그 해답은 인수감염병의 역사를 살펴보면 쉽게 찾을 수 있습니다. 첫 의문의 해답은 의외로 간단합니다. 척추동물이 울창한 숲과 넓은 초원에서 드문드문 제 영역을 차지하고 여유롭게 살 때만 해도 이 병원균의 독성과 전염성은 그리 높지 않았고, 대부분의 척추동물이 항체와 면역력을 갖고 있어 감염되어도 대수롭지 않았습니다. 야생에서는 척추동물과 병원균이 공생한 셈이지요. 그런데 숲과 초원이 사라지고 서식영역이 급속히 줄자, 야생 척추동물은 물론 기생하던 병원체 등 수많은 미생물도 생존경쟁에 내몰리면서 독성도 전염성도 강해진 것입니다. 인간도 먹고살기 힘들면 독해지고 형제자매끼리 아귀다툼도 마다하지 않는 것과 마찬가지지요.

나머지 의문의 해답은 간단치 않습니다. 요약하면 도시화와 인간의 집단이동 때문입니다. 도시는 시골과는 모든 게 판이하게 다릅니다. 도시는 인구가 많고, 특히 수시로 좁은 공간에 많은 사람이 모였다 흩어지기를 반복합니다. 도시에는 야생동물도 가축농장도 없으니 안전해 보이지만, 실상은 전혀 다릅니다. 수십만, 수백만 시민 중 누군가가 시골 가축농장을 방문하거나 등산을 했다가 감염된 채 돌아와 평소처럼 돌아다니면 심각한 상황이 벌어지게 됩니다. 잠복기에는 증상이 나타나지 않아 감염자는 거리낌 없이 가족과 이웃 그리고 시민들과 접촉하면서 병원균을 전파하기 때문에 더욱 그렇습니다. 그래도 몇몇 사람이 감염된다면 증상이 나타나는 대로 격리하고 치료하면 전염의 확산을 막을 수 있습니다. 그러나 많은 사람이 한꺼번에 감염되면 그 도시는 치명타를 피할 수 없게 됩니다. 인류역사상 팬데믹에 이른 대유행의 대부분이 인간의 집단이동 후 발생했는데, 대표적인 집단이동의 행태는 전쟁과 무역입니다.

인류문명사에 기록된 첫 대유행은, 펠로폰네소스 전쟁 중이던 기원전 432년 아테네가 스파르타를 누르고 승리를 장담하던 시점에 덮친 역병이었습니다. 이 역병으로 아테네는 졸지에 역전패했고, 찬란했던 문명국가 아테네는 지도자 페리클레스와 시민 25퍼센트를 잃고 쇠락했습니다. 이 역병은 아테네 해군의 거점항구이자 무역항구인 피레우스를 통해서 유입된 뒤 이곳 상인과 군대 그리고 시민을 차례로 감염시켰습니다. 이 역병은 에티오피아에서 발병한 뒤 이집트와 리디아[오늘날 튀르키예 이즈미르주]를 거쳐 그리스와 지중해 전역에 퍼졌습니다. 무역을 통한 전파였습니다. 당대 유명 역사가 투키디데스도 감염되었지만 살아남아 처참했던 당시 참상을 저서 『펠로폰네소스 전쟁사』에 남겼지요. 당시에는 병명을 몰라 역병이라고 불렀지만, 2006년 유골 유전자 검사 결과 장티푸스로 밝혀졌습니다.

기원후 165~180년에 발생한 안토니누스 역병은, 파르티아[오늘날 이란 동북부] 원정에서 돌아온 로마제국 군인이 감염된 채 귀환한 뒤 제국 전역에 퍼진 전염병이었습니다. 이 역병은 천연두 혹은 홍역으로 추측됩니다. 기원후 250~270년 사이에 로마제국을 또다시 괴롭힌 키프로스 역병은 변경을 약탈하던 이민족에 의해 옮겨진 것으로, 아직 병명은 밝혀지지 않았습니다. 이 둘은 전쟁 중 군대 이동에 의해 전파된 것입니다.

541~542년 비잔티움 제국과 사산 제국 그리고 지중해 연안 전

피터르 브뤼헐, 「죽음의 승리」
플랑드르 풍속화가 피터르 브뤼헐(부친)이 그린, 14세기 유럽을 휩쓴
페스트로 아수라장이 된 한 마을의 풍경이다.

역에 걸쳐 발생한 1차 페스트 대유행은 2,500~5,000만 명이 사망한 최악의 팬데믹 중 하나입니다. 이 대유행은 동·서양 교두보인 비잔티움 제국의 항구를 드나드는 무역선 쥐벼룩에 의해 전파되었습니다. 2차 페스트 대유행은 1347년에서 1876년 사이 529년간 무려 30여 회에 걸쳐 유럽 대륙과 영국을 포함한 유라시아 대륙을 휩쓸었는데, 당시 세계 인구의 30퍼센트를 죽음으로 내몰았습니다. 이 또한 유라시아 내륙 교역로를 통해 쥐벼룩이 옮겼습니다. 이밖에도 천연두·홍역·콜레라·발진티푸스·장티푸스·말라리아·결핵·나병·황열·출혈열 등 온갖 전염병이 인류의 생존을 위협했습니다.

그런데 2000년대 들어 전염병의 발생 주기가 급속히 짧아져 WHO는 바짝 긴장하고 있습니다. 1900년대 이후 20~30년 주기로 발생했던 전염병의 대유행이 2000년대 들어 약 8년 주기로 발생하고 있기 때문입니다. 1980년대 이후 급격한 도시화와 2000년대 들어 급증한 항공여행 탓입니다.

전염병은 유독 도시를 좋아합니다

인간도 도시를 엄청 좋아합니다. 그래서 사람들은 끊임없이 도시로 모여듭니다. 세계의 도시화율은 1980년대 이후 해마다 급증해 2014년에는 56.2퍼센트가 도시에 살면서 세계 국내총생산GDP의 80퍼센트 이상을 담당하고 있으며 2030년에는 60.4퍼센트, 2050년에는 66퍼센트가 도시에 살 것이라고 2020년 유엔해비타트[유엔인간정주계획]가 발간한 『2050 세계 도시화 보고서』에서 전망했습니다.

이처럼 도시화와 도시의 과밀화가 심해질수록 전염병의 세계화,

즉 팬데믹의 경고등은 더 자주, 더 요란하게 울릴 수밖에 없습니다. 전염병도 숙주[인간]가 많은 도시를 좋아하기 때문이지요. 전염병이 진짜 좋아하는 것은, '3밀密' 환경입니다. 3밀은 밀집·밀접·밀폐입니다. 밀집과 밀접 환경은 감염대상인 숙주가 빼곡히 모인 공간이며, 밀폐는 환기가 안 되는 실내환경을 가리키지요. 병원체는 환기가 안 되는 실내에 숙주가 빼곡할수록 숙주의 호흡과 접촉을 이용해 감염물질(공기와 비말, 땀과 피부각질)을 많이 퍼뜨리고 종을 번식할 수 있으니 좋아할 수밖에 없지요.

현대인은 왜 이렇게 위험한 도시를 찾아 부나비처럼 몰려들까요? 도시에선 매사 쉽고 편리하기 때문입니다. 도시에선 먹고살기도 굶어죽기도 쉽습니다. 도시에는 돈벌이도 돈 쓰기도 편리합니다. 도시는 즐기기도 괴롭기도 참 편리하게 만들어졌습니다. 도시에선 숨기도 나대기도 쉽지요. 이처럼 인간이 매사 쉽고 편리한 도시에 살려면 대가를 지불해야 합니다. 세상에 공짜란 없는 법이니 말입니다. 도시의 편리함을 얻기 위해 지불하는 대가는, 고스란히 지구생태계 즉 숲과 초원의 파괴였습니다. 도시가 있던 곳은 대부분 큰 강을 낀 초원이었고, 도시를 세운 건축자재는 대부분 숲과 산악을 파괴해서 얻은 것이지요. 요즘 건축자재의 대부분은 철강과 콘크리트 그리고 플라스틱 제품이며 목재와 석재를 쓰지 않는다고 누군가 말한다면 빤한 변명일 뿐입니다. 숲과 산 그리고 강과 바다를 파괴하지 않고는 지하자원을 얻지 못하니 생태계 파괴는 마찬가지이기 때문입니다.

도시화가 이처럼 폭발적으로 확산되면 기존 도시 외곽은 물론 신도시 지역의 자연환경 파괴도 불가피합니다. 가장 먼저 파괴되고 많이 사라지는 것은 근교 농지이지만, 이곳이 사라지면 도시와 야생지대 사이의 완충지대는 없어집니다. 도시가 산림과 임야에 접하면 야생동물의 접근과 도심 출몰은 더 잦아지고 인수감염병의 전염 위험도 그만큼 높아집니다. 도시가 커질수록 야생동물은 시골마을과 도시를 가리지 않고 다가와 인간에게 접근합니다. 야생동물이 허기를 채우기 가장 손쉬운 곳은, 바로 인간이 사는 곳이면 널려 있는 하수구와 쓰레기통입니다.

야생동물의 도시화는 세계적인 골칫거리입니다

그 폐해도 광범위하고 심각합니다. 첫째는 야생동물의 도시 출몰 시 벌어지는 인명 피해입니다. 멧돼지의 민가 출몰은 한국에서도 심심찮게 벌어지는 일이지만, 인도 제2의 도시 뭄바이선 호랑이가 마을을 덮쳐 수십 명이 다치는 일이 허다합니다. 또한 인도 최남단 타밀나두주州에선 숲 파괴로 영역을 잃은 코끼리 가족이 바나나 농장에 새끼를 낳았는데, 이런 사실을 모르는 농민이 접근하자 화가 나서 농장을 쑥대밭으로 만드는 일도 있었습니다. 그리고 울창한 자연림이 많은 북아메리카와 북유럽 등지에선 곰이 무리지어 나타나 쓰레기통을 뒤지다 들키면 사람을 공격하는 사고가 빈번합니다.

동남아에선 밀림 파괴로 서식처를 잃은 원숭이가 떼를 지어 도심에 나와 민가는 물론, 먹을거리가 많은 시장을 덮쳐 쑥대밭을 만들기도 하지요. 이런 사건은 언론매체의 해외 토픽으로 소개되지만 가볍게 넘길 일은 결코 아닙니다. 이런 야생동물 중 악성 바이러스의 숙주가 있다면 언제든 팬데믹의 경고등이 켜지게 되기 때문이지요.

둘째, 야생동물의 도심 토착화입니다. 수달·여우·너구리·코요테·박쥐와 같은 야행성 동물이 도심 하수구나 건물 지하실과 천장

도시에 터를 잡은 야생동물은 의외로 많다. 인간에게 숲을 잃은
야생동물은 생존을 위해 도시에 숨어들면서 치명적인 바이러스를 인간에게 옮긴다.

그리고 공원에 터를 잡고, 밤이면 쥐나 비둘기 등을 사냥하고 주변
양식장과 주민의 애완동물까지 공격합니다. 심각한 문제는, 이들이
사냥하는 과정에서 애완동물에게 인수감염병을 전파하고, 그 애완
동물이 사람에게 병을 옮길 수 있다는 사실입니다.

셋째는 야생동물의 도시 출몰과 토착화를 틈타 설치는 밀렵과 밀
매입니다. 2020년대 지구촌을 마비시키고 수십만 명을 죽음으로 내
몬 코로나바이러스 팬데믹이 바로 야생동물 밀렵과 밀매가 부른 재
앙이었지요. 그 진원지는 중국 우한시 한 가축시장이고 매개동물은
박쥐 또는 너구리로 추정합니다.

넷째는 야생동물이 숲과 초원에서 사라지면 2차 생태계 교란이 발
생한다는 점입니다. 모든 야생동물은 자연생태계 먹이사슬의 한 축

인데 한 축이 빠지면 다른 동물과 식물에게까지 악영향을 주기 때문입니다. 예를 들면 다람쥐가 사라지면 부엉이속屬 조류는 먹잇감이 줄어 생존다툼이 치열해지다가 사라질 것이며, 또한 도토리를 옮겨주는 심부름꾼인 다람쥐를 잃게 된 참나무속 식물의 개체 번식이 막히게 되지요.

숲과 야생동물보호가 팬데믹을 막는 진짜 백신입니다

미국 캐리생태시스템의 질병생태학자 리처드 오스트펠트 박사는 이렇게 경고합니다.

"인수감염병의 확산은 자연이 숲과 초원을 파괴한 인류에게 내지른 보복과 다름없다."

요즘 같은 첨단과학시대에도 며칠 사이에 지구촌을 멈추게 하고 세계를 공포에 빠뜨릴 수 있는 가공할 존재는 오로지 하나뿐입니다. 이슬람 테러단체도, 북한 핵폭탄도, 기후변화도 아닙니다. 인수감염병뿐입니다. 인수감염병의 팬데믹을 막는 진짜 백신은 숲과 야생동물 보호입니다.

공원이
생명력을
불어넣다

세상에서 가장 아름다운 도시의 공통점이 뭘까요? 세계에서 가장 아름다운 도시가 어디인지 살펴보는 게 먼저겠네요. 글로벌 여행 예약사이트 '플라이트 네트워크'가 2017년 세계 여행전문가 1,000명에게 물었더니 1위 파리, 2위 뉴욕, 3위는 런던이었습니다. 서울은 40위였습니다.

이들 세 도시의 공통점 중 진면목은 저마다 색다른 추억을 만들 수 있는 도시공원입니다. 도시는 숲과 어우러질 때 아름답고 넉넉합니다. 숲이 도시에 생명을 불어넣기 때문이지요. 그럼 세계에서 가장 아름다운 도시에 생명력을 불어넣은 공원이 어떻게 꾸며져 있는지, 대한민국 서울의 공원은 어떠한지를 살펴봅시다.

왜 파리가 세상에서 가장 아름다운 도시일까요?

무엇보다 걷고 싶고 아무리 걸어도 피곤할 새가 없는 매력 때문이랍니다. 파리 관광을 이처럼 여유롭고 다채롭게 하는 핵심은, 바로 샹젤리제 등 넉넉한 가로수 숲길과 곳곳에 널린 작은 공원들입니다. 파리 시가지에는 무려 8만 7,000그루의 플라타너스와 마로니에 가

콩코르드 광장에서 드골 광장 사이 약 2킬로미터 대로에는 공해에 강한
플라타너스와 회화나무가 가로숲을 이루고 있다. 이 가로숲은 번잡한
샹젤리제 거리를 넉넉하게 하지만, 낙엽과 꽃가루 피해가 극심해
해마다 막대한 예산을 들여 몽땅하게 자른다.

로수가 긴 터널을 이루고, 그 숲길을 걸으면 싱그러움에 피로도 잊
지요. 게다가 가로변 명품가게와 노상카페는 심심할 틈을 주지 않습
니다. 이뿐 아닙니다. 피곤하다 싶으면 눈앞에 아담한 공원이 나타납
니다. 숲과 호수와 정원, 그 사이에 벤치가 놓인 작은 공원만도 무려
390여 곳입니다.

　그리고 대한민국 대표 놀이공원인 용인 에버랜드를 능가하는 대
형공원도 파리 곳곳에 녹색 보석처럼 박혀 있습니다. 에펠탑 아래 마
르스 공원, 파리에서 가장 오래된 르네상스 양식의 튈르리 공원, 프
랑스 양식의 뤽상부르 궁전정원, 폭포와 전망대를 갖춘 뷔트 쇼몽 공
원, 조각가 로댕의 작품을 즐길 수 있는 프랑스 양식의 로댕 박물관

파리 녹색 지도. S자 모양의 굵은 선은 센강이며
녹색 부분은 모두 공원이다. 작은 녹색 점은 소공원, 큰 녹색 점은
테마공원이고 좌우 넓은 녹색 부분은 불로뉴 삼림공원과 뱅센 삼림공원이다.

정원, 파리 시가지를 한눈에 볼 수 있는 벨르빌르 공원, 상상력을 자
극하는 몽소 공원, 자동차 공장 옛터에 조성한 시트로앵 공원, 20세
기 조각가의 작품 50여 점이 전시된 티노로시 조각정원 등 관광명소
로 알려진 꽤 넓은 테마공원이 31곳에 이릅니다.

이뿐 아닙니다. 파리를 대표하는 대형공원 두 곳은 따로 있습니다.
파리 도심을 'S'자 모양으로 휘감고 흐르는 센강의 서쪽과 동쪽에 위
치한 불로뉴 삼림공원과 뱅센 삼림공원입니다. 이 두 삼림공원은 문
자 그대로 울창한 숲에 싸인 광활한 녹지로, 나폴레옹 3세가 개방하
기 전에는 부르봉 왕조의 왕실원림이자 사냥터였습니다. 이 두 공원
을 제대로 관광하려면 적어도 하루씩 잡아야 합니다. 관광안내문만

봐도 그 넓이와 즐길 거리의 규모에 압도되고 맙니다.

불로뉴는 서울 여의도 면적(840ha)과 비슷한 846헥타르, 뱅센은 좀더 큰 995헥타르입니다. 둘 다 미국 뉴욕 센트럴파크(341ha)보다 두 배 이상 넓습니다. 넓이도 놀랍지만 그 안에 들어서면 내내 입을 다물 수 없습니다. 울창한 숲 사이로 큰 호수와 넓은 정원이 연이어 펼쳐지고 그 사이에 경마장과 각종 경기장, 박물관과 미술관, 동물원과 식물원 그리고 카페와 레스토랑이 들어서 방문객을 맞습니다. 산책로와 벤치 주변에는 프랑스 역사와 예술과 문학을 빛낸 위인들의 동상과 작품이 눈길을 잡아끌지요.

파리는 에펠탑과 루브르 박물관과 샹젤리제 때문에 아름다운 도시가 아닙니다. 만약 파리에서 숲과 공원을 보지 않고 파리를 아름답다고 말한다면 진면목의 절반도 못 본 셈입니다. 파리가 관광도시로 특별한 것은, 멋진 숲길과 다양한 테마공원이 즐비한 데다 도심에 있어 마음만 먹으면 쉽게 찾을 수 있다는 점입니다.

왜 파리에 삼림공원과 테마공원이 유독 많을까요?

파리 시민이 자연을 특별히 사랑해서일까요? 아니면 관광도시로 육성하기 위해 조성한 것일까요? 둘 다 아닙니다. 그 답은 파리의 지리적 특성과 역사에서 찾을 수 있습니다. 파리는 프랑스 북부 대서양 쪽 센강 하류 분지盆地에 있지요. 가장 낮은 지점은 해발 35미터, 가장 높은 몽마르트르 언덕이 고작 해발 130미터입니다. 그래서 비가 오면 일대가 물에 잠기기 일쑤였고, 동서남북 사방을 둘러봐도 지평선이 펼쳐진 광활한 땅이라 일대를 파리평야라고도 부릅니다.

고대 로마제국은 이곳을 루테티아 파리시오룸Lutetia Parisiorum이라

파리 시테섬은 센강 하중도河中島 셋 중 하나다.
로마제국은 파리를 점령한 뒤 이곳에 요새를 세웠다. 중세 들어 노트르담 대성당과
생트 샤펠 성당이 세워진 뒤 파리의 상징이 되었다.

고 불렀답니다. '루테티아'는 '진흙'이란 뜻이며, '파리시오룸'은 켈
트족 일파인 '파리시인ㅅ이 사는 땅'이란 뜻입니다. 그러니까 진창에
살았던 파리시인이 오늘날 파리지앵의 조상인 셈이지요. 토목기술
이 뛰어난 로마제국은, 점령 후 분지에 물길을 터 센강과 연결한 뒤
강둑을 쌓아 홍수를 막고 언덕진 곳에 성벽을 쌓아 성채城砦를 건설
했습니다. 이게 오늘날 파리 중심부인 시테섬을 중심으로 한 고대 파
리 성곽도시였습니다. 로마제국 점령군은 이후 질퍽한 파리 분지 곳
곳에 크고 작은 웅덩이를 만들고 그 주변 습지를 농지로 개간해 대농
장Latifundium으로 개발했습니다. 웅덩이 주변은 비가 오면 여전히 진
창이라 사람의 발길이 뜸했고, 이곳에는 자연스레 울창한 숲이 생겨

났지요. 이 숲은 변신을 거듭한 끝에 왕실원림을 거쳐 오늘날 불로뉴와 뱅센 두 삼림공원으로 단장된 것입니다.

로마제국 몰락 이후 파리평야는 광활한 농지와 울창한 숲으로 둘러싸인 요새도시로 명맥을 유지하다가, 10세기 말 프랑스 카페왕조의 왕도王都가 되면서 유럽의 중심도시로 바뀝니다. 이후 근 800년간 프랑스 왕족과 귀족이 파리평야를 나눠 갖고 농지에 궁전과 저택을 지었고, 울창한 숲과 웅덩이 주변은 사냥터와 장원 그리고 호수로 단장해 일탈을 즐겼습니다. 1789년 프랑스대혁명 때 왕족과 귀족이 추방되고 무려 60년간 계속된 무정부상태의 혼란기에, 울창한 숲은 낮에는 부랑자 천국으로 밤이면 노천 윤락가로 전락했습니다.

이후 파리가 잠시나마 제 모습을 되찾은 것은, 1799년 나폴레옹 보나파르트[이하, 나폴레옹 1세]가 쿠데타로 프랑스 대통령에 오른 데 이어 5년 뒤 황제로 군림할 때입니다. 나폴레옹 1세는 악취가 진동하는 중세 골목도시 파리를 근대도시로 개조하겠다며 혁신적인 도시계획을 추진했습니다. 파리 도심에 에투알 광장[오늘날 드골 광장]과 개선문을 세우고, 마차가 다니던 골목길을 대규모 군대가 사열대형으로 이동할 수 있도록 넓히고, 대형무기와 전투장비를 한꺼번에 옮길 수 있는 철도와 해운 체계를 갖추는 것이었습니다. 이 계획은 시위 진압과 정복 전쟁을 위한 것이었고, 불과 10년 뒤 폐위될 즈음 에투알 광장과 개선문만 완성된 채 파리는 다시 오물에 찌든 시궁창으로 되돌아갔습니다.

그로부터 39년 뒤, 1853년 나폴레옹 1세의 조카 샤를 루이 나폴레옹[이하, 루이 나폴레옹]이 제2제정 황제가 된 뒤, 파리는 완전히 새롭게 태어납니다. 황제와 도시공원 둘은 전혀 어울리지 않는 것 같지만, 샹젤리제 숲길과 멋진 도심공원은 그가 간절히 원했던 황제의 세습권력을 키우는 수단이었습니다. 공원과 권력의 불가사의한 조합을 이해하려면, 루이 나폴레옹이 포퓰리즘 정치인[나폴레옹 3세]으로 변신하는 과정과 배경을 살펴봐야 합니다.

나폴레옹 3세는 왕실원림 개방으로 민심을 사로잡았습니다

그는 어릴 적부터 큰아버지 나폴레옹 1세처럼 황제가 되는 게 꿈이었습니다. 서른두 살 때 그 꿈을 이루겠다며 무작정 국경수비대를 선동해 쿠데타를 일으키려다 체포된, 전형적인 돈키호테형 인간이었습니다. 쿠데타는 어설펐지만 탈옥은 화끈한 매수로 성공했고 곧바로 영국으로 도망가 2년간 망명생활을 했습니다. 철부지 루이 나폴레옹은 영국에서 야심찬 정치인으로 변모합니다. 당시 루이 나폴레옹은 산업혁명과 식민지 개척에 한창이던 영국의 눈부신 발전상을 보고 절치부심합니다. 지난 60년간 혁명과 전쟁으로 날밤을 세우다 나락에 떨어진 조국의 참담한 현실을 되새겼다면 그럴 수밖에 없었지요. 루이 나폴레옹이 특히 감동한 것은, 영국 왕실이 공개한 런던 중심가의 아름다운 공원과 런던 중심가의 플라타너스 가로수 숲길 그리고 상·하수도 시설이었습니다.

그는 1848년 2월 프랑스에서 시민혁명이 일어나고 제2공화국이 출범하자 급거 귀국한 뒤 임시정부를 찾아, 자신이 조국을 구할 수 있다며 지지를 요청했지만 퇴짜를 맞습니다. 공화파가 장악한 임시정부는 나폴레옹 1세 황제의 조카인 루이 나폴레옹을 반길 리 없었지요. 루이 나폴레옹은 어쩔 수 없이 나폴레옹 1세의 향수에 젖은 제정帝政주의자를 중심으로 한 극우파 정당을 만든 뒤, 누구나 듣기 좋은

나폴레옹 3세가 오늘날
파리를 만들었지만,
문명 파괴자라는 오명을
피할 수 없다.
그는 성곽 골목도시 파리를
근대화한다는 명분 아래,
로마제국 이래 역사가
켜켜이 쌓인 역사도시
파리를 허물고
신도시로 급조했다.

공약을 쏟아내 대통령 선거에서 74.3퍼센트 지지로 당선됩니다.

프랑스혁명 이후 혼란에 지친 국민들이 '혹시나' 하는 심정으로 던진 몰표 덕분에 대통령에 압도적으로 당선되자 루이 나폴레옹은 황제가 될 궁리를 합니다. 그는 취임 2년째인 1851년 야심을 숨기고 개헌안을 제출했으나 실패하자, 곧바로 친위 쿠데타를 일으켰습니다. 의회와 시민이 쿠데타에 맞서 봉기하자 계엄령을 선포한 뒤 반대파를 무차별 진압하고 의회를 해산합니다. 이런 상황에서 국민투표를 실시해 개헌에 성공합니다. 이 개헌으로 그는 4년 단임 대통령에서 10년 임기의 3권을 장악한 대통령에 오르게 됩니다.

하지만 그는 만족하지 않고 이듬해 공화정을 제정으로 바꾸는 국민투표를 다시 실시해 나폴레옹 3세 황제가 됩니다. 격렬한 반대 시위에도 불구하고 두 차례 국민투표에서 잇달아 승리한 것은, 루이 나폴레옹이 대통령 취임 뒤 추진한 왕실원림 개방[공원]과 파리 도시 개조사업이 주효한 결과였습니다. 대혁명 이후 무정부상태의 혼란과 열악한 도시환경에 지친 파리 시민은, 루이 나폴레옹 대통령이 왕실원림과 귀족들의 장원을 몰수해 공원으로 개방하고 특히 시궁창 중세도시를 깨끗한 근대도시로 개조하는 것을 보자 '좋은 독재자'일지도 모른다고 기대했던 것입니다. '돈키호테' 루이 나폴레옹은 이렇게 민심을 살피고 움직일 줄 아는 포퓰리스트 정치인으로 거듭났습니다.

황제의 절대적인 지원 아래 파리 시장에 오른 도시계획가 오스만 남작은, 고대 로마제국의 성채도시와 중세 골목도시의 역사가 켜켜이 쌓인 파리를 깡그리 뭉개고 신도시로 급조했습니다. 오늘날 대한민국에서 횡행하는 도시 재개발처럼, 오스만 남작이 개조한 파리의 정수는, 유기적이고 효율적이면서 깨끗하고 아름다운 도시였습니다. 파리는 에투알 광장과 개선문을 중심으로 12개의 방사형放射形 간선도로에 동심형同心形 이면가로를 교차 설치해 교통을 사통팔달 원활히 했고, 도로 지하에 대형 상·하수로를 분리 설치해 시궁창 파리의 고질인 위생 문제를 해결했습니다. 지상 시가지는 도로를 따라 크고 작은 블록으로 나눠 6~7층 건물로 빼곡히 채웠습니다. 각 건물마다 1~2층은 상업공간으로, 3층 이상은 주거로 사용토록 지어 일터와 삶터를 동시에 안정시킨 결과, 파리는 활력이 넘치는 현대도시로 바

꿰었습니다.

특히 방사·동심원형 가로의 인도에 듬직한 플라타너스와 마로니에 8만 그루를 1~3줄씩 일정 간격으로 심어 삭막한 도시를 녹화했습니다. 가로수는 일거양득이었습니다. 도시미관은 물론이고, 도심 가로가 탁 트이자 시위 군중을 진압하기에 안성맞춤이었습니다. 특히 일정한 간격으로 심은 가로수는 사격거리를 어림잡는 데도 효율적이었습니다. 이때부터 파리의 시위는 잦아들었고, 나폴레옹 3세의 세습독재는 탄탄해졌습니다. 세상에서 가장 아름다운 도심 샹젤리제는 이렇게 탄생했습니다. 이게 오늘날 파리의 민낯입니다.

파리는 과연 세상에서 가장 아름다운 도시일까요?

파리 도시개조사업은 과연 찬사를 받을 만한 일일까요? 오늘날 세계에서 가장 아름다운 도시 파리를 탄생시킨 나폴레옹 3세와 오스만 남작의 도시개조사업은, 칭찬받아 마땅해 보이지만 꼭 그렇지만은 않습니다. 이들은 도시개조라는 명분으로 1,800년 역사도시 파리를 철저히 파괴하고 그 자리에 격자형 신도시를 급조했다는 비판을 피할 수 없기 때문입니다. 만약 고대와 중세에 지어진 고색창연한 유적과 사람 냄새가 물씬 나는 골목이 빼곡했던 성곽도시를 두고 외곽에 오늘날의 파리와 같은 신도시를 지었다면, 오늘날 파리는 최고最古의 역사도시와 근대 신도시가 공존하는 유럽의 보물이 되었겠지요.

어쨌든 나폴레옹 3세가 남긴 포퓰리즘 유산인 공원 조성은, 이후 세계 모든 국가의 정치인에게 오롯이 계승되어 오늘날에도 세계는 도시마다 공원 조성에 열을 올리고 있습니다.

런던은 세상에서 가장 멋진 녹색도시입니다

영국 수도 런던은 공원과 녹지 부분에서 세계기록을 여럿 가진 도시입니다. 세계에서 가장 높은 녹지 비율을 가진 수도[도시면적의 47%], 인구 1인당 최고 공원면적[33.4m²], 멋진 왕실공원 10곳이 보석처럼 박힌 도시, 2019년 세계 최초 국립공원도시 지정 등입니다. 이런 기록만으로 런던의 공원 규모를 실감하기 어렵다면, 파리와 비교하면 됩니다. 인구 대비 1인당 공원면적을 보면 220만 명이 사는 파리는 인당 10.7제곱미터인 데 비해 900만 명이 사는 런던은 인당 33.4제곱미터로 세 배 이상입니다. 런던에는 무려 3,000곳의 크고 작은 공원[도시면적의 18%]이 있는데, 일반녹지로 분류된 자전거 도로 등을 포함해 총면적으로 비교하면 파리의 30배를 웃돕니다. 게다가 런던은 2050년까지 도시면적 50퍼센트에 자연경관을 회생시켜 세계 최초 국립공원도시를 완성하기로 한 데 이어, 세계 30개 대도시에게 동참을 유도하는 이니셔티브를 주도하고 있습니다.

런던은 산업혁명 이후 공해도시의 대명사였고 제2차 세계대전 중에는 나치 공군의 폭격으로 잿더미로 변했던 것을 감안하면, 오늘날 세계 최고의 녹색도시 런던의 풍광은 더욱 놀랍지요. 프랑스에 나폴레옹 3세와 오스만 남작이 있었다면, 영국에는 수많은 군왕과 귀족 그리고 부자들이 있었습니다. 이들의 대를 이은 정원사랑이 있어서 가능했습니다. 영국은 고대 로마시대 이후 2,000년간 왕실과 귀족 가문이 저마다 정원을 조성하고 대를 이어 가꾼 덕분에 런던뿐 아니라 전국 곳곳에 멋진 정원이 밤하늘의 별만큼 많습니다.

18세기 산업혁명 이후 이들 중 상당수의 왕실정원은 공원으로 개

런던 녹색 지도. 좌우로 뱀처럼 길게 표시된 부분이
템스강이며, 녹색 부분은 대부분 공원으로 이곳에
1820년대 이후 개방된 왕실공원 여덟 곳이 보석처럼 박혀있다.

방되었고, 귀족과 부자들의 저택 정원 대부분은 유지관리에 어려움을 겪은 후손들이 공공단체에 기탁해 공원으로 공개했습니다. 그래서 영국에선 공원과 정원을 구별하기 힘듭니다. 굳이 따지면 입장료 유무로 구별하기도 합니다.

어쨌든 영국인의 정원사랑은 오늘날에도 이어져 영국 국민의 70퍼센트가 정원을 소유하고 가꾼다고 합니다. 단독주택에 사는 영국인은 으레 정원을 가꾸는 셈이지요. 이렇듯 영국인에게 정원 가꾸기는 취미를 넘어 삶의 일부입니다. 특히 영국인은 정원을 신사의 3대 덕목[지智·덕德·체體] 중 덕성의 도량으로 삼는다고 합니다. 어릴 적부터 식물을 가꾸며 자연의 섭리와 생명의 소중함을 체득하고, 씨를 뿌리고 가꾸며 수확할 때를 기다리는 원예생활이 경영능력과 인내심을 키운다고 믿습니다. 유럽 대륙 변방의 섬나라 영국이 대영

360 도시

제국을 건설한 저력은 정원에서 비롯했을지도 모릅니다.

런던은 무려 3,000개의 '녹색 보석'이 박힌 도시입니다

런던에서 가장 아름다운 공원이 어디냐고 물으면 난감합니다. 공원이 무려 3,000곳에 이르는 데다 세계 어느 도시에 내놓아도 손색없는 공원만 꼽아도 수백 곳이기 때문입니다. 그래도 런던을 대표할 공원을 꼽으라면 가장 오래된 왕실공원 10곳부터 소개해야 할 성싶습니다. 최초로 공원으로 개방된 세인트 제임스 공원, 각종 시위의 성지로 유명했던 하이드 공원, 런던 시민의 일광욕장이라 불리는 그린 공원, 다양한 식물종과 동물종을 관찰하기에 좋은 켄싱턴 공원, 런던 동물원과 다양한 야외스포츠 경기장이 갖춰진 리젠트 공원, 런던을 조망할 수 있는 언덕이자 부촌인 프림로즈 힐 공원, 미국 뉴욕 센트럴 파크의 세 배 크기인 리치먼드 공원, 큐 왕립식물원을 끼고 있는 부쉬 공원, 15세기 잉글랜드 궁전건물과 꽃박람회를 볼 수 있는 햄프턴코트 궁전정원, 장미정원으로 유명한 그리니치 공원입니다.

이 공원들은 1830년대 산업혁명 후 도시공해와 전염병으로 신음하는 시민을 위해 왕실원림을 개방한 것입니다. 맨 처음 개방된 세인트 제임스 공원은 런던 관광명소인 버킹엄궁, 웨스트민스터, 지구자연역사박물관, 런던의 명동인 메이페어, 템스강 남안 대관람차 런던아이 등과 가까워 특히 인기가 많은 관광명소지요.

이밖에 독특한 공원 몇 곳을 소개하면 다음과 같습니다. 세인트 던스탄 인 더 이스트 공원은 제2차 세계대전 때 나치 공습으로 파괴된 12세기 성당 건물을 복구하지 않고 그대로 둔 채 자연 회복으로 살려낸 녹지공원입니다. 치욕의 역사도 잊지 말자는 교훈과 자연의 경

세인트 제임스 공원은 왕실공원 8곳 중 맨 먼저 시민에게 개방된 왕실정원이다. 영국식 정원의 넉넉함과 조류 보호구역으로 잘 보존된 생태환경이 돋보인다. 특히 인근에 버킹엄궁전과 쇼핑 거리가 있어 관광객이 많이 찾는다.

이로운 생명력을 함께 느낄 수 있는 공간입니다. 대한민국 국가공원으로 조성하는 서울 용산공원의 벤치마킹 모델로 삼기에 좋은 기념공원입니다. 첼시 약초원은 약용식물을 연구하고 교육하기 위해 1673년에 조성된 식물원입니다. 만약 허브를 좋아한다면 꼭 가봐야 할 정원입니다. 빅토리아 공원은 매년 11월 템스강 변에서 열리는 불꽃놀이로 유명합니다. 리 밸리 지역공원은 2012년 올림픽 경기장이 위치한 곳으로 스케이트·사이클링·조깅 등 스포츠를 즐기기에 그저 그만입니다. 런던 필드 공원은 그리 넓지도 아름답지도 않지만 젊은이들이 많이 찾는 일종의 해방구라고 합니다. 런던 습지 공원은 템스강 하류 광활한 습지에 조성된 공원으로 서식 동식물이 매우 다양합니다. 햄스테드 힐 공원은 영국에서 볼 수 있는 이탈리아 르네상

큐 왕립식물원은 18~20세기 영국식 풍경정원이며, 다양한 식물종을 보유한 식물원이다. 특히 수 세기에 걸쳐 수집한 식물과 관련 자료를 많이 보유해, 2003년 유네스코 문화유산으로 지정되었다.

스 양식의 정원으로 유명합니다.

영국은 거대한 정원역사박물관과 같습니다

정원을 시대별로 볼 수 있는 아마도 유일한 나라이기 때문입니다. 영국 최초의 정원인 피시본 궁전정원[웨스트서식스 소재]은 고대 로마시대에 조성되었으며, 리치먼드 공원과 홀랜드 공원[런던 교외]은 중세 왕과 귀족의 사냥터였습니다. 햄프턴코트 궁전정원[리치먼드]과 몬터규 하우스 정원[솔즈베리 서쪽]은 16세기 이탈리아 영향을 받은 튜더 양식의 정원이고, 옥스퍼드대학 식물원과 첼시 약초원은 17세기 정원이며, 큐 왕립식물원[런던 교외]은 18세기 왕실정원이었습니다. 이 시기의 영국에선 독자적인 정원 양식이 등장했는데,

언덕진 지형과 풍광 그대로를 살린 풍경정원입니다. 당시 유럽 대륙에서 유행하던 기하학적 대칭 구도의 프랑스 자수刺繡정원과 확연히 차별된 양식이었습니다. 대표적인 곳은 롱리트 하우스 정원[솔즈베리 북서쪽], 벌리 하우스 정원[피터버러 북쪽], 윈스턴 처칠 탄생지인 블레넘 궁전정원[옥스퍼드 북쪽] 등입니다.

19세기 후반 빅토리아시대 정원으로는 시싱허스트 캐슬 정원[캔터베리 남동쪽], 히드코트 매너 정원[버밍엄 남쪽] 등이 있습니다. 이 시기 공공모금으로 조성된 공원으로는 핼리팩스 인민공원[요크셔]이 있습니다. 이곳을 차례로 둘러보면 세계 정원사를 눈으로 읽는 셈입니다.

제2차 세계대전 후 영국에는 정원 가꾸기가 크게 성행했습니다. 전쟁 트라우마를 극복하기 위한 영국인이 선택한 최상의 자연치유였습니다. 윈스턴 처칠 전 수상도 그중 한 분입니다. 이즈음 시골에 작은 집Cottage을 짓고 뒤뜰에 정원과 텃밭을 가꾸는, 이른바 코티지 가든이 유행하면서 영국인의 정원사랑은 지금도 진행 중이지요.

마천루 뉴욕은 강과 바다와 숲에 싸인 자연 도시입니다

이제 뉴욕입니다. 뉴욕은 세계에서 가장 북적이는 도시로 알려졌지만, 도심을 벗어나면 조용하고 울창한 숲이 많은 도시입니다. 인구 1인당 공원면적을 보면 파리 10.7제곱미터보다 훨씬 넓은 14.7제곱미터입니다. 뉴욕에는 큰 공원도 많지만 작은 공원도 곳곳에 산재해 10분만 걸으면 공원을 만날 수 있습니다. 그래서 미국 공공토지신탁TPL이 매년 평가하는 미국 50대 도시공원 순위에서 뉴욕은 늘 상위 10위권이며 특히 접근성에서 거의 만점을 받습니다.

뉴욕에는 시 정부가 관리하는 대공원 열 곳(총 110km²)과 해변공원(23km²), 국립공원인 퀸스 자메이카만 야생동물보호구역(36km²) 그리고 지자체가 운영하는 다양한 소공원이 있습니다. 뉴욕시가 자랑하는 열 곳의 대공원을 넓이 순으로 보면, 짐작과 달리 센트럴파크는 다섯 번째에 그칩니다. 펠럼베이 공원(11.2km²), 스태튼아일랜드 그린벨트(7.2km²), 플러싱 메도스 코로나 공원(5.1km²), 밴코틀랜트 공원(4.6km²), 센트럴파크(3.4km²), 프레시킬스 공원(3.3km²), 마린 공원(3.2km²), 브롱크스 공원(2.9km²), 앨리폰드 공원(2.7km²), 프랭클린 D. 루스벨트 산책로(2.6km²) 순입니다. 서울 성수동 서울숲 공원이 1.1제곱킬로미터인 것과 비교하면 그 규모가 얼마나 큰지 짐작할 수 있습니다.

하지만 그 안에 들어서면 더욱 놀라게 됩니다. 울창한 숲 사이 큰 호수와 넓은 잔디밭이 어우러진 자연풍광은 기본이며, 공원마다 독특한 문화·놀이시설을 갖춰 찾아다니는 재미가 쏠쏠합니다. 이 가운데 맨해튼 센트럴파크는 잘 알려진 대로 식물원과 동물원, 박물관과 미술관, 아이스링크와 승마장을 포함한 각종 체육시절과 아이들의 놀이시설, 야외극장과 카페 등 휴게시설까지 고루 갖춰 남녀노소 누구든 쉬고 즐길 수 있습니다. 그러나 주변 부자들의 공원으로 변모하면서 변두리 서민들에겐 딴 나라 공원이 된 지 오래입니다.

이밖에도 아주 매력적인 공원이 여럿 있습니다. 뉴욕대학교 인근에 있는 워싱턴 스퀘어 공원은 초대 대통령 조지 워싱턴을 기리는 공원입니다. 이곳에 가면 뉴욕을 왜 인종과 문화의 용광로라고 부르는지 알게 된답니다. 브루클린 브리지 공원은 맨해튼을 전망하고 사진에 담을 수 있는 최고 명당입니다. 철길 위에 조성된 하이라인 공원

©Maxger

뉴욕 녹색 지도. 세상에서 가장 번잡한 도시지만
중심가를 벗어나면 곳곳에 멋진 공원이 널렸다. 특히 맨해튼을
동서로 감싼 허드슨강과 이스트강 강변 그리고 대서양 연안
대부분은 자연공원으로 보존되어 뉴욕의 진정한 허파 구실을 한다.

은 맨해튼과 허드슨강을 조망하기에 좋은 곳입니다. 서울역~퇴계
로 고가도로에 조성된 서울로7017의 모델인 고가공원이지요. 매디
슨 스퀘어 공원은 세상에서 가장 맛있는 버거와 최고의 밀크셰이크
를 마시며 상설전시관에서 예술작품도 감상할 수 있는 곳으로, 특히
무료 와이파이를 이용할 수 있는 공원입니다. 로어 맨해튼에 있는 배
터리 공원은 과거 이민자들이 엘리스섬을 지나 뉴욕에 도착할 때 통
과하던 곳입니다. 자유의 여신상을 볼 수 있으며, 리버티섬으로 가는
페리를 여기서 탈 수 있지요.

엘리자베스 스트리트 정원은 도시의 번잡함에서 벗어나 멋진 조
각 작품을 감상하며 테이크아웃 점심식사를 즐기기에 완벽한 장소

입니다. 브루클린에 있는 프로스펙트 공원은 센트럴파크를 설계한
옴스테드의 작품이지만, 센트럴파크와 달리 자연림을 그대로 살려
조성한 영국식 풍경정원을 닮은 대공원입니다. 겨울에는 아이스링
크에서 스케이트를, 여름에는 낚시를 즐길 수 있습니다. 가족이 방문
하면 아이들과 함께 조랑말과 패들보트를 빌려 타며 하루를 즐겁게
보낼 수 있는 진정한 근린공원입니다.

센트럴파크는 아름답지만 바람직한 공원은 아닙니다

센트럴파크의 명성은 여럿이지요. 세계에서 가장 잘 꾸며진 부자
공원, 시민모금으로 조성된 공원이며, 미국 도심공원의 효시이자 조
성造成공원의 모델 등입니다. 이런 명성 덕분인지 세계 여러 도시가
센트럴파크를 벤치마킹해 공원을 조성합니다. 하지만 뉴욕 센트럴
파크의 역사를 살펴보면 우리가 알지 못한 '불편한 진실' 또한 많습
니다. 대한민국에 센트럴파크를 모델로 한 공원이 적지 않아 불편한
진실을 짚어봐야 타산지석이 될 성싶습니다.

미국은 1783년 영국으로부터 독립했지만, 1850년대 이후 진행
된 서부개척이 끝나고서야 오늘날의 모습을 얼추 갖추었습니다. 뉴
욕은 1819년 이래 운하 개통 후 대서양과 미국 중서부 그리고 캐나
다 내륙을 잇는 거점항구로 성장하면서 미국 최대 산업도시로 급성
장했습니다. 이후 1847년 아일랜드에서 감자 흉작으로 인한 대기근
으로 20만 명의 이민 행렬이 이어졌고, 1850년대 들어 뉴욕 인구가
100만 명을 넘으면서 미국의 경제수도로 부상했습니다. 그런데 항
구가 많은 맨해튼에 가난한 이민자들이 정착하면서 인구가 급증하
고 주택난이 심화되자, 해안과 야산 지역은 난개발과 함께 급속히 빈

민촌으로 변했습니다.

이즈음 시인이자 언론인인 윌리엄 브라이언트가 맨해튼의 과밀화와 빈민화를 보다 못해 시민모금으로라도 공원을 조성하자고 제안한 게 센트럴파크의 태동이었습니다. 1857년 공모전에 경관설계사 프레드릭 로 옴스테드와 캘버트 복스의 작품이 당선되었고, 20년간의 공사 끝에 센트럴파크는 1876년 완공되었지요. 옴스테드는 공사중 센트럴파크 조성비 증액에 따른 모금을 독려하면서 반대 여론을 마주하자 이런 명언을 남겼습니다.

"지금 이곳에 이만한 공원을 만들지 않으면 100년 뒤 그 넓이만한 정신병원을 지어야 할 것입니다."

이 명언대로라면 오늘날 뉴욕에는 정신병원이 없어야 하는데 많은 것을 보면 왠지 개운치 않습니다.

어쨌든 센트럴파크는 조성 당시 세상에 없던 특별한 공원이었습니다. 그 특별함을 네 가지로 요약하면 다음과 같습니다. 첫째는 일부 자연경관은 살렸지만 대부분 인위적으로 조성한 대형 도심공원이라는 점입니다. 우리가 앞서 살펴본 파리·런던·뉴욕의 공원 대부분은 본래 있던 지형과 경관을 살리면서 일부 조경과 위락·문화시설을 더해 완성했지만, 센트럴파크는 정반대로 일부 자연경관을 살렸지만 대부분 조경으로 꾸민 공원이란 점입니다. 본디 빈민촌과 가축사육장이었던 폐_廢채석장 자리에 호수를 조성하기 위해 산더미만한 암석을 깨서 드러냈고, 그 돌을 수레로 옮겨 곳곳에 작은 언덕을 만들었으며, 50만 그루의 다양한 나무를 심었습니다. 둘째는, 시민모금으로 조성한 진정한 공공정원이란 점입니다. 센트럴파크 부지는 애당초 뉴욕시 소유의 공유지였으나 모금액으로 매입해 조성되었습니다. 셋째는 도시공원 개념을 자연경관 중심의 휴식공간에서 스포츠와 예술과 스토리텔링이 있는 문화공간으로 확장했다는 점입니다. 오늘날 대공원에서 쉽게 즐길 수 있는 체육·전시·공연 등 다양한 시설이 그것입니다. 끝으로, 센트럴파크는 이후 세계 주요 도시공원의 모델이 되었다는 점입니다.

그렇다고 센트럴파크가 도시공원으로 이상적인 모델은 결코 아닙니다. 거대 도시의 도심에 멋진 공원이 조성되면 피할 수 없는 게 이른바 젠트리피케이션gentrification입니다. 도시 재개발 때 피할 수 없는 부동산투기와 선先주민 퇴출 현상입니다. 센트럴파크의 젠트리피케이션은 최악이었습니다. 개장 이후 인접 지역의 대부분은 빈민촌에서 부자촌으로 바뀌었습니다. 시민모금으로 조성한 센트럴파크의 진짜 수혜자는 뉴욕 시민도 관광객도 아닌, 도널드 트럼프 전 미국 대통령 같은 부동산 재벌과 투기꾼이었습니다.

센트럴파크의 더 큰 문제는 해마다 증가하는 막대한 유지관리비용입니다. 오늘날 센트럴파크는 멋진 경관을 유지하고 있지만, 1980년대까지만 해도 유지관리비용을 감당 못해 방치되는 바람에 공원이란 이름이 무색할 지경이었습니다. 낮에도 혼자 다닐 수 없는 우범지대였고, 밤이면 마약 천국에 노천 사창가로 변했습니다. 인간이 조성한 공원은 관리하지 않으면 수년 동안 꾸며놓은 경관을 잃으면서 야생 상태로 변합니다. 게다가 수목은 자라고 시설물은 햇빛과 눈비에 훼손되기 때문에 유지관리비용은 해를 거듭할수록 더 많아지고 재정부담은 더 커집니다.

1980년 뉴욕시 정부가 우범지대로 변한 센트럴파크를 되살리기 위해 관리위원회Central Park Conservancy를 신설하고 시 예산과 기부금

센트럴파크는 시민 모금으로 조성된 시민공원이지만 개장 후
부자들의 공원으로 변했고, 요즘도 막대한 관리 비용을 마련하느라 애먹고 있다.

을 쏟아부은 결과, 1990년대에야 공원 모습을 되찾았습니다. 오늘날
에도 보존위원회는 연간 소요예산의 75퍼센트 이상에 달하는 재정
적자를 기부금으로 충당하며 어렵게 운영되고 있습니다. 2021년도
센트럴파크 회계자료를 보면 수입 7,270만 달러(872억 원)에 지출
7,340만 달러(880억 원)로 적자입니다. 만약 불황이 닥쳐 기부금이
끊기고 시市 재정상태도 나빠지면 센트럴파크는 1970년대 우범지
대로 돌아갈 게 뻔합니다. 이쯤이면 도시공원이 많고 넓다고 다 좋은
게 아님을 납득할 성싶습니다.

　센트럴파크로 명성을 얻은 옴스테드는 늦게나마 이런 문제점을
깨닫고 대형 도심공원 조성에서 손을 뗍니다. 그는 뉴욕 브루클린 교
외 프로스펙트 삼림지역에 자연공원을 조성한 뒤부터 서민 거주지

©Sanga Park

옛 경마장 터에 조성된 서울숲공원. 심각한 부동산 투기와 젠트리피케이션을
유발해, 뉴욕 센트럴파크의 흑역사를 다시 썼다는 비판을 받는다.

주변 작은 근린공원 조성에 주력했습니다. 프로스펙트 공원은 센트
럴파크와 달리 자연상태의 풀밭과 호소 그리고 울창한 숲을 최대한
살리는 한편, 다양한 놀이·문화시설을 설치한 자연근린공원입니다.

　센트럴파크의 불편한 진실을 장황하게 설명한 것은, 서울숲공원
이 센트럴파크를 모델로 조성되었기 때문입니다. 당시 서울시는 서
울숲공원 조성으로 벌어질 젠트리피케이션과 부동산투기 그리고 막
대한 유지관리비 조달 등을 방관했다는 비난을 피하기 어렵습니다.
조성 10년 만에 주변은 초고가 아파트와 멋진 빌딩으로 둘러싸여 센
트럴파크의 모습이 재현되었으며, 주변 땅값이 급등하는 바람에 선
주민 대부분은 쫓겨났습니다. 매년 40억 원을 웃도는 유지관리비를
시민의 세금으로 충당하면서 서울숲공원을 이용하기 어려운 시민들

의 불만도 커지고 있습니다. 서울시와 시의회는 센트럴파크처럼 유지관리예산의 75퍼센트를 주변 부자들의 기부금으로 충당하는 조례를 서둘러 입법해야 하며, 이 다음에는 시민의 세금으로 꾸민 공적경관을 공짜로 누리는 한강 변 등지의 건축물에 대해 조망수혜 부담금을 징수하는 방안을 찾아야 합니다. 이는 수익자부담 원칙에 맞으며 도심 개발에서 으레 벌어지는 부동산투기도 줄일 수 있습니다.

이제 수도 서울의 공원을 찬찬히 살펴보겠습니다

2020년 서울시가 발표한 공원통계를 보면 서울에는 무려 2,432곳의 공원이 있으며, 1인당 공원면적은 14.82제곱미터입니다. 1인당 공원면적으로 보면 런던보다는 좁지만 뉴욕과 파리보다는 더 넓습니다. 그러나 시민이 평소 접근할 수 있는 공원만 따지는 생활권 도시공원 면적으로 따지면 수치는 확 떨어집니다. 런던·뉴욕·파리의 공원은 대부분 접근하기 쉬운 평지의 시가지에 위치하지만, 서울의 경우 제법 큰 산과 하천을 낀 공원이 많아 마음먹지 않으면 이용이 여의치 않기 때문입니다. 이 때문에 국립공원[북한산]·강변공원[한강, 탄천, 중랑천 등]·유원지[한강 뚝섬, 북한산 우이동 등]를 제외한 생활권 공원만 산정하면 1인당 공원면적은 9.52제곱미터입니다.

그런데 생활권 공원 중에도 국립공원이 아닌 도시자연공원[북악산, 관악산 등 12곳으로 1인당 4.88m²]의 경우 북한산 못지않게 높은 산이라 평소 접근하기는 녹록지 않습니다. 이밖에도 입장료를 내야 하거나 평소 이용하기 어려운 역사공원[경복궁 등]·묘지공원[동작동 국립묘지]·체육공원[월드컵공원 등] 같은 주제공원까지 제외하면 4퍼센트대로 떨어집니다.

그러나 1950년대 6·25 전란과 혼란기를 거쳐 1967년 공원법이 제정된 이후, 불과 반세기 만에 이룬 실적인 점을 감안하면 그저 놀랍지요. 대한민국 공원 역사를 보면 더욱 그러합니다. 한반도 최초의 공원은 부끄럽게도 우리가 조성한 게 아니었습니다. 1888년 한반도 침탈을 노린 열강이 인천 조계지에 조성한 만국공원[현재 자유공원]이 최초이며, 이후 일본제국이 서울 남산에 조성한 화성대공원[남산공원] 그리고 부산 용두산공원이 그것입니다. 일제는 이후 명성왕후 사전祠殿인 장충단과 창경궁도 멋대로 개조해 공원으로 개방하는 만행을 저질렀습니다.

　우리 손으로 조성한 최초의 공원이자 대한민국 최초 공원은, 조선 말 고종이 1897년 종로구 원각사 터에 조성한 파고다공원[현 탑골공원]입니다. 긴 암흑기를 거치고 박정희 대통령 시절인 1973년, 옛 서울컨트리구락부 터에 서울어린이대공원이 개장합니다. 그러나 서울에 제대로 된 공원이 생긴 것은, 1986년 동작구 대방동 공군사관학교 터 보라매공원(0.42km²)과 1988년 서울 올림픽을 앞두고 서울 방위동 몽촌토성 일대 올림픽공원(1.45km²)을 조성했을 때입니다. 이후 주춤하다 1990년대 지방자치제 시행 이후 서울에는 대형 도시공원이 줄줄이 조성됩니다. 여의도 샛강생태공원(완공연도: 1996), 여의도 근린공원(1999), 영등포공원(1998), 월드컵공원 내 5개 공원(평화공원, 노을공원, 하늘공원, 난지천공원, 난지 한강공원, 2002), 선유도공원(2002), 낙산공원(2002), 서울숲공원(2005), 북서울 꿈의 숲(2009), 서서울 호수공원(2009) 등등. 이들은 모두 아름답고 넓은 공원이라 그 지역의 명소로 자리하기에 충분합니다. 하지만 아름답게 조성된 공원은 시민의 여가공간이라기보다 도시 미

서울어린이대공원. 일제강점기 조성된 경성골프장이
1970년 박정희 대통령의 지시로 어린이대공원으로 단장되었다.
오늘날 모습은 2014년 놀이동산으로 재단장한 것이다.

관용에 가깝지요.

　이중 세계 환경단체와 국내외 언론의 찬사를 받은 공원도 있습니다. 월드컵공원 내 하늘공원과 노을공원, 그리고 청계천 산책길과 선유도공원입니다. 하늘공원과 노을공원은 옛 난지도 쓰레기 매립지를 친환경 생태공원으로, 청계천 산책길은 도로를 하천으로 복원해 멋진 산책공원으로, 선유도공원은 폐정수장의 낡은 시설을 철거하지 않고 친환경 공원으로 재생한 공로였지요. 반면 서울역 앞 서울로 7017 고가차도 정원은 조경 식물의 식생환경을 무시하고 조성한 결과, 막대한 세금을 먹는 고가산책로라는 비난을 받았습니다. 이런 듬직한 공원이 조성되는 사이 서울 곳곳에 다양한 생활권 공원도 크게 늘었지만 상당수는 외진 야산이나 하천변 등 빈터에 조성되어, 과연 누구를 위한 누구의 공원인지 아리송한 곳도 숱합니다.

아름답고 넓다고 좋은 공원은 결코 아닙니다

한 인터넷 여행사가 조사한 서울 시민이 많이 찾는 자연명소 상위 10위권을 보면 이런 의문의 해답을 발견할 수 있습니다. 10위권은 북한산 국립공원, 창덕궁, 한강공원, 남산공원, 청계천 산책로, 하늘공원, 서울숲공원, 여의도 한강공원, 여의도공원, 올림픽공원입니다. 이들 공원을 살펴보면 서울 시민은 평소 휴식과 여가활동을 위해 공원을 찾기보다 휴일 등을 이용해 일부러 주제공원 위주로 찾는다는 경향을 읽을 수 있습니다. 다시 말해 서울에 생활권 공원이 2,000곳을 웃돌지만 시민은 일상에서 공원의 여유와 레저를 즐길 줄 모르거나 아니면 공원의 접근성이 좋지 않아 찾고 싶어도 쉽지 않은 현실을 반증한 셈이지요. 어쨌든 서울, 나아가 대한민국의 공원은 뭔가 부족한 게 틀림없어 보입니다.

그 해답을 영국의 한 경관설계사가 들려주었습니다. 2014년 서울 용산공원 설계안에 자문하기 위해 방문했다는 그와 당시 나눴던 문답을 요약하면 다음과 같습니다.

"서울 시내 주요 공원을 둘러보셨는데 어떤 느낌을 받으셨나요?"

"방문했던 공원은 모두 정돈되고 깨끗하고 조용해서 좋습니다. 그런데 이런 공원은 몇 번 찾겠지만 차츰 발길이 뜸해집니다."

"공원은 잘 정돈되고 깨끗하고 조용해야 좋은 게 아닌가요?"

"잘 정돈되고 깨끗하고 조용하다고 꼭 좋은 공원은 아닙니다. 한쪽에선 시끌벅적하고 다른 쪽에선 끼리끼리 모여 운동하고, 때로는 제멋에 겨워 뽐내는 아마추어들의 공연도 심심찮게 볼 수 있는 열린 공간이라야 좋은 공원입니다. 조용히 산책하길 원하는 사람은 스스로 한적한 길을 택하면 됩니다. 공원에는 다양한 사람들이 열린 공간에서 날마다 새롭게 연출하는 스토리텔링이 있어야 합니다. 그래야 놀거리도 즐길 거리도 많아지지요. 내가 방문한 서울 시내 공원은 대부분 경건한 분위기를 요구하는 역사정원이나 식물원 같아요. 공원은 찾아와 뭔가를 보고 배우는 곳이 아닙니다. 스트레스에 찌든 도시인이 쉽게 찾고 숲과 풀밭을 거닐고 뛰놀며 싱그러운 에너지를 얻는 곳이어야 좋은 공원이지요."

"서울에 그런 공원이 있나요?"

"네, 보라매공원입니다. 이 공원은 무엇보다 지역주민과 주변 직장인이 찾기 쉽고, 나무그늘에서 쉬며 끼리끼리 수다 떨기 좋으며, 넓은 풀밭이 있어 가족끼리 친구끼리 직장인끼리 피크닉이나 운동경기를 하기도 좋습니다."

보라매공원은 공군사관학교를 이전한 터에 조성한 대한민국 최초 대형 근린공원입니다. 이 공원은 숲으로 둘러싸인 공군사관학교 캠퍼스의 운동장과 주요 건축물을 보존한 상태에서 일부 조경을 더해 공개되었지요. 이 때문에 정원을 아름답게 꾸미고 호수를 파고 주변에 많은 나무를 옮겨 심어 조성한 공원과는 확연히 다릅니다.

그는 공원 조성을 앞두고 말도 많고 탈도 많았던 용산공원의 당시 확정된 설계안에 대해 이렇게 충고했습니다.

"공원은 어디까지나 공원이지 식물원이나 수목원, 박물관이나 역사관과는 다릅니다. 용산기지의 아픈 역사를 남기는 것도 좋고, 생태공원과 호수공원을 조성해 도시의 친환경 이미지를 고양하는 것도 좋지만 도심공원은 근본적으로 도시민이 자연과 쉽게 접하고 어울리며 쉴 수 있는 공간이어야 합니다."

그는 나치 공군의 폭격 참상을 그대로 보존한 세인트 던스탄 인 더 이스트 공원[런던 중심부 위치]의 예를 들어 말했습니다.

"보존가치가 있는 용산미군기지의 상징적인 건축물만 그대로 둔 채 잘 관리된 숲과 잔디밭을 중심으로 주변 자연생태가 저절로 회복 되도록 10년만 기다리면 역사성과 생태환경성을 충분히 살릴 수 있 습니다. 그 사이 빈터에 가족과 친구가 어울려 놀고 즐길 수 있는 작 은 운동장과 놀이시설을 배치한다면 역사공원과 생태공원 그리고 근린생활공원의 기능을 다할 수 있습니다. 아픈 역사를 지나치게 강 조하면 되레 자학적으로 보이며, 남산 기슭의 경사지에 호수공원과 생태공원을 조성하는 것은 오히려 반反환경적입니다."

서울에 공원이 진짜 필요한 곳은 어디일까요?

세상에서 가장 아름답다는 세 도시, 파리·런던·뉴욕 그리고 서울 의 공원을 간략하게 살펴봤습니다. 서울의 공원은 반세기 만에 놀라 운 발전을 했지만, 시민을 위한 휴식 공간이라기보다 도시 미관 치장 용에 가까워 아쉽지요. 앞으로의 도시녹화에서 특히 피해야 할 것은 도심에 센트럴파크나 서울숲공원처럼 큰 공원을 인위적으로 조성하 는 것입니다. 런던·파리·뉴욕과 같은 도시에는 수백 년간 가꿔온 왕 실원림이나 사실상 방치되었던 울창한 자연림이 근교에 있어 그곳 을 적절히 단장해 공원으로 개방하면 되지만, 우리나라 대도시에는 그럴 만한 왕실원림도 자연림도 없습니다. 이 때문에 공공기관 등의 이전으로 도심에 빈터가 생기면 공원 조성에 목청을 높이는 정치인 들이 많습니다. 19세기 근대 정치와 함께 등장한 포퓰리즘, 즉 대중의 인기에만 영합하는 정책으로 공원이 단골메뉴가 되었기 때문입니다.

공원은 콜로세움과 다름없었습니다.

공원의 역사를 알면 그 이유를 이해할 수 있습니다. 인류역사상 최초의 놀이공원은, 1766년 신성로마제국 황제 요제프 2세가 수도 빈 중심에 있는 왕실원림을 시민에게 개방한 프라터 공원입니다. 당시 요제프 2세는 모후 마리아 테레지아 사후 단독 황제에 올랐지만 귀족들이 득세하면서 마음대로 통치할 수 없었습니다. 그는 고심 끝에 귀족들과 함께할 수 없다고 판단하고, 귀족들의 돈줄인 농노제를 폐지합니다. 농노에서 해방된 평민들은 열광하며 황제를 지지했으나, 귀족들은 수도에 몰려와 황제에게 항의하고 모반을 꾀했습니다. 요제프 2세는 귀족들이 왕실정원[원림 겸 사냥터]에 모여 작당하는 것을 알고, 이곳을 시민들의 놀이터[공원]로 개방해 귀족들을 몰아내고 공연과 놀이 공간으로 바꿉니다. 귀족들은 노회한 황제에게 열광하는 시민의 기세에 눌려 낙향했고, 요제프 2세의 절대왕권은 탄탄해졌습니다. 1897년 프란츠 요제프 2세는 즉위 50주년을 기념해 그 보답으로 프라터 공원을 뉴욕 센트럴파크의 두 배 넓이로 확장하고 대관람차를 세워, 자신의 지지층인 시민들이 제국의 아름다운 수도와 궁궐을 직접 보고 충성하도록 유도했습니다. 오늘날 프라터 공원은 영화 「비포 선라이즈」의 대관람차 키스 장면으로 널리 알려졌습니다.

요제프 2세가 왕실원림을 놀이공원으로 꾸민 속셈은 권력을 강화하기 위한 사탕발림이었습니다. 그리스의 원형극장, 로마제국의 콜

세계 최초의 놀이공원 프라터 왕실정원. 1766년 신성로마제국 황제 요제프 2세가 귀족들을 빈에서 쫓아내고 시민들의 지지를 얻기 위해 조성했다.

로세움과 다르지 않습니다. 그리스 도시국가의 권력자는 시민의 지지를 얻기 위해 원형극장을 건립하고 희·비극을 공짜로 보여줘, 대중을 웃기고 울리며 인기에 영합했지요. 로마제국 중기 무력으로 권력을 쥔 황제들은 원로원의 탄핵을 피하기 위해 콜로세움을 건립하고 시민들을 열광시켰습니다. 원형극장과 콜로세움 그리고 공원은 모두 대중으로부터 인기를 끌기 위한 정치적 수단이었습니다. 포퓰리즘의 만연은 망국에 이르는 지름길입니다. 그리스 민주주의는 원형극장에서 펼쳐지는 연극의 재미와 감성에 빠진 끝에 페리클레스의 포퓰리즘 독재를 불러들여 결국 쇠락을 자초했고, 로마제국은 콜로세움의 잔혹한 유희에 빠진 끝에 용서와 박애를 외치는 기독교의 득세로 두 동강이 났습니다. 절대왕권을 손에 쥔 요제프 2세도 프라터 공원에 열광한 시민의 지지만 믿고 절대왕권을 휘두르며 황궁과 황도를 화려하게 꾸미다가 결국 제국을 수렁에 빠뜨렸습니다.

영국 런던 세인트 제임스 공원도 포퓰리즘의 산물이었습니다. 1828년 조지 4세가 왕실정원을 개방한 공원이지요. 조지 4세는 주색잡기에 빠진 무능한 왕이었지만 런던 시민에게는 관대했습니다. 런던 시민의 지지 없이는 왕좌를 지키기 어려웠기 때문입니다. 그는 당시 콜레라가 만연하자 교외 윈저궁宮으로 피신하면서 신음하는 시민을 위해 버킹엄궁의 앞뜰과 같은 왕실정원의 일부를 공공정원으로 개방했습니다. 이게 주효해 왕실에 대한 런던 시민의 지지가 급상승했고, 이후 국왕들은 왕권이 흔들릴 때마다 왕실원림을 줄줄이 개방해 오늘날 런던에 10곳의 왕실공원이 생겨났습니다.

세인트 제임스 공원 이후 선보인 왕실공원은 앞서 설명한, 나폴레옹 3세가 공개한 프랑스 파리의 불로뉴와 뱅센 두 왕실원림입니다.

이들 세 나라의 왕실공원 모두 절대왕정의 정치적 이득을 위해 개방된 포퓰리즘의 산물입니다. 오늘날에도 다르지 않습니다. 공공예산으로 조성되는 공원은 해당 지역 정치인이 인기와 표를 얻는 수단으로 악용되기 일쑤입니다. 왜 그곳에 그렇게 넓고 멋진 공원을 조성해야 하는지를 따져 묻는 시민정신이 필요합니다.

오늘날 공원 없는 도시는 상상할 수 없지요. 도시에 공원이 필요한 이유는, 인간의 원초적 녹색 본능을 일깨우는 숲이 절실해서이지 도시미관이나 정치인의 인기몰이를 위한 것은 분명 아닙니다.

숲에서
예술혼을
깨우다

서양미술사에서 자연풍경을 담은 최초의 그림은 언제 그려졌을까요? 1443년 스위스 화가 콘라트 비츠가 그린 「기적의 고기잡이」입니다. 세계미술사에서 구석기 인류가 남긴 동굴벽화로부터 무려 4만 년 뒤이며, 메소포타미아 문명을 일으킨 수메르인이 남긴 석벽부조나 지중해 크레타 문명을 일으킨 미노스인이 남긴 프레스코 벽화부터 계산해도 장장 4,000년 뒤입니다. 그런데 자연풍광을 그린 서양 회화의 역사가 고작 570여 년밖에 안 된다면, 쉽게 납득하기 어려울 법합니다.

「기적의 고기잡이」도 자연풍광을 담기 위해 그린 게 아니라 성경의 요한복음 21장을 그림으로 설교하려고 그린 그림의 배경에, 오늘날에도 볼 수 있는 스위스 제네바 호수와 그 뒤 살레브산과 몽블랑산의 풍광을 그려 넣은 것입니다. 이 그림은 부활한 주님이 티베리아스 호숫가[오늘날 갈릴래아 호수]에서 고기를 잡는 제자를 찾았으나, 제자들이 고기를 한 마리도 못 잡은 것을 보고 안타까워하며 물고기가 많은 쪽을 알려주자 이내 그물을 올릴 수 없을 정도로 물고기를 많이 잡았다는 내용을 사실화풍으로 담은 것입니다.

콘라트 비츠, 「기적의 고기잡이」
1443년 그려진 이 그림은 서양미술사 첫 풍경화로 평가되지만
사실은 성경 요가복음 21장을 설명하기 위해 그린 상상도다.

알브레히트 알트도르퍼, 「도나우 지역의 풍경」
독일 화가 알브레히트 알트도르퍼가 1510년 그린 회화로
서양미술사상 진정한 첫 풍경화다.

제네바 주교의 주문을 받고 그린 이 성화는 전통적인 성화와는 달리, 자연풍경을 사실적으로 묘사한 점에서 혁신적 작품으로 평가받습니다. 이 성화는 르네상스 회화에 결정적인 영향을 주었으나 찻잔 속의 태풍에 그쳤습니다. 이후 레오나르도 다빈치의 「동굴의 성모」(1486)와 「모나리자」(1503), 조반니 벨리니의 「신성한 우화」(1504), 라파엘로의 「황금방울새의 성모」(1507), 조르조네의 「목자들의 경배」(1510) 등 산악과 숲을 원근법에 맞춰 배경으로 그린 작품이 있었으나 「기적의 고기잡이」의 범주를 넘지 못했기 때문입니다.

자연풍광을 주제로 그린 진짜 서양 풍경화는 20년 뒤 독일에서 나옵니다. 독일 르네상스 시기 도나우파派 대표 화가인 알브레히트 알트도르퍼가 1530년 완성한 「도나우 지역의 풍경」입니다.

서양인은 어쩌다가 16세기에야 자연풍경화를 그렸나

서양인은 15세기까지 자연풍광의 아름다움을 몰랐을까요, 아니면 무심했던 걸까요? 서구에서 구석기 이래 남긴 미술작품은 주로 사냥감인 동물을 그린 동굴벽화, 권력자의 모습과 업적을 기록한 석벽부조, 영웅과 신의 형상을 묘사한 조각, 여신이나 무희의 관능적 춤 동작을 그린 반나체 벽화 등이었습니다. 이런 작품 중 일부에 식물이 포함되었지만 산과 들 그리고 숲과 강의 자연풍광을 담은 것은 없었습니다.

인류는 숲과 초원에서 진화했는데, 왜 자연의 아름다움에는 무심했을까요? 안주할 도시를 건설하는 데 매달린 나머지 자연의 아름다움을 잊었던 걸까요? 이것도 아니라면, 화가든 조소가든 권력자의 요구대로 만들어야 했던 때여서 그들의 관심 밖인 자연풍광에는 무관심할 수밖에 없었던 걸까요? 선사시대 인류에겐 생존을 위해 사냥감이 절실했고, 고대에는 자신과 영토를 지키기 위해 영웅이 필요했으며, 중세에는 오로지 신에 복종하고 숭배해야 했기 때문에 그들이 필요했던 것만 줄곧 그릴 수밖에 없었을지도 모릅니다. 아무리 그렇다 해도 그림에 재능 있는 누군가는 아름다운 강이 울창한 숲과 너른 들판 사이로 흐르는 멋진 풍경에 감동받고 그렸을 법도 한데 말입니다.

인류문명사를 새로 썼다는 천년 제국 로마, 그리고 천년 중세 유럽에서 이런 화가가 단 한 명도 없었다는 걸 어찌 납득할 수 있을까요? 인류문명이 발달할수록 숲과 초원은 사라지고, 도시가 커질수록 인류는 자연이 그리웠을 법도 한데 서양미술사를 통해 본 유럽인은 그렇지 않습니다.

그 해답은 유럽인의 생존환경과 설화에서 찾을 수 있습니다. 유목과 목축으로 연명하며 문명을 일군 유럽인에게 울창한 숲과 휑한 초원은 두려움의 대상이었습니다. 가족과 가축을 노리는 맹수가 숲과 초원에 숨어 있다 밤낮 가리지 않고 공격했으니 그럴 수밖에 없었겠지요. 그래서인지 유럽 설화에 등장하는 마녀와 도둑 그리고 난쟁이와 늑대 등은 한결같이 숲속에 삽니다. 독일 어문학자 그림 형제가 수집한 유럽 설화 중 「헨젤과 그레텔」 「브레멘 음악대」 「잠자는 숲속의 미녀」 「백설공주」 등이 그것입니다.

서양문학의 뿌리라고 부르는 「길가메시 서사시」에는 주인공 길가메시가 죽인 삼나무 숲의 파수꾼 훔바바를 괴물로 묘사했습니다. 「길가메시 서사시」는 메소포타미아 문명기에 벌어진 삼림 남벌과 위험을 은유적으로 그린, 인류문명사 최초의 서사시입니다. 고대 그리스 역사가 헤로도토스가 쓴 『역사』는 한 해 일정 기간 숲에서 늑대로 변하는 부족 이야기를 담고 있습니다. 이뿐 아닙니다. 구약성서에 등장하는 대홍수와 노아의 방주는 유럽 사람에게 강과 산 등 자연에 대한 공포심을 심기에 충분했습니다. 서양미술사에서 자연풍경화가 등장한 시기가 기독교가 지배한 중세 이후 16세기였던 점이 예사롭지 않습니다.

중국인은 3세기 때부터 산수풍경화를 그렸습니다

반면 동양미술사를 보면, 농경생활을 했던 동양인은 유럽인과는 사뭇 다릅니다. 중국에선 후한後漢(25~220) 때 동양의 풍경화 격인 산수화가 등장해 점차 성행했으니, 유럽인에 비해 중국인의 자연에 대한 감성과 인식은 훨씬 앞선 게 틀림없습니다. 그러나 당시만 해도 산수화는 인물화의 뒷전에 밀려나 있었습니다. 그러다 당대唐代(618~907)에 이르러 산수화는 인물화를 누르고 중국회화의 주류로 자리 잡았습니다. 북종화北宗畵의 원조이자 동양 산수화의 원조인 이사훈이 그린 「강범누각도」江帆樓閣圖를 보면 풍경을 거의 사실적으로 그린 진경산수화에 가깝습니다. 그러나 그림의 시점視點이 여럿이고 명암을 몽환적으로 표현해 근대 서양미술의 풍경화와는 사뭇 다르지요. 어쨌든 이사훈의 산수화는 왕유를 거쳐 송대宋代 이당·유송년·조백구, 명대明代 대진의 절파浙派를 거쳐 오늘날까지 이어지며 그 명맥이 면면이 살아 숨 쉬고 있습니다.

당대唐代 산수화가 중국회화의 주류를 차지한 데에는 그럴 만한 연유가 있습니다. 춘추전국시대 이후 1,400년 만에 찾아온 태평연월 시기에 그간 전화戰禍와 농지개간으로 사라진 숲과 초원에 대한 세간의 향수가 깊어진 게 첫째이며, 당나라 황제의 혈통인 이李씨가 황허강 상류에서 유목생활을 하던 선비족 출신이어서 관향貫鄕의 울창한 숲에 싸인 심산계곡을 특히 그리워했던 게 둘째입니다. 셋째는 당대 들어 궁궐은 물론이고 대궐을 능가하는 권문세족의 저택이 부지기수여서 벽면을 장식할 큰 그림이 필요했으며, 넷째는 당대 황실은 물론 항간에서도 크게 성행하던 도교의 초월세계를 그림으로 표현하는 데 산수화가 적합했기 때문이지요.

한민족은 자연풍광에 탁월한 감수성을 가진 민족이었습니다

그러면 대한민국은 어떠했을까요. 한국에서 가장 오래된 자연풍경화[산수화]는, 기원후 408년 조성된 것으로 보이는 평안남도 덕흥리 고구려 고분 내벽에 새겨 그린 수렵도입니다. 말에 탄 인물과 함께 마치 넓은 판자를 굴곡 있게 오려서 세워 놓은 것 같은 산악과 반半원뿔 모양의 초록색 버섯을 연상시키는 수목들이 산수화처럼 표현되어 있습니다. 이즈음 신라인은 전벽돌에 산수 그림을 새겼고, 삼국통일 후 신문왕 때 당에서 귀화한 솔거가 황룡사 벽에 그린 「노송도」의 소나무 그림은 생동감 넘쳐 날아가던 새가 부딪혀 떨어졌다는 일화가 전해질 정도였습니다.

백제 무령왕릉에서 발견된 은제탁잔銀製托盞에 산수 문양이 새겨져 있는 것을 보면 산수화가 성행한 것으로 보입니다. 백제는 특히 중국 남종화를 발전시켜 일본에 전했지요. 이후 고려시대에는 중국 북종화와는 다른 실경산수화가 성행했습니다. 화가 이녕은 실경實景을 넘어 해학이 넘치는 감동적인 산수화 「예성강도」禮成江圖를 남겼

이사훈, 「강범누각도」
중국 북종화의 원조 이사훈이
비단에 채색으로 그린
중국 산수화의 진수다.
산수화는 7세기 당대(唐代)에야
화단의 주류를 차지했다.

는데, 그의 재능이 중국에 알려져 북송 왕실을 방문해 그곳 화원畫員
을 가르쳤다고 합니다.

조선시대에는 안견파, 남송원체파, 절파, 남종화파 등 여러 유파가
경쟁하듯 다양한 작품을 쏟아내 산수화 전성기를 누렸습니다. 조선
중기 절파의 대표 화가 김명국의 「심산행려도」는 현대작품이라 해
도 고개를 끄덕일 정도로 독창적인 산수화입니다. 특히 후기 겸재 정
선은 오늘날 한국인이 가장 좋아하는 산수화가로 꼽히지요. 우리 산
하를 사랑한 정선은 한양 구석구석을 찾아 진경眞景을 그렸으며, 금

김명국, 「심산행려도」
조선 중기 화가 김명국이
그린 이 작품은
현대작품이라 해도
손색이 없는
독창적인 산수화다.

강산을 세 차례나 찾아 일만이천봉이라는 금강산을 속속들이 들여다보며 진경산수화를 남겼습니다. 그의 작품 「계상정거도」溪上靜居圖는 오늘날 한화 1,000원권 지폐 뒷면에 실려 한국인의 일상과 함께하고 있으며, 2012년 한 경매에서 34억 원에 팔리는 진기록을 세워 겸재 산수화의 가치를 새삼 일깨웠습니다.

금수강산에서 태어나 살아온 한국인은 산과 숲을 떠나 살 수 없듯이, 많은 화가는 산수화를 그렸고 한국인은 이들의 산수화를 가까이 했지요. 특히 삼국시대부터 독자적인 화풍을 지키면서 중국 화풍을 들여와 응용함으로써 옛것을 답습하는 중국과 달리 진취적인 산수화를 세상에 내놓았습니다.

풍경화는 자연의 경이로움과 아름다움을 화폭에 담아 기록하고 그 감동을 공유하는 고도의 창작물입니다. 창작은 지난한 학습과 창의성 없이는 불가능하며, 인간의 유전자에 박힌 '원초적 본능'이 깨어나지 않으면 걸작을 기대할 수 없습니다. 풍경화를 즐겨 그리고 보는 이가 많았다는 사실은, 그 시대가 그만큼 풍요롭고 창의적이었음을 보여주는 증거이기도 합니다. 동·서양 풍경화의 역사를 비교하면 왜 그런지 쉽게 알 수 있습니다. 유럽 풍경화는 16세기에야 등장해 19세기 인상주의 회화로 만개했지만, 중국 산수화는 2세기에 등장해 7세기부터 19세기까지 천년 넘게 예술의 주류를 구가했습니다. 동양과 견줄 수 없던 서양이 17세기를 기점으로 뒤집어지고, 동양은 결국 서양의 식민지로 전락했지요.

일본 세속풍경화가 프랑스 인상파를 해체했습니다

일본은 백제와 중국으로부터 전수받은 불교미술과 수묵화를 금지옥엽 지키다 15세기 후반에야 독자적인 화풍을 갖추었습니다. 그러다 19세기 들어 무사 계급이 몰락하고 신흥 상공인 계급이 득세하면서 매우 독창적인 풍속화와 풍경화가 성행했지요. 이게 유럽 인상주의 미술에 지대한 영향을 미치면서 일약 세계미술사에서 한자리를 꿰찼습니다.

일본 산수화를 처음 완성한 화가는 승려인 셋슈 도요입니다. 그는 1467년 사절단을 따라 명明에 가 황실화가로부터 회화기법을 배운 뒤 귀국해, 당시 남종파의 섬세한 필법과 고답적인 화풍을 버리고 과감하고 다소 거친 화풍을 선보입니다. 그의 화풍은 단박에 일본 화단을 수렴하고 주류를 지킵니다.

그러다 17세기 초 풍속화가 도사 미츠오키가 11세기 초 헤이안시대 궁중소설 겐지모노가타리源氏物語를 일본 특유의 채색회화 야마토에大和繪 화풍으로 그린 화첩을 내면서 명맥만 잇던 전통 풍속화가 신흥계급 상공인들을 사로잡습니다. 읽기가 만만찮은 장편소설을 그림책으로 꾸민 이 화첩은 우측면에 원작 소설의 요약 줄거리가, 좌측면에는 우측면의 줄거리를 묘사한 풍속화가 그려져 웬만한 사람도 쉽게 읽을 수 있었습니다. 그래서 학식이 부족한 상공인이 너도나도 사 읽게 되면서 주류 회화가 된 것입니다. 어쨌든 이 화첩의 풍속화는 원근법과 명암법을 얼추 갖춰, 일본의 근대 회화 발전에 기여하게 됩니다.

이 화첩이 큰 인기를 얻자 유사한 풍속화가 속속 나왔고 제법 풍경화다운 그림도 선보였습니다. 19세기 들어 집안 장식용 그림으로 우키요에浮世繪 화풍의 풍경화가 인기를 얻자, 1832년 우타가와 히로시게가 「도카이도 53역驛의 이야기들」이란 판화 53장을 출간합니다. '우키요에'는 우리말로 풀면 '덧없는 세상을 그린 그림'이란 뜻입니다. 그러니까 이 판화는 도카이도東海道 즉 에도에서 교토까지 동해안의 53개 역의 풍경을 우키요에 화풍으로 그린 그림입니다. 본디 우키요에는 작가가 직접 그린 작품으로 팔렸는데 값이 비싸 인기가 없었습니다. 그런 작품을 컬러 판화로 대량으로 찍어 싸게 팔자 서민들이 앞다퉈 샀고 화가들은 돈벌이가 짭짤하게 되자 너도나도 우키요에를 그렸습니다.

이즈음 우키요에 화가 가쓰시카 호쿠사이는 경쟁이 치열하자 고

가쓰시카 후쿠사이, 「가나가와 해변의 높은 파도」
일본 근대 우키요에 풍속화가 가쓰시카 후쿠사이가 그린
「후카쿠 36경」 중 대표작이다.
우키요에 풍속화는 유럽 인상파에 지대한 영향을 미쳤다.

민 끝에, 일본인이라면 누구든 좋아할 후지산을 여러 지점에서 그린 「후가쿠富嶽 36경」 판화를 내놓습니다. 예상대로 대박이었습니다. 그 36경 중 하나인 「가나가와 해변의 높은 파도」는 일본 미술품 중 가장 유명한 작품이며 영국 런던 대영박물관이 소장하고 있습니다.

일본 풍속화에 관해 좀 장황하게 설명한 것은, 우키요에가 서양미술사를 바꿔놓았다는 사실 때문입니다. 19세기 후반 유럽 대륙은 일본 도자기 열풍에 휩싸였는데, 도자기보다 포장지를 수집하는 데 열을 올리는 무리가 있었습니다. 모네·마네·드가·고갱·고흐·세잔·클림트 등 인상파 화가였습니다. 포장지 중에는 우키요에 판화 그림이 섞여 있었기 때문입니다. 우키요에는 인상파 화가들이 몰랐거나 주저하던 기교와 화풍이 고스란히 담겨 있었습니다. 고흐는 포장지의 우키요에를 대놓고 모작했고, 모네는 부인에게 기모노를 입히고 일본 부채를 들게 한 뒤 우키요에 그림 속 일본 여인처럼 그렸으며, 드가는 우키요에 특유의 파격적인 구도를 차용했습니다. 마네는 에밀 졸라의 초상화를 그리면서 벽면에 붙인 우키요에 그림을 그대로 그렸으며, 클림트는 기모노 문양과 금색 병풍의 색감을 자신의 작품에 반영하려고 금가루를 섞어 그렸고, 고갱은 우키요에의 단색 기법을 차용했습니다. 우키요에는 결국 인상파를 해체하고 현대미술을 개화하는 단초가 되었습니다.

프랑스 인상파 회화의 원조는 영국 풍경화였습니다

이야기를 유럽으로 되돌려 보면, 1530년 독일 도나우파의 대표 화가 알브레히트 알트도르퍼가 「도나우 지역의 풍경」을 발표한 이후 풍경화는 성화와 인물화를 넘어 주류를 꿰찼습니다.

클로드 모네, 「기모노를 입은 카미유」
프랑스 화가 클로드 모네가 그린 유화로 그림 속 여인은 카미유의 부인이다.
당시 일본 풍속화에 열광한 인상파 화가들은 너도나도 일본 흉내 내기에 바빴다.

피터르 브뤼헐, 「눈 속의 사냥꾼」
플랑드르 화가 피터르 브뤼헐(부친)이 1565년 그린 풍속화다.
그는 서양미술사에서 일상 풍경을 그린 최초의 화가다.

유럽 르네상스 미술사를 새로 쓴 풍경화 작품을 발표 시기순으로
나열하면 당시 급변하던 유럽 사회의 경향을 읽을 수 있습니다.

①「눈 속의 사냥꾼」(1565): 네덜란드 출신 피터르 브뤼헐(부친)
의 작품입니다. 그는 소박한 농촌 풍경화와 소작농의 애환을 담은 독
특한 풍속화를 그렸습니다. 네덜란드에서 브뤼헐 부자父子와 같은 독
창적인 풍경화가 일찍 나온 것은 당시 네덜란드가 개신교도 이주민
의 나라로 개인주의와 자연주의 성향이 강했기 때문입니다.

②「트로이 석양의 풍경」(1644): 프랑스 태생의 이탈리아 화가 클
로드 로랭 작품입니다. 그는 고전과 성경에 등장하는 그리스와 이탈

윌리엄 터너, 「비, 증기, 속도」
영국 화가 윌리엄 터너가 1844년에 그린 풍경화다.
풍경화라고 하지만 정작 달리는 열차는 비바람에 휩싸여 잘 보이지 않는다.
프랑스 화가 클로드 모네는 사물보다 빛을 추구한 이 그림의 독창적인 화풍에
매료되었고, 프랑스 인상파 화풍의 단초가 되었다.

빈센트 반 고흐, 「까마귀 나는 밀밭」
인상파 회화 중 가장 인상적인 작품으로 평가되는
걸작으로, 일본 우키요에 화풍이 엿보여 더욱 인상적이다.

리아와 중동의 역사적인 장소를 찾아 광활한 풍경을 화폭에 섬세하
게 담는 정통 풍경화풍을 개척했습니다.

③ 「앤드루스 부부의 초상화」(1750): 영국 출신 토머스 게인즈버
러 작품. 그는 전원풍광을 배경으로 당시 부를 쌓은 신사 계급의 초
상화를 즐겨 그렸는데, 산업혁명 이후 영국의 주류로 부상한 상공인
의 위상을 보여줍니다.

④ 「위븐호 공원」(1816), 「비, 증기, 속도」(1844): 영국 풍경화를
완성한 화가는 윌리엄 터너와 존 컨스터블입니다. 터너는 빛과 색채
가 현란한 묘사로 비사실적인 풍경화를 그린 데 비해, 존 컨스터블은
영국 전원풍광을 섬세하게 그린 자연주의 풍경 화가로 명성을 누렸
습니다. 특히 안개와 빛을 환상적으로 표현한 윌리엄 터너의 작품은,
훗날 보불전쟁을 피해 영국에 온 모네에게 지대한 영향을 미쳐 인상
주의 회화를 탄생시켰습니다. 「비, 증기, 속도」는 터너의 대표작이며,

「위븐호 공원」은 컨스터블의 대표작입니다.

⑤「안개 바다 위의 방랑자」(1818): 독일 출신 카스파 다비트 프리드리히 작품입니다. 자연풍광을 그대로 그리기보다 자연을 통해 얻은 성찰을 화폭에 담는 데 주력했습니다. 이런 경향 때문에 심오한 화풍을 견지해 '풍경화의 비극'을 발견한 화가라는 평가를 받았습니다.

⑥「나이아가라 폭포의 먼 전망」(1830): 미국 허드슨리버파 수장인 토머스 콜 작품입니다. 그는 미국 대륙의 장대한 풍광과 고대 로마 유적지를 찾아 자연의 위대함을 화폭에 담았습니다.

끝으로 프랑스 근대 풍경화를 연 화가를 꼽으라면 노르망디 출신인 니콜라 푸생(1594~1665)입니다. 그는 그리스 신화와 성서 그리고 로마제국 역사에서 소재를 찾아내 상상 풍경화를 즐겨 그렸는데 원근법과 구도 비례 기법을 사용해 마치 현장에서 그린 것 같은 풍경화를 많이 남겼습니다. 대표작품은 「계단 위 성가족」 「아폴론과 다프네」 등입니다. 푸생은 주로 이탈리아에서 활동해 프랑스 회화 발전에는 크게 기여하지 못했습니다.

프랑스 근대 풍경화를 본격적으로 연 화가는 테오도르 루소이며 대표작품은 「퐁텐블로 숲」 연작(1849~52)일 성싶습니다. 그는 파리 근교 바르비종에 살면서 주변 퐁텐블로 숲을 주로 그렸습니다. 당시 그의 자연주의 풍경화를 추종하던 화가들이 모여들면서 바르비종파派가 결성되었고, 장 프랑수아 밀레가 참여하면서 전원풍경화도 가세했지요. 이후 카미유 피사로, 클로드 모네 등 도시풍광을 담은 인상주의 화풍의 등장으로 풍경화는 변신에 변신을 거듭합니다. 빈센트 반 고흐와 폴 세잔과 폴 고갱이 가난한 농민이나 고된 도시 서민의 암울한 표정을 인상적으로 표현하면서 모더니즘 출현을 예고합니다. 고흐의 「까마귀 나는 밀밭」(1890), 세잔의 「카드놀이 하는 사람들」(1895), 고갱의 「우리는 어디서 왔고, 우리는 무엇이며, 우리는 어디로 가는가」(1897)가 그것입니다. 프랑스 인상파 풍경회화는 마티스의 야수파와 피카소의 입체파 등장으로 현대미술의 새 장을 열었지요.

'아름다운 시절'은 결코 아름답지 않았습니다

프랑스 파리가 예술의 도시로 부상한 것은 이들 인상파 회화 덕분입니다. 1850년대 이전만 해도 파리는 유럽 삼류 도시나 다름없었습니다. 루이 14세(1638~1715)가 악취가 진동하던 중세 성곽도시 파리 루브르궁을 버리고 근교 베르사유에 화려한 궁전을 지어 머무는 바람에, 이후 파리는 사실상 무정부상태의 시궁창 도시로 전락했기 때문이었습니다. 시궁창 도시가 1860년대 들어 서양 예술의 중심도시로 부상한 것은, 앞서 설명했듯이 나폴레옹 3세가 파리를 방사형 격자도시로 개조하고 샹젤리제 숲길과 도시공원을 조성하면서입니다. 파리가 탁 트인 거리와 가로수에 반듯한 건물이 짜놓은 듯 들어선 깨끗한 근대도시로 변하자, 빛과 화려한 색채에 매료된 인상파 화가들이 몰려든 것입니다.

그러나 풍경화를 비롯한 유럽 근대미술은 네덜란드와 독일 그리고 영국에서 100년 이상 앞선 데다, 이들 나라에도 울창한 숲에 싸인 멋진 도시가 여럿이었던 점을 감안하면 파리의 예술도시 부상은 쉽게 이해할 수 없지요. 세상사는 그럴 만한 이유가 있어 일어나고 지속되는 게 섭리입니다. 1850년대 이후 파리가 인상파 미술을 비롯해 문학과 예술의 중심으로 변모한 데에는, 인상적으로 바뀐 도시 경관 외에도 경제·정치적 요인이 작용했습니다.

경제 요인은 나폴레옹 3세 즉위 후 정치·사회적 안정과 함께 찾아온 전대미문의 호황입니다. 파리를 시작으로 전국 주요 도시마다 도시개조와 공원 조성으로 건설 붐이 일어난 데다, 영국에 뒤처진 산업혁명과 식민지 개척을 따라잡기 위해 막대한 재정을 투입하면서 벌어진 거품 호황이었습니다. 시중 유동자금이 넘쳐났고, 갑자기 부유해진 신흥 상공인 계급과 중산층이 급속히 늘면서 집과 집무실을 화사하게 꾸미기에 좋은 인상파 그림을 찾는 이가 급증한 것입니다. 이를 본 유럽 대륙의 화상들이 파리로 몰려와 인상파 그림을 매집하면서 파리는 예술의 중심이 되었습니다.

정치적 요인은, 나폴레옹 3세의 포퓰리즘에 편승한 개인주의와 자유주의의 만연에다 그의 실각 이후 등장한 사회주의 열풍입니다. 파리와는 달리 여전히 봉건적 관습과 왕권 체제에서 벗어나지 못했던 이웃 프러시아·오스트리아·스페인·이탈리아 등 유럽 국가의 많은 문학가와 예술가들이 프랑스의 자유주의와 개인주의 그리고 새로운 사조思潮인 사회주의를 선망해 파리로 몰리면서 현대 문학과 예술의 중심으로 굳어지게 된 것입니다. 오늘날 프랑스 문화에 짙게 남아 있는 개인주의와 자유주의와 사회주의는 이때 심화된 것이지요.

이런 사회·문화적 분위기가 무르익을 즈음인 1880년부터 제1차 세계대전이 발발한 1914년 사이 30여 년간을, 역사는 아름다운 시절Belle Époque이라 기록합니다. 하지만 실상은 전혀 아름답지 못한 시절이었습니다. 나폴레옹 3세의 정치적 포퓰리즘과 과잉투자로 생긴 사회적 방종주의와 거품경제의 호황에 흥청망청하며 예술을 즐긴 끝에 경제파탄에 이르고, 뒤이은 두 세계대전의 포화에 묻혀 프랑스는 유럽의 늙은 호랑이로 전락했습니다. 이것이 벨에포크의 실상입니다.

아라베스크 문양은 세상에서 가장 독특한 정원예술입니다

유럽과 달리 동방 이슬람 문화권에서는 전혀 새로운 풍경예술이 완성됩니다. 이슬람 정원과 아라베스크 예술입니다. 이슬람 정원은 7세기에 부상한 이슬람제국이 페르시아제국의 정원과 조원造園기법을 계승한 것으로, 오늘날 지구촌 이슬람권 국가에서 일관된 양식으로 볼 수 있지요. 대표적인 정원 여섯 곳을 꼽는다면 이란 이스파한 모스크 이맘 광장 내 4분원四分苑, 파키스탄 라호르성과 샬리마르 정원, 인도 아그라 타지마할 그리고 스페인 그라나다 알람브라 궁전 정원과 코르도바 대사원 오렌지 중정입니다. 이슬람 정원은 광장을 4등분 대칭형으로 조성하는데 분수와 수로를 중심으로 나무를 심습니다. 코란에 묘사된 사후 세계[천국], 즉 정원의 형상입니다. 코란에는 신이 예언자 무함마드에게 "나를 믿고 옳은 일을 행하는 자는 물이 흐르는 정원을 얻게 되리라고 전하라"는 구절이 있습니다. 사막 환경에서 살아남아야 하는 이슬람권 백성에게 구원과 같은 말이지요. 물이 흐르는 정원은 곧 천국이며, 그래서 사원을 지으면 중앙 광장에 분수와 수로를 만들었습니다.

그러나 사막지대에 사원을 짓는다고 물이 펑펑 솟아나는 것은 아니니 정원도 마음대로 조성할 수 없는 일입니다. 그래서 이들은 정원을 대신할 그림을 그렸습니다. 이슬람 이전부터 사막에서 살던 아라비아인이 만든 미술양식인 아라베스크 문양입니다. 이 문양은 덩굴식물의 줄기와 잎과 꽃을 기하무늬로 도안해 반복적으로 그린 바탕

이란 이스파한에 위치한 이맘 모스크는 세계 이슬람 사원 중 단연 으뜸이다.
모든 이슬람 사원 중앙에는 사각 광장이 있고, 그 안에는 대칭으로 나뉜
네 개의 정원과 여러 개의 분수가 있다. 가혹한 사막 환경의 극복과
함께 녹색 천국의 도래를 염원하는 몸부림인 듯해 사뭇 애뜻하다.

그림이지요.

이슬람은 우상숭배를 엄격히 금합니다. 이 때문에 인간과 인간을
닮은 신은 물론 동물의 그림이나 조형물을 장식에 사용할 수 없습니
다. 그래서 내세의 천국인 정원을 식물 그림으로 가득 채워 장식하게
된 것이지요. 아라베스크 문양은 주로 이슬람 사원 건물의 내·외벽
면과 책 표지 그리고 공예직물인 태피스트리에 사용됩니다. 그런데
이 문양을 그릴 때에는 모든 면에 빈틈없이 가득 채워야 합니다. 왜
그랬을까요? 정설은 아니지만, 막막한 사막에서 살아가는 아라비아
인에게 빈틈없이 꽉 찬 장식이 정서적인 안정감과 만족감을 주기 때

사원 벽면을 채운 아라베스크 문양.
온갖 식물의 잎과 줄기와 꽃 문양을 기하학적 패턴으로 그린 것이 특징이다.
사막에 정원을 조성하기 어려우니 사원 벽면을 식물로 장식한 것이다.

문에 그랬다는 게 통설입니다.

아무튼 아라베스크 양식은 19세기 유럽에서 큰 인기를 얻으며 온갖 상품의 장식용 밑그림으로 사용되었습니다. 오늘날까지 도자기·의류·스카프·넥타이·손수건 등에서 쉽게 볼 수 있는 디자인의 베이식 패턴입니다.

서양음악사에서 풍경음악의 시조는 베토벤입니다

서양음악은 미술보다 근 350년 뒤인 19세기 초에야 숲이 주제로 등장했습니다. 첫 작품은 악성樂聖 루트비히 판 베토벤이 1808년에 완성한 교향곡 제6번 「전원」입니다. 서양음악사에서 고전주의를 넘어 낭만주의의 문을 연 기념비적인 작품이지요. 기존의 교향곡 4악장 형식의 전통을 깨고 5악장으로 작곡했는데, 각 악장의 주제만 봐도 음악 속 전원과 숲의 풍경이 눈에 선합니다. 이 교향곡은 음악의 풍경화라 해도 과언이 아니지요.

이런 풍경음악은 전원교향곡 이후 반세기 동안 뜸하다 1874년 이후 잇달아 발표됩니다. 같은 해 러시아 낭만주의 작곡가 모데스트 무소륵스키가 피아노·관현악 모음곡 「전람회의 그림」을 발표합니다. 이 모음곡에는 10곡의 풍경화 같은 음악이 담겼습니다. 1886년에는 프랑스 작곡가 카미유 생상스가 관현악곡 「동물의 사육제」를 발표했지요. 러시아 낭만주의 작곡가 차이코프스키가 1889년 발레곡 「잠자는 숲속의 미녀」를 작곡해 이듬해 초연합니다. 러시아 작곡가 이고르 스트라빈스키는 1913년 초연한 발레곡 「봄의 제전」에서 봄을 맞아 축제를 벌이는 고대 러시아 평원의 풍광과 춤추는 젊은 남녀의 사랑을 노래했습니다. 이탈리아 작곡가 오토리노 레스피기는 이른바 '로마 3부작'이라 불리는 「로마의 분수」(1916), 「로마의 소나무」(1924), 「로마의 축제」(1928)를 잇달아 발표합니다. 세 작품은 이탈리아 수도 로마의 대표적인 풍광을 배경으로 역사적·신화적 인상을 그린 교향시입니다. 레스피기 특유의 화려하고 세련된 관현악 기법과 고전적 형식미가 조화를 이룬 작품이지요.

예술작품은 그 시대의 고뇌와 욕망을 드러냅니다

흔히 예술은 인류문명의 꽃이라 합니다. 그래서 예술작품을 보면 그 시대의 고뇌와 욕망을 읽어낼 수 있지요. 18세기 영국과 유럽 대륙을 풍미한 풍경화에서 산업혁명 이후 신흥 상공인 계급의 등장과 이들의 자연회귀 열망을, 19세기 프랑스 인상파 회화에서는 정원과 숲이 어우러진 공원도시 파리를 엿볼 수 있습니다. 19세기 독일에서 꽃을 피운 풍경음악에서는 부를 축적한 신흥계급이 도시를 떠나 전원에서 자연풍광을 누리던 호사를 읽을 수 있습니다.

한편 이슬람 예술의 꽃인 아라베스크 문양에는 사막에서 살아남아야 하는 아라비아인의 절규가, 실경과 몽상을 오가는 오묘한 풍경화로 도가道家의 초월세계를 그린 중국 산수화에는 잦은 전란과 탐욕스러운 세파에서 벗어나고 싶은 중국인의 뿌리 깊은 현실도피 의식이 보이지요. 일본의 우키요에는 명칭 그대로 떠도는 세상浮世과 불안한 세상憂き世을 풍경화에 담아, 쇠락하는 사무라이와 흥청대는 신흥 계층이 혼재하는 어수선한 세상을 흥미롭게 보여줍니다. 한국 풍경화의 진수를 보여준 조선조 후기 겸재의 진경산수화는, 세도정치와 가렴주구에 산림벌채와 도벌이 횡행한 결과 헐벗은 산하를 예술적 필치로 녹여냈습니다.

그럼 20세기 예술작품에선 무엇을 읽을 수 있을까요? 동·서양을 막론하고 자연풍광을 그린 예술작품을 보기도 듣기도 어렵습니다. 미술도 음악도 갈수록 더 추상적이고 난해하고 또 파격적입니다. 국가마다 도시마다 공원을 늘리고 도시에 자연의 생명력을 불어넣으려 막대한 돈을 쏟아붓지만, 예술은 자연과 더욱 멀어지고 그저 도시 자본시장과 수집가의 욕망을 뒤쫓기 급급한 듯합니다. 그래서 현대예술이 도시문명의 산물이고, 이래서 요즘 예술작품의 가치가 감동보다 낙찰가로 매겨지는가 봅니다.

숲은
공해 해결사가
아니다

숲은 과연 도시공해의 해결사일까요? 아닙니다. 숲을 도시공해의 만능해결사쯤으로 여기는 사람이 의외로 많습니다. 이런 주장을 하는 이들은 대기 중 미세먼지와 이산화탄소도, 실내공기 중 유해물질도, 도시 소음도, 심지어 코로나바이러스도 숲 조성으로 막을 수 있다고 주장합니다. 이들의 주장은 전혀 근거가 없는 것은 아니지만, 해결사는 결코 못 됩니다. 숲의 효과를 과장하거나 왜곡해도 나쁠 건 없다는 생각에 일부 환경주의자들이 쉽게 써먹는 과장선전 중 하나일 뿐입니다.

그런데 이런 선동에 포퓰리즘 정치인이 편승하면 간과해선 안 될 일이 벌어집니다. 터무니없는 숲 조성에 막대한 예산을 쏟아붓는 어처구니없는 일이 예사로 벌어지기 때문입니다.

바람길숲의 미세먼지 제거효과는 말장난입니다

먼저 숲이 대기 중 미세먼지를 없애지도 막지도 못하는 이유를 설명하겠습니다. 숲은 식물, 즉 수많은 나무와 풀이 무성하게 자란 자연생태의 중심입니다. 숲이 미세먼지를 막고 없앤다면 수많은 나무와 풀잎이 그 역할을 하겠지요. 그럼 잎을 살펴봅시다. 윗면은 좀 딱딱하고 광택이 있는 큐티클층層으로 덮였고, 아랫면은 잎을 지탱하는 줄기와 미세한 털이 가득합니다. 윗면의 큐티클층은 잎 속 엽록소를 보호하며, 아랫면 미세한 털은 무수한 숨구멍을 감싸고 있지요. 이 숨구멍은 광합성에 필요한 이산화탄소를 들이마시는 한편 광합성 과정에서 생긴 부산물[산소, 수분, 이차대사산물二次代謝産物]을 증산蒸散합니다. 이차대사산물은 우리가 흔히 말하는 피톤치드이며, 증산은 물이 끓을 때 생기는 수증기 현상인 증발蒸發과 달리 잎 뒷면 숨구멍이 열릴 때마다 내부 압력에 의해 부산물이 배출되는 현상을 뜻합니다.

어쨌든, 잎의 앞·뒷면을 살펴봐도 미세먼지를 막거나 없앨 만한 곳은 없습니다. 미세먼지가 잎 윗면의 큐티클층에 앉아 붙으면 대기 중 미세먼지의 양이 약간 줄겠지만, 식물은 광합성 장애로 시들게 됩니다. 심하면 숲이 송두리째 망가지기도 합니다. 반면 뒷면의 미세한 털은 미세먼지를 흡착하기 좋아 보이지만 잎 아랫면에 있어 달라붙기 어렵기 때문에 미세먼지를 줄이거나 없앨 수는 없습니다. 숲은 일부 미세먼지를 흡착했다가 비가 오면 땅에 흘려보내지만 바람이 불면 미세먼지는 다시 공중에 날아오릅니다.

이 정도는 상식인데, 왜 식물생태전문가가 포진한 환경단체는 물론 산림청까지 나서 숲을 조성해 미세먼지를 줄이겠다는 정책을 내놓는 걸까요? 그들의 계획은 듣기에는 그럴듯합니다. 대도시에 숲을 조성해 '바람길'을 만들어 미세먼지를 도시 밖으로 날려 보낼 수 있다는 논리입니다. 숲이 무슨 힘을 갖고 있기에 대기 중 미세먼지를 도시 밖으로 날려 보낼 수 있을까요? 숲은 대기를 순환시키는 힘을 갖고 있긴 합니다. 잎 아랫면의 숨구멍에서 방출하는 부산물 중 수분이 모여 만드는 힘입니다. 한여름 바람 한 점 없는 날, 잎이 무성한 나무 밑에 있으면 마치 머리맡에 물을 엷게 분무하는 것처럼 시원함을 느낄 수 있습니다. 이게 부산물 중 수분이 공기 중에 번지면서 생긴 분무효과입니다. 울창한 숲에는 무수한 나무와 풀이 있으며, 그 나무와 풀에는 더 많은 무수한 잎이 있고, 그 잎 아랫면에는 더더욱 많은 무수한 숨구멍이 있습니다. 울창한 숲에서 이런 천문학적인 숨구멍이 모여 일제히 내뿜은 수분이 모이면, 이때 생긴 시원한 숲속 공기가 하늘로 솟구치면서 바람을 일으켜 대기가 순환하게 됩니다. 이렇게 순환하는 대류의 힘[상승기류]을 이용해 도시 상공의 미세먼지를 밖으로 날려 보내겠다는 것입니다.

숲이 울창할수록 또 넓을수록 공기 중 대류를 일으키는 힘은 크겠지요. 그런데 도시 상공에 상승기류를 일으켜 정체된 미세먼지를 날려 보내려면 얼마나 넓고 울창한 숲을 조성해야 할까요? 숲의 넓이와 수목밀도를 계산할 필요도 없습니다. 도시에는 빈 땅이 거의 없는 데다 있다 해도 비싼 탓에 그런 대규모 숲을 조성한다는 발상 자체가 말장난에 불과하기 때문입니다.

숲보다 더 강한 바람을 일으키는 게 있습니다. 하천과 강입니다. 왜일까요? 숲보다 하천과 강에서 더 많은 수분이 증발되기 때문입니다. 숲이 바람의 일반도로라면, 하천이나 강은 바람의 고속도로입니다. 하천과 강을 잘 활용하면 막대한 세금을 투입해 숲을 조성하지 않아도 대도시 상공에 정체한 미세먼지를 더 효율적으로 날려 보낼 수 있습니다. 서울 청계천 산책로처럼 복개된 하천을 복원하는 것입니다. 서울 시내에는 한강과 연결된 30개의 지천支川[탄천, 안양천,

중랑천 등]이 있는데, 그중 25곳이 복개되어 도로 또는 빗물저수장 등으로 활용되고 있습니다. 2018년 서울시 당국은 이들을 청계천공원처럼 복원하겠다고 발표한 바 있으나 이후 '바람길숲 조성계획'을 내놓으면서 흐지부지되었습니다.

서울시가 2020년 내놓은 '바람길숲 조성계획'은 납득하기 어려운 구석이 한둘이 아닙니다. 170억 원을 투입해 관악산과 북한산의 찬바람을 도심에 연결할 세 가지 유형의 바람길숲을 조성한다는 게 골자입니다. 세 가지 유형은 ① 산림의 신선한 공기가 도심 쪽으로 흐르도록 방향을 잡아주는 바람생성숲(산림) ② 산림과 도심을 연결하는 통로인 연결숲(하천, 가로) ③ 도심에 조성하는 디딤확산숲(도심)입니다.

서울시 계획대로라면 관악산과 북한산의 찬바람을 조성계획인 지천의 연결숲과 도심공원의 디딤확산숲을 이용해 바람길을 이어서 열겠다는 것입니다. 얼마나 넓고 울창한 연결숲과 디딤확산숲을 조성해야 차가운 자연산림 공기가 도심과 연결되어 바람길이 트일까요? 바람길숲을 조성하려면 서울을 동서로 관통하는 바람의 고속도로인 한강을 중심으로 지천을 따라 높은 지대 쪽으로 조성하는 게 마땅합니다. 게다가 서울시 당국이 모델로 삼은 '세 가지 유형'은 독일 기상청이 개발한 '찬 공기 유동분석모형'을 참고한 것이라 합니다. 기후도 지형도 전혀 딴판인 독일의 모델을 적용하는 것부터 맞지 않아 보입니다.

서울의 미세먼지를 다소나마 줄이기 위해 바람길숲을 만들려면 먼저 복개된 하천부터 복원해야 합니다. 복원공사 때 둔치에 숲길을 조성하면 도시 미관과 환경을 되살리고 바람길도 트는 일석삼조의

경기도 시흥시 시화 지구 완충녹지. 시흥시가 배곧신도시에 조성하는
도시숲(5,000m²)에는 교목 125주, 관목 1만 1,990주를 심는다.
이 정도 규모는 되어야 도시숲 구실을 할 수 있다.

효과를 거둘 수 있습니다.

만약 도시숲 조성으로 대기를 순환시켜 공기를 맑게 하려면 경기
도 시흥시가 배곧신도시에 조성하는 배곧 5호 완충녹지(5,000m²) 정
도면 효과를 기대할 수 있습니다. 그러나 신도시가 아닌 이미 과밀상
태인 기존 도시에는 언감생심일 뿐이지요.

미세먼지 제거는 발생원 차단 이외에 대안이 없습니다

이처럼 앞뒤가 맞지 않는 바람길숲 조성은 서울시만 하는 것이 아
닙니다. 부산시는 2022년까지 200억 원을 투입해 스물두 곳 총

39.71제곱킬로미터의 바람길숲을, 인천시는 2022년까지 245억 원을 투입해 도시숲길 열네 곳을, 울산시는 200억 원을 투입해 20만 제곱미터를 조성합니다. 부산과 인천과 울산은 사계절 바람이 많은 해안도시입니다. 해안도시에 왜 바람길숲이 필요한지 의문입니다. 이 주장에 부산·인천·울산 시민은 이렇게 항변할지도 모르겠습니다. "연중 미세먼지 피해가 얼마나 심각한데 왜 필요가 없다는 것이냐"고. 미세먼지가 심각한 것은 맞지만, 조성해도 별 도움은 되지 않고 세금만 낭비하는 꼴이 되기 때문입니다. 바람길숲은 연중 모든 미세먼지를 막을 수 있는 만능해결사가 아닙니다. 바람길숲이 해결할 수 있는 미세먼지는, 저기압으로 도시 상공의 대기가 정체된 경우에 한해 그것도 약간 도움이 될 뿐입니다. 심한 중국발 황사나 미세먼지는 물론, 도시에서 지속적으로 발생하는 각종 매연이 저기압에 갇힐 때 바람길숲은 사실상 무용지물이기 때문입니다. 많은 세금을 들여 바람길숲을 조성하는 것이 바람직하지 않은 이유입니다.

이밖에 도시에 맑은 공기 유입을 유도하려면 바람길숲 조성에 앞서 바람이 잘 통하는 도시계획이 선행되어야 합니다. 강과 하천 변 고층건물 제한·도심 도로망의 직선화·도심 초고층건물의 밀집 제한·대단위 아파트 단지 동棟 간격 확대 및 풍향선형風向線形 배치 등등입니다. 또한 중국 황사의 발원지 사막녹화와 미세먼지 발생원의 배출 규제 강화도 선행되어야겠지요.

숲의 방음효과는 현실성이 없습니다

둘째는 숲의 방음효과입니다. 1999년 한국도로공사는 고속도로 변 소음 민원을 줄이기 위한 연구결과를 내놓은 바 있습니다. 민원이 생기지 않을 정도로 통행차량 소음을 차단하려면, 도로변에 너비 30미터의 울창한 숲을 끊임없이 조성하고 그로부터 100미터 밖에 건물을 지어야 한다는 것입니다. 이런 대규모 방음림을 조성하고 건축물과 이격거리를 두는 것은 한적한 시골 도로변에서나 가능한 일이지만 그런 곳에 굳이 방음벽을 설치할 이유가 없지요. 한국도로공사의 당시 연구는 방음림을 차음벽이나 차음둑과 함께 설치해야 소음차단효과는 물론 미관에도 좋다는 결론을 내렸습니다. 그러나 차음둑도 넓은 면적을 확보해야 가능해 사실상 폐기되었지요. 그래서 그 후 건설된 고속도로의 도심 통과 부분에는 모두 차음벽만 설치되었습니다. 방음림은 바람직하지만 현실적이지 못한, 그림 속 떡과 다를 바 없습니다.

숲은 이산화탄소를 일시 저장하는 창고일 뿐입니다

셋째, 숲은 이산화탄소를 없애는 마법사가 아닙니다. 그러나 숲이 울창할수록 일대에는 이산화탄소가 줄고 산소는 풍부해지는 것이 사실입니다. 숲을 이루는 수많은 식물이 광합성을 하면서 이산화탄소를 흡수하고 산소를 배출하기 때문이지요. 그렇다면 나무가 얼마나 많은 이산화탄소를 흡수하는지 볼까요. 한반도 남녘 숲에서 가장 많은 30년생 나무를 보면 단위면적(1ha)당 참나무는 연간 12.1톤, 소나무는 10.8톤, 잣나무는 10.6톤입니다. 이처럼 숲의 이산화탄소 감소효과가 상당한 게 사실입니다.

그런데 식물은 낮에는 이산화탄소를 흡수하지만 밤에는 배출합니다. 그리고 가을철 낙엽은 물론, 꽃이나 열매가 떨어지면 그 속에 축적된 탄소가 수분과 결합해 분해되면서 이산화탄소로 다시 바뀌어 공기 중에 배출됩니다. 나무가 죽으면 통째로 부패하면서 배출됩니다. 또한 목재로 가공되어 가구로 사용되다 산업폐기물로 태우면 연소 가스로 배출되지요. 이렇듯 이산화탄소는 식물체에 축적되었다가 언젠가는 배출되기 마련입니다. 이를 자연생태학에서는 '탄소의 순환'이라 합니다. 숲은 한동안 이산화탄소를 흡수한 뒤 품고 있다가 내놓는 창고일 뿐입니다.

46억 년 전 지구가 탄생할 즈음 대기 중 이산화탄소 농도가 97퍼센트였으나 지금은 0.039퍼센트로 거의 사라지다시피 감소했습니다. 그럼 97퍼센트의 이산화탄소는 어디로 사라졌을까요? 이들 대부분은 억겁의 세월에 내린 엄청난 비에 씻겨 내려와 지층[지권地圈]과 바다[수권水圈]에 침전되고 일부는 식물 등 생명체[생물권]에 흡수되고, 나머지 0.039퍼센트가 대기[기권氣圈]에 남은 것입니다.

식물도 숲도 이산화탄소를 없앨 수는 없습니다. 만약 숲이 건강하면 배출량보다 흡수량이 많아 엄청난 양의 이산화탄소를 저장해둘 수는 있겠지요. 늙은 나무를 간벌間伐하고 그곳에 어린나무를 심고 가꿔야 하는 이유입니다. 이런 노력과 투자가 없으면 숲의 이산화탄소 감소효과는 그다지 크지 않습니다. 숲을 이산화탄소를 없애는 마법사로 착각해선 안 되는 이유입니다.

숲의 이산화탄소 감소효과를 얻으려면, 식물이 없는 황무지나 사막에 숲을 조성해야 합니다. 황무지나 사막에 숲이 조성되면 식물에는 물론 땅속에도 이산화탄소를 저장할 수 있기 때문입니다. 게다가 숲은 태양의 복사열을 줄여 기온을 낮추며, 땅속에 물을 저장해 하늘에 구름을 만들고 비를 내리게 합니다. 특히 지구 북반구 영구동토대와 접한 중앙아시아 사막지대를 녹화하면 메탄하이드레이트 용출을 막아 기후변화의 속도를 획기적으로 낮출 수 있습니다.

　이산화탄소를 줄인다며 엄청난 예산을 들여 조성하는 도시공원과 도시숲은 빛깔 좋은 개살구와 다름없습니다. 공원과 숲 조성에 엄청난 예산이 투입되는 데다 해마다 유지관리에 또 세금을 써야 하기 때문입니다. 만약 그런 땅과 예산이 있다면 풀밭공원을 조성하는 게 더 바람직합니다. 풀잎 하나하나는 작지만 그 수는 나뭇잎보다 훨씬 많아 연엽면적延葉面積으로 보면 숲 못지않으며, 특히 풀밭은 지표면의 수분과 퇴적물의 이산화탄소를 저장하는 능력이 뛰어나기 때문입니다. 풀밭공원 조성보다 사막녹화에 투자한다면 이산화탄소와 황사 감소에도, 사막 환경난민 돕기에도 기여하는 일거삼득이 됩니다.

울창한 도시숲은 인수공통감염병 숙주를 불러들입니다

　넷째, 도시숲을 조성하면 질병을 막을 수 있다는 주장은 위험천만합니다. 도시에 울창한 숲이 있으면 인수공통감염병의 매개숙주인 야생동물의 도시화를 자초하는 꼴이기 때문입니다. 한 국회의원이 주관한 도시숲 공청회에서도 이런 주장이 공공연히 회자되는 것을 보고 뜨악할 따름입니다. 이런 낭설은 자연과 숲을 통해 팬데믹의 대책을 찾으려는 열망에서 비롯했는지도 모르겠습니다. 인수공통감염병을 막는 근본대책은 숲과 야생동물의 보호입니다. 매개숙주인 야생동물이 적정한 생존영역[숲]에서 저희들끼리 서식하도록 보호하는 한편, 인간은 그들과 접촉하지 않는 것입니다.

　다섯째, 식물을 실내에서 키우면 미세먼지와 유해물질이 줄어든다는 그럴듯한 주장입니다. 사실이지만 매우 비효율적인 방법입니다. 실내공기 중 미세먼지나 유해물질이 잎의 윗면 큐티클층 표면의 반

질거리는 와스에 달라붙거나 아랫면 숨구멍이 이산화탄소를 흡입할 때 함께 빨려들어 줄어듭니다. 국립원예특작과학원이 아크릴 밀폐 상자에 공기정화능력이 뛰어난 분식물盆植物[화분에 심긴 상태의 식물] 30여 종을 하나씩 넣어두고 실험했더니, 유해물질의 감소량은 다소 미미했지만 정화효과는 입증되었습니다. 식물별 감소량과 정화능력은 국립원예특작과학원 홈페이지 '생활원예' 탭의 '공기정화식물'에서 검색할 수 있습니다.

그렇다면 얼마나 많은 분식물을 집안에 두면 맑은 공기를 마실 수 있을까요? 아쉽게도 이 연구에서는 일정 면적의 실내에 어떤 식물을 몇 개씩 들여놓으면 공기정화효과를 얻을 수 있는지에 관한 실험은 없습니다. 변수가 많은 식물과 주거공간으로 이런 실험을 제대로 하기란 현실적으로 어렵기 때문에, 원예전문가들은 나름 추정치를 제시합니다. 한 원예학 교수는 한국의 아파트를 기준으로 거실면적의 3분의 1 이상에 분식물을 들여놓으면 실내공기를 안전기준에 맞게 관리할 수 있다고 합니다. 다른 원예전문가는 미세먼지와 유해물질의 제거효과를 보려면 거실 19.8제곱미터(6평)의 경우 소형 분식물 10.8개, 중형 7.2개, 대형은 3.6개를 키워야 공기정화효과를 얻을 수 있으며, 주기적으로 잎에 붙은 미세먼지를 닦아줘야 한다고 덧붙였습니다. 전문가의 추정치지만 이것을 참고로 따라 하려 해도 사실상 난감합니다. 집안이 온통 분식물로 채워질 판이기 때문입니다.

그런데 2019년 미국 드렉셀대학교 환경공학과 마이클 워링Michael Waring 교수 연구팀이 흥미로운 논문을 발표했습니다. 연구팀은 지난 30년간 발표된 '밀폐된 공간에서 식물의 공기정화율'을 다룬 12편의 논문에 게재된 196건의 실험결과들을 분석했고, 공기정화식물의 정화율이 창문을 열었을 때보다 미미하다는 사실을 밝혀냈습니다. 이 연구팀이 분석한 공기정화 분식물의 개당 공기정화율은 0.023m³/h 로 나타난 반면, 4인 가족 기준 주택면적 140제곱미터(약 42평)에서 맞바람이 통하는 창문 두 개를 열었을 때 공기정화율은 15m³/h 이상 이었습니다. 분식물로 공기정화율 15m³/h에 맞추려면 42평 규모의 주택에는 분식물 680개를 들여놓아야 한다는 계산이 나옵니다. 집안을 분식물로 가득 채워 옴짝달싹 못하는 것도 어불성설이지만, 이렇게 분식물을 키우는 것은 어쩌면 사람에게도 식물에게도 가혹행위에 가깝지요. 한 시간 동안 창문을 활짝 열면 될 일을 말입니다. 공기정화율(m³/h)은 한 시간 동안 공급된 깨끗한 공기의 부피를 나타내며, 높을수록 공기정화가 잘 되는 것을 뜻합니다.

식물의 실내공기 정화효과는 착각입니다

어쩌다 이런 비상식적인 대안이 마치 과학상식처럼 회자된 것일까요? 그 빌미는 미국항공우주국NASA이 제공했습니다. NASA는 1989년 밀폐된 우주선에서 1년 이상 살아야 하는 우주인의 건강을 위해 여러 식물을 실험한 결과, 식물의 공기정화효과를 입증했다고 발표했습니다. 당시 NASA 연구팀은 1세제곱미터보다 좁은 밀폐된 공간[실험용 큐브]에 식물을 넣고 발암물질인 휘발성 유기화합물VOCs을 주입한 뒤 시간별로 VOCs가 얼마나 감소하는지 조사했더니, 하루 동안 최대 70퍼센트의 VOCs가 제거된 것을 확인했다며 발표한 것입니다. 우주선에서 유용한 실험용 큐브 실험결과를 일반주거공간에 적용하면서 생긴 오류이자 착각이었습니다.

마이클 워링 교수는 "우리가 생활하는 공간은 실험용 큐브와는 다르며, 특히 한 유해물질을 지속적으로 주입하는 실험과 수십 가지의 유해물질과 미세먼지가 엉킨 실내공기는 다르다"면서 "공기정화식물의 효과는 과장된 것이 틀림없으며 맑은 공기를 원한다면 자주 환기를 하는 게 맞는다"고 밝혔습니다.

실내에서 식물을 키워야 하는 진짜 이유는, 숲에서 진화한 인류의 원초적 자연친화 본능에 있습니다. 생애 3분의 2를 실내에서 사는 현대인에게, 실내원예는 일상에서 자연과 교감할 수 있는 최소한의 배려이자 자기 위안입니다. 식물을 키워야 하는 이유 가운데 공기정화 따위는 덤일 뿐입니다. 숲은 도시공해의 만능해결사는 아닙니다.

도시숲보다
텃밭이
절실하다

인류는 본디 농부였습니다. 1만 5,000년 전 떠돌이 구석기 인류가 한곳에 정착하면서 먹고살기 위해 만든 게 텃밭이었습니다. 이후 1만 년 넘게 농사를 지으며 왕국과 도시를 건설해 문명을 일으켰지요. 그사이 인류의 유전자에는 농부 유전형질이 생겨나 깊이 박혔지만, 오늘날 인류의 56퍼센트가 도시에서 살면서 유전형질의 녹색 본능도 농부 본능도 잊은 채 삽니다.

도시는 십자군원정이 만든 산물이었습니다

도시다운 도시는 유럽 대륙에서 십자군원정(1095-1291)이 한창일 때 등장했습니다. 이전 도시는 동·서양을 불문하고 왕과 귀족이 거주하는 왕궁·성곽도시와 외적을 막기 위해 요지에 세운 군사용 요새도시가 고작이었습니다. 그런데 십자군원정은 다른 전쟁과 달리 유럽대륙 전역에서 대규모 군대가 집결한 뒤 이동했기 때문에, 집결지 요새도시와 진군로에 접한 거점도시는 전대미문의 특수를 누렸고 그 결과로 유럽 대륙에 근대 상공업도시가 속속 출현했습니다.

때마침 벌어진 인클로저 운동Enclosure Movement은 농촌 붕괴와 함께 상공업도시의 팽창을 가속화했습니다. 인클로저 운동은 십자군원정의 막바지였던 13세기 영국에서 시작되어 유럽 대륙으로 번졌는데, 지주가 소작농에게 빌려준 작은 농지를 거둬들인 뒤 울타리를 치고 그곳에 초지를 넓게 조성해 목축업을 시작한 일종의 업종 전환이었습니다. 처음에는 십자군원정 등으로 일손 부족에 시달리던 몇몇 지주들이 시작한 목축업이, 뜻밖에 밭농사보다 손쉽고 수입도 좋은 것을 알자 너도나도 따랐던 것이 유럽 대륙에 들불처럼 번진 것입니다. '인클로저'는 목장의 울타리를 친다는 뜻에서 붙여진 것인데, 결국에는 자급자족형 농업경제가 자본주의 산업경제로 전환하는 문명사적 변혁의 단초가 되었습니다. 어쨌든 인클로저 운동으로 농지를 잃은 소작농[자유농민]은 일자리를 찾아 도시로 몰려갔고, 도시 상공업자는 몰려드는 소작농 덕분에 값싼 노동력으로 많은 돈을 벌었습니다. 한편 지주와 영주의 소유였던 농노[노예농민]들은 도시에서 온전한 자유민이 된 소작농처럼 해방되고파 줄줄이 야반도주해 도시에 숨어들었습니다. 도시 상공업자들은 도망 중인 농노들을 숨겨주는 대신 더 싼값으로 고용했습니다. 농촌 지주는 기사騎士를 고용해 도망간 농노를 잡으려 광분했고, 상공업자는 고용한 농노를 숨기느라 힘든 숨바꼭질을 했습니다. 이 때문에 양측의 다툼이 잦아지자, 엄청난 부를 축적한 상공업자들이 길드[조합]를 앞세워 국왕과 교회를 설득해 기묘한 법률을 만들어냈습니다.

　이른바 '도시공기 자유법'입니다. 이 법률은 '1년하고 하루를 지내면 도시의 공기가 당신을 자유롭게 한다'고 명시했습니다. 지주들은 이 법을 반대했지만 길드와 결탁한 국왕과 교회는 "1년 내 체포하면 될 일"이라며 무시했습니다. 지주들은 어쩔 수 없이 기사를 대

13세기 십자군 전쟁 말기 영국에서 시작된 목축업의 번창은
세계사의 흐름을 바꾸었다. 지주들은 목축을 위해 농지에 너도나도 울타리를 쳤고,
농지를 잃은 소작농은 도시로 몰려가 값싼 노동자가 되었으며,
유럽 제국들은 근대 산업국가로 변모해 식민지 개척에 나섰다.

거 고용해 도망한 농노를 1년 내 체포하려 애썼지만 농노가 도시에
숨어들면 속수무책이었습니다. 영주와 지주가 지배했던 중세 봉건
사회에서 어떻게 이런 일이 가능했는지 쉽게 이해되지 않겠지요. 그
러나 13세기 이후 중세 유럽을 실질적으로 쥐락펴락한 권력자는 길
드였습니다. 길드는 크게 상인길드와 상공업길드 두 부류로 나뉩니
다. 상인길드는 위험을 감수하며 원거리 무역을 하는 무역상 조합이
며, 상공업길드는 주로 왕실과 귀족의 값비싼 기호품과 군장품軍裝品
을 생산하는 제조기술자 조합입니다. 전자는 주로 지중해를 낀 남유
럽에서, 후자는 북유럽에서 흥성했습니다. 이들은 특정 제품과 지역
의 독점권을 누리며 얻은 막대한 재력을 이용해, 왕실은 물론 교회와

▲피터르 브뤼헐, 「사육제와 사순절의 싸움」
인클로저 운동 이후, 도시 광장에 상인과 수공업자가 어울려 사순절 축제를
즐기고 있다. 기사와 농민의 모습은 보이지 않는다.

▶페트루스 크리스투스, 「작업장의 금세공인」
네덜란드 화가 페트루스 크리스투스가 그린 가족 초상화.
15세기 중엽 수공업 길드가 시장을 독점하면서 부유해진 금세공업자의
호화로운 의상과 여유로운 풍모를 담았다.

수도원 그리고 십자군에 기부하며 정치권력을 쌓았습니다. 오늘날 유럽 관광지에서 흔히 볼 수 있는 웅장한 교회와 수도원 그리고 찬란한 건축유적의 대부분은 이들의 독과점 이득으로 지었다 해도 지나치지 않습니다. 르네상스를 일으킨 이탈리아 피렌체의 메디치 가문은 길드를 장악한 금융재벌이었으며, 오늘날 유럽 명품 브랜드의 원조를 쫓아가면 대부분 길드에 속한 장인 가문입니다.

아무튼 인클로저 운동과 길드는 중세 유럽의 농노제와 봉건체제를 사실상 해체했고, 그 여파로 유럽 대륙에는 상공업도시가 우후죽순처럼 생겨났습니다. 도시는 인구를 빨아들이는 블랙홀과 같았고, 도시인은 빠르게 녹색 본능을 잊고 농부 본능도 잃었습니다.

한국인의 81.5퍼센트가 도시에 살며 농부 본능을 잊고 삽니다

국어사전은 도시를 '일정한 지역의 정치·경제·문화의 중심이 되는, 사람이 많이 사는 지역'이라 정의하지만 도시공학에서는 '10만 명 이상이 모여 사는 곳'을 뜻합니다. 도시화율은 그런 도시에 사는 인구의 비율이며, 도시화율 56퍼센트는 인구 100명당 56명이 인구 10만 이상의 도시에 산다는 의미입니다.

『2050년 세계 도시화 전망 보고서』는, 유엔이 2000년 이후 도시화의 속도가 너무 빠른 데 놀라 펴낸 세계도시화율에 관한 최초이자 최근 연구결과입니다. 이 보고서 내용은 상상을 초월합니다. 영국에서 산업혁명이 시작되었던 1800년 당시 도시화율은 1.7퍼센트였지만 1850년 2.3퍼센트, 1890년 5.5퍼센트, 1950년 13.1퍼센트로 증가하더니 1950년대를 전환점으로 도시인구는 급속히 뜁니다. 1970년 24퍼센트, 1980년 40퍼센트, 1994년 44.8퍼센트였으

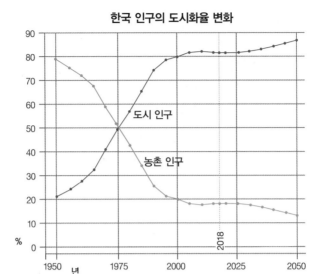

한국 인구의 도시화율 변화

©유엔경제사회국

1950년 이후 대한민국 농촌과 도시 거주 인구 변화 및 예상 그래프(2018년).
급속한 도시화와 농촌 붕괴는 사회문제일 뿐 아니라
자연환경에도 심각한 부작용을 낳는다.

며, 2025년 60퍼센트, 2050년에는 세계 인구 95억 명 중 66퍼센트가 도시에서 거주할 것으로 예측됩니다. 근 4,000년간 1.7퍼센트 성장했던 것이 불과 250년 만에 66퍼센트로 증가합니다. 1년 단위로 환산하면 후자는 전자보다 무려 621배나 빠르게 증가한 것이니, 가히 상상초월 수준이지요. 게다가 그 규모를 보면 더 충격적입니다. 2014년 대비 2030년의 도시 규모별 개수를 보면, 일반도시(인구: 50~100만 명)는 525곳에서 731곳으로, 중형도시(100~500만 명)는 417곳에서 558곳으로, 대형도시(500~1,000만 명)는 43곳에서 63곳으로, 초대형도시(1,000만 명 이상)는 28곳에서 41곳으로 늘어날 것으로 전망했습니다.

도시화가 꼭 나쁜 것은 아니지만 이처럼 급속한 도시화와 초대형화는 이전에 경험하지 못한 위기를 자초합니다. 아노미Anomie 현상입니다. 아노미란 한 사회 구성원들이 환경의 급격한 변화로 오랜 기간 간직해온 규범이나 가치관이 붕괴하면서 자기통제력을 잃는 사회현상을 뜻합니다. 이런 상태가 지속되면 구성원들은 공허하고 무기력해진 나머지 충동적으로 변해, 계층·집단 간 갈등이 고조되고 툭하면 끔찍한 범죄를 서슴없이 저지르고도 뉘우칠 줄 모르는 상황에 빠지게 됩니다. 2000년대 이후 대한민국에서 급증하는 자살률과 정신질환 발병률, 아동학대 등 가족범죄, 사회부적응자의 묻지마 강력범죄 그리고 범죄의 잔혹화 등을 보면 이미 우리 사회는 아노미 상태에 빠진 게 아닌가 걱정됩니다. 현재 대한민국은 국민의 81.5퍼센트가 도시에서 살고, 78퍼센트는 마당이 없는 공동주택에서 사는, 세계에서 가장 도시화가 빠른 국가 중 하나입니다.

이런 아노미 현상은 인간이 자연과 멀어지고 가족·집단·계층 간 갈등이 심해질 때 나타납니다. 이런 상황을 막는 길은 오직 하나입니다. 평소 도시민이 자연[숲]을 가까이하고 원예생활의 기회를 늘려 '원초적 녹색 본능'과 '농부 본능'을 회복시키는 길입니다. 이런 본능이 깨어난 도시민은 주말에 틈을 내 교외로 나가 시골풍광을 보고 흙냄새를 맡으면서 유전자에 숨겨진 본능을 위로합니다. 이런 본능에 동한 분은 근교에 텃밭을 마련하거나 전원주택을 짓고 주말 농부로 살기도 하지요. 이마저도 쉽지 않은 대부분의 도시민은 주말이면 공원이나 근교 산을 찾아 녹색 본능을 위로하기도 합니다.

대한민국 도시인에게 절실한 공원은, 서울숲공원 같은 멋진 도심

경기도 시흥시가 2020년 개장한 도시농업공원. 개장 당시 3.4 대 1의 경쟁률을
보일 만큼 시민들은 크게 호응했다. 도시민에게 텃밭은 건강을 줄 뿐만 아니라,
인류의 원초적 녹색본능과 농부본능을 자극해 창의성을 일깨운다.

공원이 아니라 변두리 주택가와 가까운 근교 텃밭공원입니다. 집에
서 자전거를 타고 닿을 수 있는 근교에, 도시민이 가족끼리 주말에 찾
아와 작은 텃밭을 가꾸며 부담 없이 쉴 수 있는 자연공원입니다. 여
기저기 작은 숲 사이 텃밭이 어우러진 근린공원입니다. 대한민국 대
도시 근교에 이런 자연공원을 조성하려면 사유지를 매입하는 것부터
조성비까지 많은 돈이 필요할 듯하지만, 계획하기에 따라 적은 예산
으로도 가능합니다. 공원을 조성할 때 땅을 매입하는 대신 땅 주인과
주변 개발이익을 공유하고, 숲과 텃밭을 시민이 참여해 조성한다면
적은 예산으로도 가능합니다. 공원 조성 시 지자체는 산책로와 놀이
시설 등 기본 공사를 맡고, 주민이 지자체로부터 임대한 텃밭에 조경
용 묘목을 직접 사 심고 가꾸고, 수익성 편의시설[매점, 카페, 놀이기

구)은 땅 주인이 설치해 수익을 얻는 윈-윈-윈 방식입니다. 이렇게 조성하면 10년 뒤면 제법 울창한 숲 사이로 텃밭공원이 있는 근린자연공원이 생겨납니다. 이렇게 추진하면 서울숲공원 조성에 든 건설비(2,350억 원)면, 서울시 근교 난개발 지역에 서울숲공원 넓이의 자연공원 열 곳을 능히 조성할 수 있습니다.

근교 텃밭공원이 도시 외곽 곳곳에 조성되면 그동안 난개발로 생긴 살풍경 대신 숲에 싸인 텃밭공원의 넉넉한 풍광이 이어져 국토경관도 확 달라질 겁니다. 도시가 그 나라의 앞모습이라면 농촌 전원풍광은 뒷모습이며, 근교는 옆모습입니다. 앞모습과 뒷모습뿐 아니라 옆모습도 아름다워야 사람이든 나라든 멋이 납니다.

다행히도 2020년대 들어 몇몇 지자체가 추진하는 도시농업정책에서 희망이 보입니다. 서울시 양천구와 관악구는 외곽 난개발 지역에 도시텃밭을 조성하고 구민에게 분양했는데 큰 호응을 얻고 있습니다. 경기도 시흥시는 2020년 멋진 도시농업공원을 조성해 시민에게 분양했더니 첫해 경쟁률이 3.4 대 1을 기록했지요. 그동안 도시민이 얼마나 농부 본능에 목말라 했는지 알 만합니다. 아담한 숲과 텃밭공원 그리고 휴식공간[그늘막, 간이매점, 카페]이 어우러진 근린공원이 도시 외곽 곳곳에 있다면 얼마나 멋질까, 상상만 해도 즐겁습니다.

도시민이 농부 본능을 되찾으면 행복지수가 확 오릅니다

인류는 무려 1만 4,000년 이상 농사를 지은 원초적 농부입니다. 도시인도 땅에 씨를 뿌려 싹을 내고 가꾸다 보면 '녹색 본능'과 '농부 본능'이 되살아납니다. 오늘날 세계인의 60퍼센트가, 한국인의 81.5퍼센트가 도시에 살며 본능을 까마득히 잊고 삽니다. 그나마 다행히도 공원 덕분에 도시인은 계절에 따라 변하는 나뭇잎 빛깔을 보고 자연과 교감합니다. 그러나 공원은 지자체가 시민 대신 화초와 나무를 심고 가꿔놓는 공간입니다. 휴일 내내 공원에서 놀았다고 도시인의 원초적 농부 본능이 깨어나지는 않습니다.

당신이 작은 분식물 하나를 창틀에 두고 틈틈이 살피며 물을 주고 꽃을 피워보았다면, 당신의 농부 본능은 잠에서 깨어날 준비가 되었습니다. 만약 작은 텃밭에서라도 씨를 뿌리고 새싹을 내 꽃을 피우고 그 열매를 맛보았다면, 당신의 농부 본능은 대자연과 생명의 경이로움을 이미 만끽했을 것입니다. 그러나 오늘날 도시에서, 더구나 공동주택에 사는 소시민에게 이런 호사를 누릴 땅은 없습니다.

그렇다고 불가능한 일은 아닙니다. 잘하면 공동주택에서도 작은 텃밭을 마련할 수 있습니다. 공동주택 관련법 일부를 개정하면 가능한 일입니다. 공동주택[다세대주택, 연립주택, 아파트] 신축 시 입주 세대를 위한 텃밭 조성을 의무화하는 입법입니다. 사실상 마당이 없거나 좁은 다세대주택과 연립주택의 경우, 방치된 옥상에 입주 세대 수만큼의 상자텃밭을 설치해 제공하면 저렴한 비용으로 간단히 해결됩니다. 상자텃밭은 옥상녹화와 달리 건물의 누수 위험이 없으며, 최상층의 여름철 복사열 차단효과는 물론 도시 열섬화도 줄일 수 있습니다.

한편 아파트의 경우는 신축 시 단지 내 정원면적의 일부에 유리온실을 건립하고, 그 안에 세대별 3.3제곱미터(1평) 이상의 상자텃밭을 설치해 제공하는 방안입니다. 만약 설치공간이 협소하다면 유리온실을 높이 지어 내부를 2~3층으로 나누면 세대별 텃밭공간을 충분히 확보할 수 있습니다. 2010년대 이후 신축 아파트 대부분은 주

파리 루브르 박물관 광장 유리 피라미드. 미국 건축가 I.M. 페이가 설계한
사실상 유리 온실 구조물이다. 고풍당당한 루브르 궁전과 어울리지 않는다는
비난이 쇄도했지만 완공되자 에펠탑처럼 찬사가 쏟아졌다.

차장을 지하에 두고 지상에는 도로 이외에는 모두 정원으로 꾸밉니
다. 게다가 요즘 신축 아파트는 초고층으로 건축되면서 건폐율이 낮
아진 만큼 정원조성 면적이 늘어나 유리온실을 설치할 지상의 공간
은 충분합니다.

2020년대 들어 아파트 건설업계는 멋진 정원 조성을 경쟁하듯 광
고하며 완판 분양에 열을 올리지요. 그래서 '숲세권'이란 신조어까
지 등장했습니다. 울긋불긋 정원과 아기자기한 연못은 물론 여름철
아이들의 물놀이터로 제격인 친수시설과 폭포 조형물까지, 요즘 초
고층 아파트 단지 조경을 보면 마치 프랑스 파리의 근린공원을 축소
한 듯합니다. 이런 정원이 분양 완판에 도움은 되겠지만 준공 5~6년
후부터 급증하는 유지관리비용을 입주민이 모두 부담해야 합니다.
공원이 넓고 아름답다고 마냥 좋은 게 아니듯이 정원도 마찬가지입
니다. 관상용이자 미관용인 정원에 비해 유리온실은 관리하기에 따
라 유지비용이 거의 없으며 반영구적으로 사용할 수 있고, 무엇보다

농부 본능을 일깨워주는 값진 공간입니다.

유리온실을 지으면 아파트 단지의 미관을 망치지 않나 염려한다면 안심해도 좋습니다. 프랑스 파리 관광명소인 루브르 궁전 안뜰 나폴레옹 광장에 세워진 루브르 피라미드는 유리온실과 다름없습니다. 중국계 미국인 건축가 이오 밍 페이가 설계한 이 피라미드 모양의 유리 건축물은 "단조롭고 대칭 사각형인 루브르 궁전을 돋보이게 하고, 특히 유리온실의 야간 조명이 루브르 궁전을 보석처럼 빛나게 만든다"는 호평을 받았습니다. 유리온실은 아파트와 단지 환경에 따라 4면체에서 36면체(원형) 그리고 피라미드와 팔각정 모양까지 다양하게 지을 수 있습니다. 유리온실은 천편일률적인 외관으로 단조로운 아파트 단지의 풍경에 변화를 줄 수 있는 좋은 경관요소이기도 합니다.

공동주택 텃밭은 활기찬 공동체 사회를 만듭니다

공동주택 텃밭은 놀랍게도 입주민을 금방 이웃사촌으로 만듭니다. 옥상 상자텃밭이나 유리온실에서 만나는 낯선 이웃도 얼굴을 맞대다 보면 금방 수다 떨며 차를 함께 마시게 되고, 수확한 채소를 나눠 먹다 보면 이웃사촌이 될 수밖에 없지요. 또한 아이들과 어른이 함께 텃밭을 돌보다 보면 끊겼던 대화가 늘어나고, 시들했던 가족애도 봄날 새싹처럼 돋아 꽃을 피우고 머지않아 가족사랑이 주렁주렁 열릴 것입니다. 끝으로, 농부 본능을 되찾아 대자연과 생명의 경이로움을 느끼게 되면 세상이 너그럽게 보이고, 나아가 대한민국은 아노미 상황에서 벗어날 수 있습니다.

영국 국민은 서재에서 지성을, 정원에서 덕성을, 운동장에서 체력을 얻는다고 합니다. 영국 신사의 3대 덕목이라는 지·덕·체이지요. 덕성이란 너그럽고 어진 성품을 뜻합니다. 정원이든 텃밭이든 식물을 키우다 보면 저절로 얻는 게 덕성입니다. 씨 뿌리고 거둘 때를 가리고 기다리는 슬기와 인내심, 열매를 얻기 위해선 한여름에 땀을 흘려야 한다는 노동의 숭고한 가치, 뿌린 대로 거둔다는 만고불변의 인과因果 진리가 덕성의 바탕입니다.

오늘날 한국인에게 가장 절실한 게 바로 덕성이며, 정원과 텃밭 가꾸기입니다. 날 선 말투와 끔찍한 범죄가 난무하는 오늘날 한국사회를 보면 특히 그렇습니다. 과밀 도시에서 밤낮없이 눈치 보고 또 경쟁하는 사회에서 너그럽고 어진 덕성을 기대하는 것은 죽은 나무에 꽃이 피길 기대하는 것과 다름없습니다. 대한민국 국민에게 절실한 것은, 아름답고 넓은 공원보다 작은 정원과 텃밭입니다.

숲은 인류의 본향입니다

• 글을 맺으며

이 책은 졸저 『식물의 인문학』의 후속작입니다

『식물의 인문학』의 반응은 과분했습니다. 출간 직후 교보문고가
'이달의 책' 세 권 중 하나로 선정된 데 이어, 이듬해 '세종도서'와
'국립중앙도서관 사서 추천도서'에 잇달아 선정되는 영광을 누렸습니다. 평단의 높은 평가와 독자들의 호평 덕분에, 주요 언론사 기고
와 강연도 이어졌습니다.

2017년 10월께 서울대학교 환경대학원의 요청으로 '도시, 공원
과 숲'에 관한 특강 준비를 하고 있을 때, 한길사 담당 편집자의 전
화를 받았습니다. "후속작을 준비하고 있느냐"는 물음에 대뜸 "숲
이야기를 쓸까 하는데…"라고 답하고 말았습니다. 미국과학한림원
회보PNAS의 한 논문에서 비롯한 '숲은 과연 인간의 지능과 창의력
을 높일까?'라는 궁금증이, 1년 남짓 머리에서 맴돌던 차에 불쑥 던
진 답변이었습니다. 이게 말씨가 되어 늦었지만 『숲의 인문학: 천재
들의 놀이터』라는 단행본으로 꽃을 피웠습니다. 이제 독자 여러분의
성원과 질책의 힘으로 새콤달콤한 열매를 맺길 기대합니다.

숲은 자연생태계의 중심입니다

숲은 나무와 풀만의 세상이 아닙니다. 그곳에는 나무와 풀뿐 아니라 수많은 동물과 미생물이 상생하며 공존합니다. 육상에만 있는 게아닙니다. 바다에는 지상의 숲보다 더 많은 해초가 숲을 이루고 물고기와 미생물과 상생공존합니다. 강물 속 수초 숲도 마찬가지지요. 한마디로 숲은 지구생태계의 보고이자 보루입니다. 그래서 숲이 사라지면 지구생태계가 망가지고 인류의 미래도 닫힙니다.

그럼에도 육상에서, 해양에서, 강에서 숲은 파괴되고 또 사라지고있습니다. 인류가 문명을 일으키며 저지른 파괴가 지구생태환경의위기를 불러왔으니, 인류문명이 곧 위기의 주범입니다. 당면한 기후변화와 코로나바이러스 팬데믹 역시 숲과 초원의 파괴로 자초한 인류문명의 후과後果입니다.

이 책이 자연생태계의 위기를 제대로 성찰하고 그 해결책을 모색한 인문학적 노력으로 평가받길 기대합니다.

개인사라 외람되지만, 이 책을 쓰는 동안 쌍둥이 외손주가 태어났습니다. 아이들이 하루하루 다르게 자라는 모습과 재롱을 보며 상상했습니다. 언젠가 쌍둥이가 스스로 걷게 되면 작은 숲에 데려가, 레오나르도 다빈치처럼 종일 숲속을 돌아다니며 놀도록 내놓아야겠다고. 그리하면 혹 천재성이 깨어나지 않을까, 하고 말입니다. 이런 소박한 마음을 담아, 이 책을 외손주 수현이와 소윤이 그리고 세상 모든 아이들과 그들의 엄마와 아빠에게 바칩니다.

끝으로 우리 아이들이 숲을 가까이하고 정원과 텃밭 가꾸기를 즐겨, 타고난 재능을 스스로 찾아내고 자신의 미래를 가꾸는 슬기를 익히도록 돕는 가정과 학교가 많아지는 계기가 되었으면 합니다.

　감사합니다.

2023년 가을
박중환

박중환朴重煥은 경남 진주에서 태어나 자랐다.
진주고와 부산대학교 사학과를 졸업하고
『부산일보』에서 12년간 취재기자로,
이후 『시사저널』 창간에 참여해
8년간 데스크 겸 대기자로 주로 정치·경제기사를 썼다.
모두 20년간의 언론생활 끝에,
운명처럼 다가온 식물의 경이로운
생명력에 매료되어 원예사업을 시작했다.
하루하루 식물을 통해 생명의 경외와 세상의 이치를 깨달았다.
그때마다 놀랐고 또 기뻤다.
그래서 『식물의 인문학』에 이어
『숲의 인문학』으로 여러분과 공감하고 싶었다.

천재들의 놀이터

숲의 인문학

지은이 박중환
펴낸이 김언호

펴낸곳 (주)도서출판 한길사
등록 1976년 12월 24일 제74호
주소 10881 경기도 파주시 광인사길 37
홈페이지 www.hangilsa.co.kr
전자우편 hangilsa@hangilsa.co.kr
전화 031-955-2000 **팩스** 031-955-2005

부사장 박관순 **총괄이사** 김서영 **관리이사** 곽명호
경영이사 김관영 **편집주간** 백은숙
편집 박홍민 박희진 노유연 배소현 임진영
관리 이주환 문주상 이희문 원선아 이진아 **마케팅** 정아린 이영은
디자인 창포 031-955-2097
인쇄 예림 **제책** 예림바인딩

제1판 제1쇄 2023년 11월 20일
제1판 제2쇄 2024년 9월 30일

값 25,000원
ISBN 978-89-356-7850-1 03480